Photoshop CC 2017
实战基础培训教程
全视频微课版

华天印象 编著

U0277610

人民邮电出版社

北京

图书在版编目（CIP）数据

Photoshop CC 2017实战基础培训教程：全视频微课版 / 华天印象编著. -- 北京：人民邮电出版社，2020.11
ISBN 978-7-115-53946-5

Ⅰ. ①P… Ⅱ. ①华… Ⅲ. ①图像处理软件—教材
Ⅳ. ①TP391.413

中国版本图书馆CIP数据核字(2020)第077353号

内 容 提 要

本书以"案例+技巧"的形式，全面介绍 Photoshop CC 2017 软件的各项核心技术，帮助读者在短时间内从入门到精通，从新手成为图像处理高手。

全书通过 20 章专题内容、77 个专家指点、88 个实战案例、390 分钟操作演示视频，全面地介绍了图像裁剪与变换、选区创建与抠图、颜色填充与调整、图像修复与美化、路径形状、文字特效、图层、通道和蒙版、滤镜特效、3D 图像、网页切片和视频、动作和自动化、打印与输出等基本操作，并对选区、辅助工具、画笔、橡皮擦、污点修复、文字、钢笔等工具的功能与使用技巧进行重点解析，最后安排了五大综合实战，包括照片处理、淘宝网店设计、包装设计、平面设计及 App UI 设计等，帮助读者彻底了解、掌握 Photoshop CC 2017 的使用方法。另外，随书提供全部实战的素材和效果文件，以及操作演示视频，读者可通过微信扫描封底二维码得到配书资源获取方法。

本书结构清晰，语言简洁，适合 Photoshop 的初、中级学习者阅读，可供图像处理人员、平面广告设计人员等学习与参考，还可以作为中职中专、高职高专等院校相关专业的辅导教材，也可作为各类培训班的教材。

◆ 编　　著　华天印象
　　责任编辑　张丹阳
　　责任印制　马振武

◆ 人民邮电出版社出版发行　　北京市丰台区成寿寺路 11 号
　　邮编　100164　电子邮件　315@ptpress.com.cn
　　网址　https://www.ptpress.com.cn
　　三河市君旺印务有限公司印刷

◆ 开本：700×1000　1/16
　　印张：20
　　字数：556 千字　　　　　　　2020 年 11 月第 1 版
　　印数：1 – 2 000 册　　　　　2020 年 11 月河北第 1 次印刷

定价：59.00 元
读者服务热线：(010)81055410　印装质量热线：(010)81055316
反盗版热线：(010)81055315
广告经营许可证：京东市监广登字 20170147 号

前　言

■ 写作动机

　　Adobe Photoshop 是由美国 Adobe 公司推出的专业图像设计工具。Photoshop 作为目前最热门的制图软件之一，被广泛应用在图像处理、平面设计、插图创作、网站设计和影视包装等诸多领域。本书立足于这款软件的实际操作及行业应用，完全从初学者的角度出发，循序渐进地讲解核心知识点，并通过大量实战演练，让读者在最短的时间内成为 Photoshop 操作高手。

　　全书内容以实战案例为主线，在此基础上适当扩展知识点，真正实现学以致用。所有实战案例的每一步操作均配有对应的插图，以便读者能够直观、清晰地看到操作过程和效果，从而提高学习效率。各章以"专家指点"的形式为读者提炼了各种高级操作技巧与细节问题。

■ 本书特色

- 5 篇内容安排：本书结构清晰，全书共分为 5 篇，包括新手入门篇、进阶提高篇、核心精通篇、后期优化篇及综合实战篇，读者可以从零开始，掌握软件的核心功能与高端技术，通过大量实战演练提高水平，学有所成。

- 5 个综合实战案例：书中最后安排了 5 个综合实战案例，包含照片处理、淘宝网店设计、包装设计、平面设计及 App UI 设计。

- 77 个专家指点：作者将软件操作技巧和设计经验毫无保留地奉献给读者，方便读者掌握实战技巧与经验，提高学习与工作效率。

- 88 个实战案例：本书是全操作性的实用实战教程，步骤讲解详细，与同类教程相比，读者可以节省学习理论的时间，掌握大量的实用技能。

- 390 分钟视频：书中的所有实战案例及 5 个综合实战案例全部录制带语音讲解的视频共 390 分钟，全程同步书中所有实战操作，读者可以结合本书观看视频，也可以独立观看视频。

- 近 600 个素材和效果文件：全书使用的素材与制作的效果文件近 600 个，其中包含 340 个素材文件和 251 个效果文件，涉及风景、人物、美食、水果、花草、树木、花纹、家居、广告及家装饰品等，应有尽有。

■ 内容安排

　　新手入门篇：第 1~2 章，讲解了 Photoshop CC 2017 软件基础知识、管理优化 Photoshop CC 2017 及控制图像窗口的显示方式等内容。

　　进阶提高篇：第 3~6 章，讲解了 Photoshop CC 2017 软件中裁剪与变换、创建选区抠图、填充与调整图像色彩，以及修复与美化图像画面等内容。

　　核心精通篇：第 7~12 章，讲解了 Photoshop CC 2017 软件中创建与编辑路径形状、创建与编辑文字特效、创建与管理图层对象、应用通道和蒙版、应用滤镜特效、创建与编辑 3D 图像等内容。

后期优化篇：第 13~15 章，讲解了 Photoshop CC 2017 软件中创建网页切片和视频、应用动作和自动化功能、打印与输出图像文件等内容。

综合实战篇：第 16~20 章，讲解了大型实例的制作，如照片处理、淘宝网店设计、包装设计、平面设计及 App UI 设计等设计内容。

■ 学习重点

本书的编写特别考虑了初学者的学习规律，因此对于内容有所区分。

- **重点**：重点内容，是 Photoshop CC 2017 实际应用中使用极为频繁的功能，需重点掌握。
- **进阶**：进阶内容，有一定的难度，适合有一定基础的读者深入钻研。
- 其他内容则为基本内容，只要熟练掌握即可满足绝大多数的工作需要。

■ 附赠资源

随书附赠资源文件，包含本书案例所需要的素材文件及最终效果文件，以及全部实战案例的操作过程及关键步骤讲解视频，与书中知识紧密结合并互相补充，帮助读者更轻松地掌握书中所有的知识和操作技巧。读者扫描右侧或封底的"资源获取"二维码即可得到配书资源获取方法。

本书由数艺设出品，"数艺设"社区平台（ www.shuyishe.com ）为您提供后续服务。

如果读者在阅读或使用过程中遇到任何与本书相关的技术问题或者需要帮助，请发邮件至 szys@ptpress.com.cn，我们会尽力为大家解答。

资 源 获 取

如果您对本书有任何疑问或建议，请您发邮件给我们，并请在邮件标题中注明本书书名及 ISBN，以便我们更高效地做出反馈。

如果您有兴趣出版图书、录制教学课程，或者参与技术审校等工作，可以发邮件给我们；有意出版图书的作者也可以到"数艺设"社区平台在线投稿（直接访问 www.shuyishe.com 即可）。如果学校、培训机构或企业想批量购买本书或数艺设出版的其他图书，也可以发邮件联系我们。

如果您在网上发现针对数艺设出品图书的各种形式的盗版行为，包括对图书全部或部分内容的非授权传播，请您将怀疑有侵权行为的链接通过邮件发给我们。您的这一举动是对作者权益的保护，也是我们持续为您提供有价值的内容的动力之源。

■ 致谢

本书由华天印象编著，参与编写的人员还有郭珍等人，在此对参与编写的人员表示感谢。由于作者知识水平有限，书中难免有疏漏之处，恳请广大读者批评、指正。

编者

2020 年 6 月

目 录

第 14 章 应用动作和自动化功能
视频讲解 13 分钟

第 15 章 打印与输出图像文件
视频讲解 7 分钟

Photoshop CC 2017入门

第**01**章

Photoshop CC 2017是Adobe公司推出的Photoshop的较新版本。Photoshop是目前世界上最优秀的平面设计软件之一，被广泛用于广告设计、图像处理、图形制作、影像编辑和建筑效果图设计等行业。该软件凭借简洁的工作界面及强大的功能深受广大用户的青睐。

课堂学习目标

- 掌握图像的基础知识
- 认识Photoshop CC 2017的工作界面
- 掌握启动与退出Photoshop CC 2017的方法
- 掌握调整Photoshop CC 2017窗口大小的方法

1.1 掌握图像的基础知识

Photoshop CC 2017是专业的图像处理软件。在学习之前，必须了解并掌握该软件的一些图像处理的基本知识，才能在工作中更好地处理各类图像，创作出高品质的设计作品。下面主要向读者介绍Photoshop CC 2017中的一些基本常识。

1.1.1 了解位图 `进阶`

位图又称为点阵图，是由许多不同颜色的点组成的，这些点称为像素（pixel）。位图图像上的每一个像素点有各自的位置和颜色等数据信息，从而可以精确、自然地表现出图像丰富的色彩。

位图图像的清晰度与图像的分辨率是息息相关的，位图图像中的像素数目是有限的。如果将图像放大到一定程度，图像就会失真并显示锯齿，如图1-1所示。

图1-1 位图（左）与低分辨率图像放大后的效果（右）

1.1.2 了解矢量图

矢量图又称为向量图形，它主要是以线条和色块为主，将它们组合在一起而形成的。矢量图形中的每一个图形对象都是独立的，如颜色、形状、大小和位置等都是不同的。矢量图形的品质与图像的分辨率无关，可以任意进行放大、缩小、旋转或剪切等操作，且图形不会失真。

矢量图也有其局限性，它不适合制作色彩丰富、细腻的图形，不能像位图一样精确地表现图像色彩。

1.1.3 了解图像的颜色模式 `进阶`

在Photoshop中，常用的图像颜色模式有4种，分别是RGB模式、CMYK模式、灰度模式和位图模式。

1. RGB模式

RGB模式是Photoshop默认的颜色模式，是图形图像设计中最常用的颜色模式。它由光学中的红、绿、蓝三原色构成，即"光学三原色"，其中每一种颜色存在着256个等级的强度变化。当三原色中的两种重叠时，由不同的混色比例和强度混合会产生其他的间色。三原色相加会产生白色。

RGB模式在屏幕上表现色彩丰富，所有滤镜都可以使用，各软件之间文件兼容性高，但在印刷输出时偏色情况比较严重，如图1-2所示。

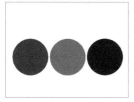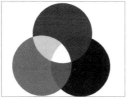

图1-2 RGB 模式

2．CMYK模式

CMYK模式是由C（青色）、M（洋红）、Y（黄色）、K（黑色）合成颜色的模式，这是印刷中最常用的颜色模式，这4种颜色的油墨可合成千变万化的颜色。由青色、洋红、黄色叠加即可生成红色、绿色、蓝色及黑色。黑色用来增加对比度，以补偿C、M、Y产生黑度不足。由于印刷使用的油墨都包含一些杂质，单纯由C、M、Y这3种油墨混合不能产生真正的黑色，因此需要加一种黑色。

CMYK模式是一种减色模式，每一种颜色所占的百分比范围为0～100%，百分比越大，颜色越深，如图1-3所示。

图1-3 CMYK 模式

3．灰度模式

灰度模式可以将图片转变成黑白相片的效果，是图像处理中广泛运用的颜色模式。该模式采用256级不同浓度的灰度来描述图像，每一个像素都有0～255的亮度值。

将彩色图像转换为灰度模式时，所有的颜色信息都将被删除。虽然Photoshop允许将灰度模式的图像再转换为彩色模式，但是原来已删除的颜色信息将不能恢复。

4．位图模式

位图模式也称为黑白模式，使用黑色和白色来描述图像中的像素，黑白之间没有灰色的过渡，该类图像占用的内存空间非常少。当一幅彩色图像要转换成位图模式时，不能直接转换，必须先将图像转换成灰度模式，再由灰度模式转换为位图模式。

1.1.4　了解图像的文件格式　进阶

Photoshop是使用起来非常方便的一种图像处理软件，支持20多种文件格式。下面主要介绍常用的几种文件格式。

1．PSD/PSB文件格式

PSD格式是Photoshop软件的默认格式，也是唯一支持所有图像模式的文件格式。

PSB格式文件属于大型文件，除了具有PSD格式文件的所有属性外，最大的特点就是支持宽度和高度最大为30万像素的文件，且可以保存图像中的图层、通道和路径等所有信息。PSB格式的缺点在于存储的图像文件特别大，占用磁盘空间较多。

由于一些排版软件不支持PSD/PSB格式，所以这两种格式通用性不强。

2．JPEG格式

JPEG是一种高压缩率、有损压缩、真彩色的图像文件格式，但在压缩文件时可以通过控制压缩范围来决定图像的最终质量。JPEG格式主要用于图像预览和HTML网页。

JPEG格式的最大特点是文件比较小，因而在注重文件大小的领域应用较为广泛。JPEG格式支持RGB、CMYK和灰度颜色模式，但不支持Alpha通道。JPEG格式是压缩率很高的图像格式之一，这是由于JPEG格式在压缩保存的过程中会以失真最小的方式丢弃一些人眼不易察觉的数据，保存后的图像与原图相比，质量有所降低。此格式的图像不宜在印刷、出版等高要求的场合下使用。

3．TIFF格式

TIFF格式用于在不同的应用程序和不同的计算机平台之间交换文件。TIFF格式是一种通用的位图文件格式，几乎所有绘画、图像编辑和页面版式应用程序均支持该文件格式。

TIFF格式是一种无损压缩格式，也是常用的文件格式之一。它可以保存通道、图层和路径信息，看似与PSD格式没有区别，但是如果在其他应用程序中打开该文件格式所保存的图像，则所有图层将被合并。只有使用Photoshop打开保存了图层的TIFF文件，才能对其中的图层进行修改或编辑。

4. AI格式

AI格式是Illustrator软件所特有的矢量图形存储格式。如果在Photoshop软件中将存有路径的图像文件输出为AI格式，则可以在Illustrator和CorelDRAW等矢量图形软件中直接打开，并且可以对其进行任意修改和处理。

5. BMP格式

BMP格式是DOS和Windows平台上的标准图像格式，是Bitmap（位图）的缩写。BMP格式支持1/4/8/16/24位颜色深度，所支持的颜色模式有RGB、索引颜色、灰度和位图等，但不能保存Alpha通道。BMP格式的图像具有极其丰富的色彩，24位颜色深度可以使用1600万种色彩进行图像渲染，它在存储时采用的是无损压缩技术。

6. GIF格式

GIF格式也是一种非常通用的图像格式。由于最多只能保存256种颜色，且使用LZW压缩方式压缩文件，因此GIF格式保存的文件不会占用太多的磁盘空间，非常适合互联网上的图片传输。GIF格式还可以保存动画。

7. EPS格式

EPS是Encapsulated Post Script的缩写。EPS是一种通用的行业标准格式，可以同时包含像素信息和矢量信息。除了多通道模式的图像之外，

其他模式的图像都可存储为EPS格式，但是它不支持Alpha通道。EPS格式最大的优点就是可以在排版软件中以低分辨率预览，却以高分辨率进行图像输出。

8. PNG格式

PNG格式常用于网络图像，与GIF格式的不同之处在于，GIF格式只能保存256种颜色，而PNG格式可以保存图像的24位真彩色，且支持透明背景和消除锯齿边缘的功能，在不失真的情况下压缩并保存图像。

1.2 启动与退出Photoshop CC 2017

本节将介绍启动与退出Photoshop CC 2017的方法。

1.2.1 启动Photoshop CC 2017

由于Photoshop CC 2017程序需要较大的运行内存，所以Photoshop CC 2017的启动时间较长，在启动的过程中需要耐心等待。

将鼠标指针移至桌面上的Photoshop CC 2017快捷方式图标上，双击即可启动Photoshop CC 2017程序，启动界面如图1-4所示。

图1-4 程序启动界面

程序启动后，即可进入Photoshop CC 2017工

作界面，如图1-5所示。

图1-5 Photoshop 2017 CC 工作界面

1.2.2 退出Photoshop CC 2017

在图像处理完成后，或者在使用完Photoshop CC 2017软件后，就需要将其关闭，以保证计算机运行速度。

单击Photoshop CC 2017窗口右上角的"关闭"按钮，如图1-6所示。

图1-6 单击"关闭"按钮

如果在工作界面中进行了某些操作，之前也未保存，在退出该软件时，会弹出信息提示框，如图1-7所示。

图1-7 信息提示框

1.3 认识Photoshop CC 2017 的工作界面

Photoshop CC 2017的工作界面在以前的软件版本基础上进行了创新，许多功能的界面设计更合理。如图1-8所示，Photoshop CC 2017的工作界面主要由菜单栏、工具属性栏、工具箱、图像编辑窗口、状态栏和控制面板6个部分组成。

图1-8 Photoshop CC 2017 的工作界面

下面对Photoshop CC 2017各组成部分进行简单介绍。

◆ 菜单栏：菜单栏包含可以执行的各种命令，单击菜单名称即可打开相应的菜单。

◆ 工具属性栏：工具属性栏用来设置工具的各种选项，它会随着所选工具的不同而变换内容。

◆ 工具箱：工具箱包含用于执行各种操作的工具，如创建选区、移动图像、绘画等。

◆ 图像编辑窗口：文档窗口是编辑图像的窗口。

◆ 状态栏：状态栏显示打开文档的大小、尺寸、当前工具和窗口缩放比例等信息。

◆ 控制面板：面板用来帮助用户编辑图像，设置编辑内容和设置颜色属性。

1.3.1 菜单栏

菜单栏位于整个窗口的顶端，由"文件""编辑""图像""图层""文字""选择""滤镜"

"3D""视图""窗口"和"帮助"11个菜单组成，如图1-9所示。单击任意一个菜单都会弹出其包含的命令，Photoshop CC 2017中的绝大部分功能都可以利用菜单栏中的命令来实现。菜单栏的右侧还显示了控制窗口显示的最小化、最大化/恢复、关闭这3个按钮。

Ps 文件(F) 编辑(E) 图像(I) 图层(L) 文字(Y) 选择(S) 滤镜(T) 3D(D) 视图(V) 窗口(W) 帮助(H) — □ ×

图1-9 菜单栏

下面对菜单栏的各组成部分进行简单介绍。

◆ 文件："文件"菜单中主要包括新建、打开、存储、关闭、置入及打印等一系列针对文件的命令。

◆ 编辑："编辑"菜单中的各种命令用于对图像进行编辑，包括还原、剪切、拷贝、粘贴、填充、变换及定义图案等命令。

◆ 图像："图像"菜单中的命令主要是针对图像模式、颜色、大小等进行调整及设置。

◆ 图层："图层"菜单中的命令主要是针对图层进行相应的操作，如新建图层、复制图层、创建图层蒙版、栅格化文字图层等，这些命令便于对图层进行运用和管理。

◆ 文字："文字"菜单主要用于对文字对象进行创建和设置，包括创建工作路径、转换为形状、变形文字及设置字体预览大小等。

◆ 选择："选择"菜单中的命令主要是针对选区进行操作，可以对选区进行反选、修改、变换、扩大、载入等操作。这些命令结合选区工具，便于对选区进行操作。

◆ 滤镜："滤镜"菜单中的命令可以为图像设置各种特殊效果，在制作特效方面功不可没。

◆ 3D："3D"菜单针对3D模型执行操作，可以执行打开3D文件、将2D图像创建为3D模型、进行3D渲染等操作。

◆ 视图："视图"菜单中的命令可对整个视图进行调整及设置，包括缩放视图、改变屏幕模式、显示标尺、设置参考线等。

◆ 窗口："窗口"菜单主要用于控制Photoshop

CC 2017工作界面中的工具箱和各个面板的显示和隐藏。

◆ 帮助："帮助"菜单中提供了Photoshop CC 2017的各种帮助信息。如果在使用Photoshop CC 2017的过程中遇到问题，可以通过该菜单及时了解各种命令、工具和功能的使用方法。

专家指点

如果菜单中的命令呈灰色，则表示该命令在当前编辑状态下不可用；如果菜单命令右侧有一个三角形符号，则表示此命令包含有子菜单，将鼠标指针移动到该命令上，即可打开其子菜单；如果菜单命令右侧有"…"，则执行此菜单命令时将会弹出与其有关的对话框。

1.3.2 工具属性栏

工具属性栏一般位于菜单栏的下方，主要用于对所选择工具的属性进行设置。它提供了控制工具属性的选项，其显示的内容会根据所选工具的不同而发生变化。在工具箱中选择工具后，工具属性栏将随之显示该工具可以使用的功能，如选择工具箱中的画笔工具，工具属性栏中就会出现与画笔相关的参数设置，如图1-10所示。

/ ・ ● ・ 図 模式：正常 ↓ 不透明度：100% ↓ ◎ 流量：100% ↓ ◎ ◎ ◯ ⬚ ・

图1-10 画笔工具属性栏

1.3.3 工具箱

工具箱位于工作界面的左侧，其中共有50多个工具。只要单击工具按钮即可在图像编辑窗口中使用相应的工具。

如果工具按钮的右下角有一个小三角形，表示该工具按钮下还有其他工具，在工具按钮上单击鼠标右键，即可弹出隐藏的工具，如图1-11所示。

图1-11 显示隐藏工具

1.3.4 状态栏

状态栏位于图像编辑窗口的底部，主要用于显示当前所编辑图像的显示比例及相关信息。

状态栏左侧的数值框用于设置图像编辑窗口的显示比例，在该数值框中输入图像显示比例的数值后，按【Enter】键，当前图像即可按照设置的比例显示。状态栏的右侧显示的是图像文件信息，单击文件信息右侧的三角形按钮，即可弹出菜单，如图1-12所示，用户可以根据需要选择相应选项。

图 1-12 图像文件信息

下面对主要的图像文件信息进行介绍。

◆ Adobe Drive：显示文档的VersionCue工作组状态。Adobe Drive可以帮助用户连接到VersionCue CC服务器，连接成功后，可以在Windows资源管理器或Mac OS Finder中查看服务器的项目文件。

◆ 文档大小：显示图像中的数据量信息。选择该选项后，状态栏中会出现两组数字，左边的数字显示拼合图层并存储文件后的大小，右边的数字显示图层和通道的近似大小。

◆ 文档配置文件：显示图像所使用的颜色配置文件的名称。

◆ 文档尺寸：查看图像的尺寸。

◆ 测量比例：查看文档的比例。

◆ 暂存盘大小：查看关于处理图像的内存和Photoshop暂存盘的信息。选择该选项后，状态栏中会出现两组数字，左边的数字表示程序用来显示所有打开图像的内存容量，右边的数字表示用于处理图像的总内存容量。

◆ 效率：查看执行操作实际花费的时间百分比。当效率为100时，表示当前处理的图像在内存中生成；如果效率低于100，则表示Photoshop正在使用暂存盘，操作速度也会变慢。

◆ 计时：查看完成上一次操作用时。

◆ 当前工具：查看当前使用的工具名称。

◆ 32位曝光：调整预览图像，以便在计算机显示器上查看32位通道高动态范围（HDR）图像的选项。只有文档窗口显示HDR图像时，该选项才可以用。

◆ 存储进度：读取当前文档的保存进度。

1.3.5 控制面板

控制面板主要用于对当前图像的颜色、图层、样式及相关的操作进行设置。控制面板位于工作界面的右侧，用户可以对面板进行分离、移动和组合等操作。

专家指点

默认情况下，面板分为6种："图层""通道""路径""创建""颜色"和"属性"。用户可以根据需要将它们进行任意分离、移动和组合。例如，让"颜色"面板脱离原来的组合面板，使其成为独立的面板，在"颜色"标签上按住鼠标左键并将其拖曳至其他位置即可。如果要使面板复位，只需要将其拖回原来的面板内即可。

另外，按【Tab】键可以隐藏工具箱和所有面板；按【Shift + Tab】组合键可以隐藏所有面板，保留工具箱。

如果要选择某个面板，可以单击面板的标签，如图1-13所示；如果要隐藏某个面板，可以单击"窗口"菜单中带"√"标记的命令，如图1-14所示。

图 1-13 显示面板

图 1-14 "窗口"菜单

1.3.6 图像编辑窗口

Photoshop CC 2017工具界面的中间呈灰色显示的区域即图像编辑工作区。当打开一个文档时，工作区中将显示该文档的图像窗口，图像窗口是编辑图像的主要区域，图形的绘制和图像的编辑都在此区域中进行。

用户可以对图像窗口进行多种操作，如改变窗口大小和位置等。当新建或打开多个文件时，图像窗口标题栏显示呈灰白色的即当前编辑窗口，如图1-15所示，此时所有操作将只针对该图像编辑窗口。如果想对其他图像进行编辑，单击需要编辑的图像窗口标签即可。

图1-15 当前图像编辑窗口

1.4 调整Photoshop CC 2017的窗口大小

在Photoshop CC 2017中，用户可以同时打开多个图像文件，图像编辑窗口默认以选项卡的形式停放，单击选项卡可在各窗口之间切换。

用户还可以根据工作需要移动窗口位置、调整窗口大小或改变窗口排列方式，使工作环境变得更加简洁。下面将详细介绍Photoshop CC 2017窗口的管理方法。

1.4.1 实战——最大化/最小化窗口

在Photoshop CC 2017中，单击图像窗口标题栏上的"最大化"按钮 □ 和"最小化"按钮 ─，就可以将图像的窗口最大化和最小化。

素材位置	素材 > 第1章 > 图像1.jpg
效果位置	无
视频位置	视频 > 第1章 > 实战——最大化最小化窗口.mp4

Step 01 单击"文件"|"打开"命令，打开一幅素材图像，如图1-16所示。

图1-16 打开素材图像

Step 02 将鼠标指针移至图像窗口的选项卡上，按住鼠标左键，将其向下拖曳，使图像窗口成为浮动窗口，如图1-17所示。

图1-17 浮动状态的图像窗口

Step 03 将鼠标指针移至图像窗口标题栏上的"最大化"按钮 □ 上，单击即可最大化窗口，如图1-18所示。

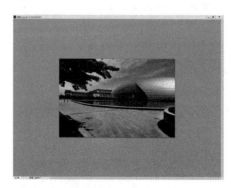

图1-18 最大化窗口

Step 04 将鼠标指针移至图像窗口标题栏上的"最小化"按钮 ─ 上，单击即可最小化窗口，如图1-19所示。

图 1-19　最小化窗口

1.4.2　还原窗口

在Photoshop CC 2017中，当图像窗口处于最大化或最小化的状态时，单击"恢复"按钮 或窗口按钮，即可恢复图像窗口，如图1-20所示。

图 1-20　恢复图像窗口

将鼠标指针移至编辑窗口的标题栏上，按住鼠标左键，将其拖曳到工具属性栏的下方，当出现蓝色虚框时释放鼠标左键，即可停放窗口，如图1-21所示。

图 1-21　停放窗口

1.4.3　实战——移动与调整窗口大小 重点

在Photoshop CC 2017中，如果用户在处理图像的过程中需要将图像放在合适的位置，就需要调整图像窗口的大小和位置。下面将详细介绍移动和调整窗口大小的操作方法，供读者学习和参考。

素材位置	素材 > 第 1 章 > 图像 2.jpg
效果位置	无
视频位置	视频 > 第 1 章 > 实战——移动与调整窗口大小 .mp4

Step 01 单击"文件"|"打开"命令，打开一幅素材图像，如图1-22所示。

Step 02 将鼠标指针移至图像窗口标题栏上，按住鼠标左键，将其拖曳至合适位置，即可移动窗口，如图1-23所示。

图 1-22　打开素材图像　　图 1-23　移动窗口

Step 03 将鼠标指针移至图像窗口边框线上，当鼠标指针呈 状态时，按住鼠标左键并拖曳，即可改变窗口高度，如图1-24所示。

图 1-24　改变窗口高度

Step 04 将鼠标指针移至图像编辑窗口边框线上，当鼠标指针呈 状态时，按住鼠标左键并拖曳，即可同时调整窗口的高度和宽度，如图1-25所示。

图1-25 缩放窗口

1.4.4 实战——调整窗口排列 **重点**

在Photoshop CC 2017中，当打开多个图像文件时，每次只能显示一个图像窗口内的图像。如果用户需要对多个窗口中的内容进行比较，则可以将各窗口以水平平铺、浮动、层叠或选项卡等方式进行排列。

素材位置	素材 > 第 1 章 > 图像 3.jpg、图像 4.jpg、图像 5.jpg
效果位置	无
视频位置	视频 > 第 1 章 > 实战——调整窗口排列 .mp4

Step 01 单击"文件"|"打开"命令，打开3幅素材图像，如图1-26所示。

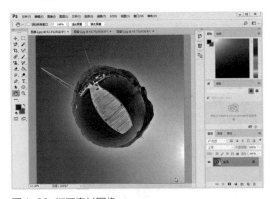

图1-26 打开素材图像

Step 02 单击"窗口"|"排列"|"平铺"命令，即可平铺图像窗口，如图1-27所示。

图1-27 平铺图像窗口

Step 03 单击"窗口"|"排列"|"使所有内容在窗口中浮动"命令，即可浮动排列图像窗口，如图1-28所示。

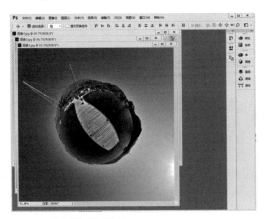

图1-28 浮动排列图像窗口

Step 04 单击"窗口"|"排列"|"将所有内容合并到选项卡中"命令，即可以选项卡的形式排列图像窗口，如图1-29所示。

图1-29 以选项卡的形式排列图像窗口

专家指点

当用户需要对窗口进行适当的布置时，可以将鼠标指针移至图像窗口的选项卡上，按住鼠标左键并拖曳，即可将图像窗口拖到屏幕上的任意位置。

1.4.5 实战——切换窗口　重点

在Photoshop CC 2017中，用户在处理图像时，如果同时打开了多幅素材图像，可以根据需要在各窗口之间进行切换。

素材位置	素材 > 第 1 章 > 图像 6.jpg、图像 7.jpg
效果位置	无
视频位置	视频 > 第 1 章 > 实战——切换窗口 .mp4

Step 01 单击"文件"|"打开"命令，打开两幅素材图像，如图1-30所示。

图1-30　打开素材

Step 02 将鼠标指针移至"图像6"素材图像窗口中，单击即可将其设置为当前窗口，如图1-31所示。

图1-31　设置当前窗口

专家指点

除了运用上述方法切换图像编辑窗口外，还有以下3种方法。
- 快捷键1：按【Ctrl+Tab】组合键。
- 快捷键2：按【Ctrl+F6】组合键。
- 菜单：单击"窗口"命令，菜单底部会列出当前打开的所有图像名称，单击某一个图像名称，即可将其切换为当前图像窗口。

1.5　习题

为了帮助读者更好地掌握所学知识，重要知识将通过上机习题进行回顾和补充。

习题1　使用"历史记录"面板撤销任意操作

素材位置	素材 > 第 1 章 > 课后习题 > 图像 1.jpg
效果位置	无
视频位置	视频 > 第 1 章 > 习题 1：使用"历史记录"面板撤销任意操作 .mp4

本习题练习通过"历史记录"面板撤销之前的操作，素材如图1-32所示。

图 1-32　素材 1

习题2　利用快照还原图像

素材位置	素材 > 第 1 章 > 课后习题 > 图像 2.psd
效果位置	无
视频位置	视频 > 第 1 章 > 习题 2：利用快照还原图像 .mp4

本习题练习将图像恢复到快照所记录的效果，素材如图1-33所示。

图 1-33　素材 2

Photoshop CC 2017的基本操作

第02章

Photoshop 是非常优秀的图像处理软件，掌握该软件的一些基本操作，可以为后续学习奠定良好的基础。本章主要向读者介绍Photoshop CC 2017的基本操作，主要包括图像文件的基本操作、工作区的基本操作、工具箱与面板的基本操作、图像辅助工具的基本应用、图像的缩放操作等内容。

课堂学习目标

● 掌握图像文件的基本操作　　　　● 掌握工作区的基本操作

● 掌握工具箱与面板的基本操作　　● 掌握图像辅助工具的基本应用

2.1 图像文件的基本操作

Photoshop CC 2017作为一款图像处理软件，绘图和图像处理是它的看家本领。在使用Photoshop CC 2017开始创作之前，需要先了解此软件的一些常用操作，如新建文件、打开文件、存储文件和关闭文件等。熟练掌握各种操作，才可以更好、更快地设计作品。

2.1.1 新建文件

在Photoshop CC 2017中不仅可以编辑一个现有的图像，也可以新建一个空白文件，然后进行各种编辑操作。

单击"文件"|"新建"命令，弹出"新建文档"对话框，设置名称为"未标题-2"，设置"宽度"为400像素，"高度"为400像素，"分辨率"为300像素/英寸，"颜色模式"为RGB颜色，"背景内容"为白色，如图2-1所示。

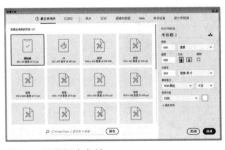

图 2-1 设置相应参数

单击"创建"按钮，即可显示新建的空白图像，如图2-2所示。

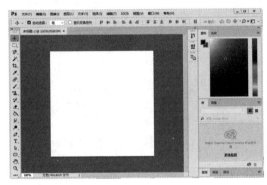

图 2-2 新建空白图像

专家指点

在"新建文档"对话框中，"分辨率"参数用于设置新建文件分辨率的大小。如果创建的图像用于网页或屏幕浏览，分辨率一般设置为 72 像素/英寸；如果将图像用于印刷，则分辨率值不能低于300 像素/英寸。

2.1.2 打开文件

要在Photoshop中编辑一个图像文件，首先需要将其打开。单击"文件"|"打开"命令，弹出"打开"对话框，选择"图像1.jpg"素材，如图2-3所示。

图 2-3 选择素材

单击"打开"按钮，弹出"Camera Raw 9.7-JPEG"对话框，单击"打开图像"按钮，如图2-4所示。

图 2-4 "Camera Raw 9.7-JPEG"对话框

执行操作后，即可打开所选择的图像文件，如图2-5所示。

图 2-5 打开图像文件

2.1.3 实战——保存图像文件 重点

新建文件或者对打开的文件进行了编辑后，应及时保存图像文件，以免因各种原因而导致文件丢

失。Photoshop CC 2017可以支持20多种图像格式，所以用户可以选择不同的格式存储文件。

素材位置	素材 > 第 2 章 > 图像 2.jpg
效果位置	效果 > 第 2 章 > 图像 2.psd
视频位置	视频 > 第 2 章 > 实战——保存图像文件 .mp4

Step 01 单击"文件"|"打开"命令，打开一幅素材图像，如图2-6所示。

图 2-6 打开素材图像

Step 02 单击"文件"|"存储为"命令，弹出"另存为"对话框，设置"文件名"为"图像2.psd"，"保存类型"为"Photoshop (*.PSD;*.PDD;*.PSDT)"，并设置保存位置，如图2-7所示。单击"保存"按钮，弹出信息提示框，单击"确定"按钮，即可完成操作。

图 2-7 "另存为"对话框

除了使用上述方法可以弹出"另存为"对话框外，还有以下两种方法。

● 快捷键1：按【Ctrl+S】组合键。

● 快捷键2：按【Ctrl+Shift+S】组合键。

在Photoshop CC 2017中完成图像的编辑后，如果用户不再需要该图像文件，可以采用以下方法关闭文件，以释放其占用的系统资源，提高计算机的运行速度。

● 关闭文件：单击"文件"|"关闭"命令或按【Ctrl+W】组合键，如图2-8所示。

图 2-8 单击"关闭"命令

● 关闭全部文件：如果在 Photoshop 中打开了多个文件，可以单击"文件"|"关闭全部"命令，关闭所有文件。

● 退出程序：单击"文件"|"退出"命令，或单击程序窗口右上角的"关闭"按钮。

2.1.4 实战——置入图像文件 进阶

在Photoshop中置入图像文件，是指将所选择的文件置入当前编辑窗口中，然后在Photoshop中进行编辑。Photoshop CC 2017所支持格式的文件都能通过"置入"命令置于当前编辑的文件中。

素材位置	素材 > 第 2 章 > 图像 3.jpg、图像 4.jpg
效果位置	效果 > 第 2 章 > 图像 3.psd
视频位置	视频 > 第 2 章 > 实战——置入图像文件 .mp4

Step 01 单击"文件"|"打开"命令，打开一幅素材图像，如图2-9所示。

图 2-9 打开素材图像

Step 02 单击"文件"|"置入嵌入的智能对象"命令，如图2-10所示。

图 2-10 选择"置入嵌入的智能对象"命令

Step 03 弹出"置入嵌入对象"对话框，选择要置入的文件，单击"置入"按钮，如图2-11所示。

图 2-11 选择置入文件

Step 04 弹出"Camera Raw 9.7-JPEG"对话框，单击"确定"按钮，如图2-12所示。

图 2-12 "Camera Raw 9.7-JPEG"对话框

执行上述操作后，即可置入所选择的图像文件，如图2-13所示。

图 2-13 置入图像文件

Step 05 将鼠标指针移至置入文件控制点上，按住【Shift】键的同时，等比例缩放图片，如图2-14所示。

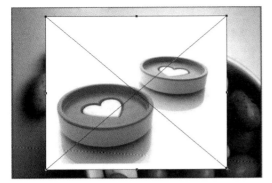

图 2-14 等比例缩放图片

Step 06 执行上述操作后，按【Enter】键确认，最终效果如图2-15所示。

图 2-15 最终效果

2.1.5 实战——导入/导出图像文件

在Photoshop中可以对视频帧、注释和WIA等内容进行编辑，当新建或打开图像文件后，单击"文件"|"导入"命令，可以将内容导入图像中。

1. 导入文件

如果导入文件时一些特殊格式无法直接打开，Photoshop软件无法识别，导入的过程中软件会自动将它转换为可识别的格式并打开。

2. 导出文件

在Photoshop中创建或编辑的图像可以导出到Zoomify、Illustrator和视频设备中，以满足用户的不同需求。如果在Photoshop中创建了路径，需要进一步处理，可以将路径导出为AI格式，在Illustrator中可以继续对路径进行编辑。

素材位置	素材＞第2章＞图像5.psd
效果位置	效果＞第2章＞图像5.ai
视频位置	视频＞第2章＞实战——导入导出图像文件.mp4

Step 01 单击"文件"|"打开"命令，打开一幅素材图像，如图2-16所示。

图 2-16 打开素材图像

Step 02 单击"窗口"|"路径"命令，打开"路径"面板，选择"工作路径"，如图2-17所示。此时，图像中显示出路径，效果如图2-18所示。

图 2-17 选择"工作路径"

图 2-18 显示路径

Step 03 单击"文件"|"导出"|"路径到Illustrator"命令，弹出"导出路径到文件"对话框，保持默认设置，单击"确定"按钮，如图2-19所示。

图 2-19 "导出路径到文件"对话框

Step 04 弹出"选择存储路径的文件名"对话框，设置文件名称和存储格式，如图2-20所示。单击"保存"按钮，即可完成导出文件的操作。

图 2-20 设置相应选项并保存

2.2 工作区的基本操作

在Photoshop CC 2017的工作界面中，文件窗口、工具箱、菜单栏和面板的组合称为工作区。该软件给用户提供了不同的预设工作区，如进行文字输入时选择"文字"工作区，就会打开与文字相关的面板。用户也可以创建属于自己的工作区。

2.2.1 创建自定义工作区 重点

用户创建自定义工作区时可以将经常使用的面板组合在一起，简化工作界面，从而提高工作的效率。

打开一幅素材图像，如图2-21所示。

图 2-21 打开素材图像

单击"窗口"|"工作区"|"新建工作区"命令，如图2-22所示。

图 2-22 单击"新建工作区"命令

弹出"新建工作区"对话框，在"名称"文本框中设置工作区的名称，如图2-23所示。

图 2-23 设置工作区名称

单击"存储"按钮，如图2-24所示，即可完成自定义工作区的创建。

图 2-24 单击"存储"按钮

2.2.2 设置自定义快捷键

在Photoshop CC 2017中，利用自定义快捷键功能可以为经常使用的工具定义熟悉的快捷键。下面介绍设置自定义快捷键的操作步骤。单击"窗口"|"工作区"|"键盘快捷键和菜单"命令，如图2-25所示。

图 2-25 选择相应命令

弹出"键盘快捷键和菜单"对话框,单击"快捷键用于"下拉按钮,在弹出的下拉列表中选择"应用程序菜单"选项,如图2-26所示,用户可以根据需要自定义快捷键,然后单击"确定"按钮。

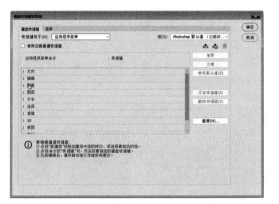

图2-26 选择"应用程序菜单"选项

2.2.3 设置彩色菜单命令

在Photoshop CC 2017中,用户可以将经常用到的某些菜单命令设定为彩色,以便需要时可以快速找到相应的菜单命令。下面将详细介绍自定义彩色菜单命令的操作方法。

单击"编辑"|"菜单"命令,弹出"键盘快捷键和菜单"对话框,在"应用程序菜单命令"列表框中单击"图像"左侧的›按钮,如图2-27所示。

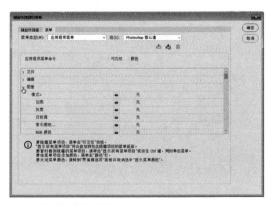

图2-27 单击相应按钮

单击"模式"选项右侧的下拉按钮,在弹出的下拉列表中选择"蓝色"选项,单击"确定"按钮,如图2-28所示。

图2-28 选择颜色

现在"图像"菜单中的"模式"命令显示为蓝色,如图2-29所示。

图2-29 "模式"命令显示为蓝色

2.3 工具箱与面板的基本操作

Photoshop CC 2017的工具箱中包含了用于创建和编辑图像、图稿、页面元素的各种工具和按钮,灵活运用工具箱将有助于用户设计出更优秀的作品。下面将详细介绍Photoshop CC 2017工具箱的操作方法。

2.3.1 认识工具箱

Photoshop CC 2017的工具箱是以按钮形式展现工具的,用户从工具的形态可以了解该工具的功能。选取任意工具后可以进行相应的操作,如图2-30所示。

单击工具箱中的工具按钮右下角的三角形,就会显示出其他相似功能的隐藏工具,如图2-31所示。

图 2-30　　图 2-31 显示隐藏工具
工具箱

2.3.2 移动工具箱

在Photoshop CC 2017中，默认情况下工具箱位于窗口的左侧。将鼠标指针置于工具箱顶部的空白处，按住鼠标左键并向右拖曳，即可将工具箱拖出并放在窗口中的任意位置。

打开一幅素材图像，如图2-32所示。

图 2-32 打开素材图像

将鼠标指针移至工具箱顶部的空白处，按住鼠标左键并拖曳至合适位置后释放鼠标，即可移动工具箱，如图2-33所示。

图 2-33 移动工具箱

2.3.3 隐藏工具箱

在Photoshop CC 2017中，隐藏工具箱可以最大限度地利用编辑窗口，使图像显示的区域更多，创造更简洁的工作环境。

打开一幅素材图像，单击"窗口"菜单，观察"工具"命令，可见其前面有"√"标记，如图2-34所示。单击"工具"命令，可取消其前面的"√"。

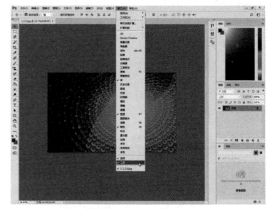

图 2-34 单击"工具"命令

执行上述操作后，即可隐藏工具箱，如图2-35所示。

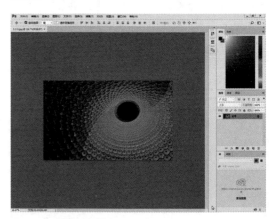

图 2-35 隐藏工具箱

再次单击"窗口"|"工具"命令，即可显示工具箱，如图2-36所示。

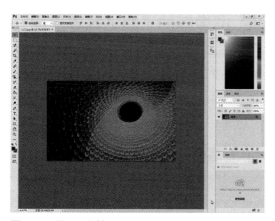

图 2-36　显示工具箱

2.3.4　展开/折叠面板

在Photoshop CC 2017中，面板用来设置颜色、工具参数，以及执行编辑命令。Photoshop CC 2017中包含了20多个面板，用户可以在"窗口"菜单中选择需要的面板并将其打开。

将鼠标指针移至控制面板顶部的灰色区域内，单击鼠标右键，弹出快捷菜单，选择"展开面板"选项，如图2-37所示。

执行上述操作后，即可展开控制面板，如图2-38所示。

图 2-37　选择"展开面板"　图 2-38　展开控制面板
命令

专家指点

除了运用上述方法可以展开面板外，还有两种方法。

- 鼠标操作1：单击面板组右上角的双三角形按钮 ◄◄，可以展开面板。再次单击双三角形按钮，可以重新将其折叠回面板组。
- 鼠标操作2：将鼠标指针移至控制面板顶部的灰色区域中，双击即可展开控制面板。

将鼠标指针移至控制面板顶部的灰色区域内，单击鼠标右键，在弹出的快捷菜单中选择"折叠为图标"选项，如图2-39所示。

执行上述操作后，已展开的控制面板即可切换为折叠状态，如图2-40所示。

图 2-39　选择"折叠为图标"命令　图 2-40　折叠状态

2.3.5　移动/组合面板 **进阶**

在Photoshop CC 2017中，可以将两个或多个面板组合在一起。将一个面板拖曳到另一个面板的标题栏上，当出现蓝线时释放鼠标，即可将其与目标面板组合。下面将详细介绍移动/组合面板的操作方法。

单击"文件"|"打开"命令，打开一幅素材图像。将鼠标指针移至"图层"面板的上方，如图2-41所示。

图 2-41　将鼠标指针移至"图层"面板的上方

按住鼠标左键，将"图层"面板拖曳至合适位置，释放鼠标左键，即可移动"图层"面板，如图2-42所示。

图 2-42 移动"图层"面板

将鼠标指针移至面板上方的灰色区域内，按住鼠标左键并拖曳，此时面板呈半透明状态显示，如图2-43所示。

图 2-43 拖曳面板

当鼠标指针所在位置出现蓝线时释放鼠标左键，两个面板即被组合，如图2-44所示。

图 2-44 组合面板

2.4 图像辅助工具的基本应用

用户在编辑和绘制图像时，灵活应用网格、参考线、标尺工具、注释工具等辅助工具，可以精确地进行定位、对齐、测量等操作，以便更加准确地处理图像。

2.4.1 实战——显示标尺

标尺工具是非常精准的测量及图像修正工具。利用此工具拉出一条参考线后，工具属性栏中会显示这条参考线的详细信息，如参考线的坐标、宽、高、长度、角度等，可以判断一些角度不正的图片的偏斜角度，方便精确校正。

素材位置	素材 > 第 2 章 > 图像 6.jpg
效果位置	无
视频位置	视频 > 第 2 章 > 实战——显示标尺 .mp4

Step 01 单击"文件"|"打开"命令，打开一幅素材图像，如图2-45所示。

图 2-45 打开素材图像

Step 02 单击"视图"|"标尺"命令，即可显示标尺，如图2-46所示。

图 2-46 显示标尺

Step 03 将鼠标指针移至水平标尺与垂直标尺的相交处，按住鼠标左键并拖曳至图像编辑窗口中的合适位置，如图2-47所示。

图 2-47 拖曳标尺原点

Step 04 释放鼠标左键，即可更改标尺原点，如图2-48所示。

图 2-48 更改标尺原点

Step 05 单击"视图"|"标尺"命令，即可隐藏标尺，如图2-49所示。

图 2-49 隐藏标尺

2.4.2 实战——应用标尺工具 `进阶`

Photoshop CC 2017中的标尺工具用来测量图像任意两点之间的距离与角度，还可以用来校正倾斜的图像。

如果显示了标尺，则标尺会出现在当前文件窗口的顶部和左侧，标尺内的标记可以显示出鼠标指针移动时的位置。

素材位置	素材 > 第 2 章 > 图像 6.jpg
效果位置	无
视频位置	视频 > 第 2 章 > 实战——应用标尺工具 .mp4

下面将详细介绍使用标尺工具的操作方法。

Step 01 以2.4.1小节的素材为例，打开该素材图像，如图2-50所示。

图 2-50 打开素材图像

Step 02 选取工具箱中的标尺工具，将鼠标指针移至图像编辑窗口中，此时鼠标指针呈形状，如图2-51所示。

图 2-51 鼠标指针形状

Step 03 在图像编辑窗口中按住鼠标左键，确认起始位置，向下拖曳以确定测量长度，如图2-52所示。

图 2-52 确定测量长度

Step 04 单击"窗口"|"信息"命令，即可查看测量信息，如图2-53所示。

图 2-53 查看测量信息

专家指点

● 在Photoshop CC 2017中，按住【Shift】键的同时，按住鼠标左键并拖曳，可以沿水平、垂直或45°角的方向进行测量。将鼠标指针移至测量的起点或终点上，按住鼠标左键并拖曳，即可改变测量的长度和方向。

● 按【Ctrl+R】组合键，即可在图像编辑窗口中隐藏或者显示标尺。

2.4.3 实战——显示或隐藏网格

当用户需要平均分配间距和对齐图像时，网格可以带来很大的方便。网格可以平均分配空间，在网格选项中可以设置间距，方便测量和排列很多的图片。

素材位置	素材＞第 2 章＞图像 7.gif
效果位置	无
视频位置	视频＞第 2 章＞实战——显示或隐藏网格 .mp4

Step 01 单击"文件"|"打开"命令，打开一幅素材图像，如图2-54所示。

图 2-54 打开素材图像

Step 02 单击"视图"|"显示"|"网格"命令，效果如图2-55所示。

图 2-55 显示网格

Step 03 单击"视图"|"对齐到"|"网格"命令，可以看到"网格"命令的左侧出现一个"√"标记，如图2-56所示。

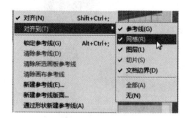

图 2-56 单击"网格"命令

Step 04 在工具箱中选取矩形选框工具■，将鼠标指针移至图像编辑窗口中的鲜花处，按住鼠标左键并拖曳绘制矩形框，框线可自动对齐到网格，如图2-57所示。

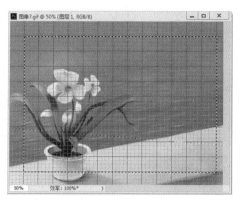

图 2-57 对齐到网格

2.4.4 实战——使用参考线 进阶

进行图像排版或一些规范操作时，用户要精细作图，此时就需要使用参考线。参考线相当于辅助线，起到辅助定位的作用，能使用户的操作更方便。它是浮动在整个图像上却不能被打印的直线，用户可以随意移动、删除或锁定参考线。下面介绍应用参考线的方法。

素材位置	素材＞第2章＞图像8.jpg
效果位置	效果＞第2章＞图像8.psd
视频位置	视频＞第2章＞实战——使用参考线.mp4

Step 01 单击"文件"|"打开"命令，打开一幅素材图像，如图2-58所示。

图 2-58 打开素材图像

Step 02 单击"视图"|"新建参考线"命令，弹出"新建参考线"对话框，选中"垂直"单选按钮，

在"位置"数值框中输入"3.7厘米"，如图2-59所示。

图 2-59 设置数值

Step 03 单击"确定"按钮，即可创建垂直参考线，如图2-60所示。

图 2-60 创建垂直参考线

Step 04 单击"视图"|"新建参考线"命令，弹出"新建参考线"对话框，选中"水平"单选按钮，在"位置"数值框中输入"4厘米"，如图2-61所示。

图 2-61 设置数值

Step 05 单击"确定"按钮，即可创建水平参考线，效果如图2-62所示。

图 2-62 创建水平参考线

2.4.5 实战——使用注释工具

在Photoshop CC 2017中，注释工具是用来协助用户制作图像的。使用注释工具可以在图像的任何位置添加文字注释、制作说明或其他有用信息。下面介绍应用注释工具的方法。

素材位置	素材＞第2章＞图像9.jpg
效果位置	无
视频位置	视频＞第2章＞实战——使用注释工具.mp4

Step 01 单击"文件"|"打开"命令，打开一幅素材图像，如图2-63所示。

图2-63 打开素材图像

Step 02 选取工具箱中的注释工具 ，在图像编辑窗口中单击，弹出"注释"面板，在文本框中输入说明文字，如图2-64所示。

图2-64 输入说明文字

Step 03 执行操作后，即可创建注释，在素材图像中显示注释标记，如图2-65所示。

图2-65 显示注释标记

Step 04 不需注释后，可将其删除。移动鼠标指针至图像中的注释标记上，单击鼠标右键，弹出快捷菜单，选择"删除注释"选项，如图2-66所示。

图2-66 选择"删除注释"选项

Step 05 执行上述操作后，弹出信息提示框，如图2-67所示。单击"是"按钮，即可删除注释，效果如图2-68所示。

图2-67 信息提示框

图2-68 删除注释后的效果

2.4.6 使用对齐工具

在Photoshop CC 2017中，灵活使用对齐工具有助于精确地放置选区、裁剪区域、切片、形状和路径。如果用户要启用对齐功能，首先需要单击"视图"|"对齐"命令，使该命令处于选中状态，然后在"对齐到"子菜单中选择一个对齐项目，带有"√"标记的命令表示启用了该对齐功能，如图2-69所示。

图 2-69 启用对齐功能

2.4.7 实战——使用计数工具

在Photoshop CC 2017中，用户可以使用计数工具对图像中的对象计数，也可以自动对图像中的多个选定区域计数。

素材位置	素材 > 第 2 章 > 图像 10.jpg
效果位置	效果 > 第 2 章 > 图像 10.psd
视频位置	视频 > 第 2 章 > 实战——使用计数工具 .mp4

Step 01 单击"文件"|"打开"命令，打开一幅素材图像，如图2-70所示。

图 2-70 打开素材图像

Step 02 选取工具箱中的计数工具，将鼠标指针移至图像编辑窗口中，此时鼠标指针呈形状，如图2-71所示。

图 2-71 鼠标指针形状

Step 03 在素材图像中单击，即可创建计数，如图2-72所示。

图 2-72 创建计数

Step 04 用同样的方法，依次创建多个计数，如图2-73所示。

图 2-73 创建多个计数

Step 05 在计数工具属性栏中，单击"计数组颜色"色块，弹出"拾色器（计数颜色）"对话框，设置R、G、B参数值分别为1、22、10，如图2-74所示。

图 2-74 "拾色器（计数颜色）"对话框

Step 06 单击"确定"按钮，即可更改注释颜色，效果如图2-75所示。

图 2-75　更改注释颜色

Step 07 在计数工具属性栏中，设置"标记大小"为10，按【Enter】键确认，即可调整标记大小，效果如图2-76所示。

图 2-76　调整标记大小

Step 08 在计数工具属性栏中，设置"标签大小"为30，按【Enter】键确认，即可调整标签大小，效果如图2-77所示。

图 2-77　调整标签大小

2.4.8　使用测量工具

在Photoshop CC 2017中，使用测量工具可以测量用标尺工具或选择工具定义的任何区域，包括使用套索工具、快速选择工具或魔棒工具选定的不规则区域，也可以计算高度、宽度、面积和周长，或跟踪一个或多个图像的测量。

1. 比例标记

在Photoshop CC 2017中，单击"图像"|"分析"|"设置测量比例"命令，弹出"测量比例标记"对话框，设置各选项后单击"确定"按钮，如图2-78所示。

此时即可在图像中创建测量比例标记，同时文档中会添加一个测量比例标记图层组，它包含文本图层和图形图层，如图2-79所示。

图 2-78　"测量比例标记"对话框

图 2-79　测量比例标记图层组

2. 编辑比例标记

在Photoshop CC 2017中，如果用户在文档中创建了比例标记，就可以使用移动工具移动其位置，也可以使用文字工具改变文本的内容、大小和颜色。

如果用户要添加新的比例标记，可单击"图像"|"分析"|"置入比例标记"命令，在弹出的对话框中单击"移去"按钮，即可替换现有的标记，还可以将测量比例标记图层组拖至"删除图层"按钮上以将其删除。

2.5　图像的缩放操作

在Photoshop CC 2017中，可以同时打开多个图像文件，为了工作需要，用户可以对图像的显示进行放大、缩小，以及控制图像显示模式或按区域放大显示图像等操作。

2.5.1 实战——放大/缩小显示图像

在Photoshop CC 2017中编辑和设计作品的过程中，用户可以根据工作需要对图像进行放大或缩小操作，以便更好地观察和处理图像。

素材位置	素材＞第2章＞图像11.jpg
效果位置	无
视频位置	视频＞第2章＞实战——放大缩小显示图像.mp4

Step 01 单击"文件"|"打开"命令，打开一幅素材图像，如图2-80所示。

图2-80 打开素材图像

Step 02 单击"视图"|"放大"命令，即可放大图像的显示比例，如图2-81所示。

图2-81 放大图像

Step 03 单击两次"视图"|"缩小"命令，即可使图像的显示比例缩小到原来的1/2，如图2-82所示。

图2-82 缩小图像

2.5.2 实战——适合屏幕显示图像

用户在编辑图像时，可以根据工作需要放大图像以进行更精确的操作。当编辑完成后，单击缩放工具属性栏中的"适合屏幕"按钮，将图像以最合适的比例完全显示出来。下面向读者介绍适合屏幕显示图像的操作方法。

素材位置	素材＞第2章＞图像12.jpg
效果位置	无
视频位置	视频＞第2章＞实战——适合屏幕显示图像.mp4

Step 01 单击"文件"|"打开"命令，打开一幅素材图像，如图2-83所示。

图2-83 打开素材图像

Step 02 选取抓手工具，在工具属性栏中单击"适合屏幕"按钮，图像即可以适合屏幕的比例显示，如图2-84所示。

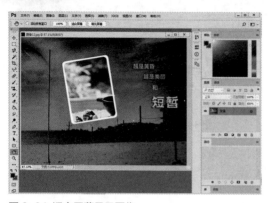

图 2-84 适合屏幕显示图像

2.5.3 实战——按区域放大显示图像

在Photoshop CC 2017中，用户可以指定区域放大显示图像，更准确地放大所需要操作的图像区域。选择工具箱中的缩放工具后，其属性栏如图2-85所示。

图 2-85 缩放工具属性栏

下面向读者介绍按区域放大显示图像的操作方法。

素材位置	素材 > 第 2 章 > 图像 13.jpg
效果位置	无
视频位置	视频 > 第 2 章 > 实战——按区域放大显示图像 .mp4

Step 01 单击"文件"|"打开"命令，打开一幅素材图像，如图2-86所示。

图 2-86 打开素材图像

Step 02 在工具箱中选取缩放工具，将鼠标指针定位在需要放大的图像区域，按住鼠标左键并拖曳，创建一个虚线矩形框，如图2-87所示。

图 2-87 创建虚线矩形框

Step 03 释放鼠标左键，即可放大显示该区域，如图2-88所示。

图 2-88 按区域放大显示后的图像效果

2.5.4 实战——切换图像显示模式

Photoshop CC 2017提供了3种不同的屏幕显示模式，每一种模式都有不同的特点，用户可以根据不同的情况来进行选择。下面详细介绍切换图像显示模式的操作方法。

素材位置	素材 > 第 2 章 > 图像 14.jpg
效果位置	无
视频位置	视频 > 第 2 章 > 实战——切换图像显示模式 .mp4

Step 01 单击"文件"|"打开"命令，打开一幅素材图像，如图2-89所示。

图 2-89 打开素材图像

Step 02 单击工具箱中的"屏幕模式"按钮 ⬚，在弹出的菜单中选择"带有菜单栏的全屏模式"选项，如图2-90所示。

图2-90 选择"带有菜单栏的全屏模式"选项

执行操作后，屏幕即可以带有菜单栏的全屏模式呈现，如图2-91所示。

图2-91 带有菜单栏的全屏模式

Step 03 在"屏幕模式"菜单中选择"全屏模式"选项，即可切换成全屏模式显示，如图2-92所示。

图2-92 全屏模式

2.6 习题

习题1 展开/折叠面板

素材位置	无
效果位置	无
视频位置	视频＞第2章＞习题1：展开、折叠面板.mp4

本习题练习通过面板组右上角的双三角形按钮展开或折叠面板的操作，展开时如图2-93所示，折叠时如图2-94所示。

图2-93 展开的效果　　　　图2-94 折叠的效果

习题2 调整面板大小

素材位置	无
效果位置	无
视频位置	视频＞第2章＞习题2：调整面板大小.mp4

本习题练习根据需要来控制面板大小的操作，调整前如图2-95所示，调整后如图2-96所示。

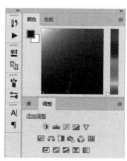

图2-95 调整前　　　　图2-96 调整后

裁剪与变换图像

第 **03** 章

Photoshop CC 2017作为一款图像处理软件，绘图和图像处理是它的主要功能。本章主要向读者介绍Photoshop CC 2017的裁剪与变换功能，主要包括裁剪与管理图像文件，调整图像尺寸和分辨率，旋转和翻转图像，以及扭曲与变换图像等内容。

课堂学习目标

- ● 掌握裁剪与管理图像的方法
- ● 掌握旋转和翻转图像的方法
- ● 掌握调整图像尺寸和分辨率的方法
- ● 掌握扭曲与变换图像的方法

3.1 裁剪与管理图像文件

将图像输入计算机后，经常会发现图像中有一些不需要的部分，这时就需要对图像进行裁剪操作。

3.1.1 实战——使用裁剪工具快速裁剪图像

进阶

在Photoshop中，裁剪工具是应用非常灵活的截取图像的工具，灵活使用裁剪工具可以突出主体图像。选择裁剪工具后，其属性栏如图3-1所示。

图 3-1 裁剪工具属性栏

> 裁剪工具属性栏中主要选项含义如下。
>
> ◆ 裁剪比例：用来输入图像裁剪比例，裁剪后图像的尺寸由输入的数值决定，与裁剪区域的大小没有关系。
> ◆ 拉直：通过绘制线段拉直图像。
> ◆ 视图：设置裁剪工具视图选项。
> ◆ 删除裁剪的像素：确定裁剪框以外的透明度像素数据是保留还是删除。

下面向读者介绍使用裁剪工具裁剪图像的操作方法。

素材位置	素材 > 第 3 章 > 图像 1.jpg
效果位置	效果 > 第 3 章 > 图像 1.jpg
视频位置	视频 > 第 3 章 > 实战——使用裁剪工具快速裁剪图像 .mp4

Step 01 单击"文件"|"打开"命令，打开一幅素材图像，如图3-2所示。

Step 02 选取工具箱中的裁剪工具 ⌐，调出变换控制框，按住鼠标左键并拖曳，调整控制框的大小，如图3-3所示。

图 3-2 打开素材图像　　　图 3-3 拖曳图像

可以对变换控制框进行适当调整，将鼠标指针移至变换控制框四周的8个控制柄上，当鼠标指针呈双向箭头↔形状时，按住鼠标左键并拖曳，即可放大或缩小裁剪区域。将鼠标指针移至控制框外，当鼠标指针呈⤵形状时，可以对裁剪区域进行旋转。

Step 03 将鼠标指针移至裁剪控制框中，按住鼠标左键并拖曳图像至合适位置，如图3-4所示。

图 3-4　拖曳图像至合适位置

Step 04　执行上述操作后，按【Enter】键确认，即可裁剪图像，效果如图3-5所示。

图 3-5　裁剪图像

3.1.2 实战——使用"裁切"命令裁剪图像

在Photoshop CC 2017中，除了使用裁剪工具裁剪图像外，还可以使用"裁切"命令裁剪图像。下面向读者介绍使用该命令裁剪图像的操作方法。

素材位置	素材 > 第 3 章 > 图像 2.jpg
效果位置	效果 > 第 3 章 > 图像 2.jpg
视频位置	视频 > 第 3 章 > 实战——使用"裁切"命令裁剪图像 .mp4

Step 01　单击"文件"|"打开"命令，打开一幅素材图像，如图3-6所示。

Step 02　单击"图像"|"裁切"命令，弹出"裁切"对话框，在"基于"选项区中选中"左上角像素颜色"单选按钮，在"裁切"选项区中分别选"顶""底""左"和"右"复选框，如图3-7所示。

图 3-6　打开素材图像　　　图 3-7　选中复选框

Step 03　执行上述操作后，单击"确定"按钮，即可裁切图像，如图3-8所示。

图 3-8　裁切后的图像

3.1.3 精确裁剪图像

在制作等分拼图需要裁剪时，就需要精确裁剪图像。在裁剪工具属性栏上设置固定的宽度、高度、分辨率等参数，即可裁剪同样大小的图像。

选取工具箱中的矩形选框工具，将鼠标指针移至图像编辑窗口中，按住鼠标左键并拖曳，创建一个选区，如图3-9所示。

图 3-9　创建一个选区

单击"图像"|"裁剪"命令，显示裁剪控制框，如图3-10所示。

图 3-10 裁剪控制框

执行上述操作后，按【Enter】键，即可裁剪图像，如图3-11所示。

图 3-11 裁剪后的图像

3.1.4 实战——移动图像

在Photoshop CC 2017中，移动与删除图像是图像处理的基本操作。下面主要向读者介绍移动和删除图像的方法。

在Photoshop CC 2017中，移动工具是最常用的工具之一，使用该工具可以移动图层、选区内的图像，或者调整整个图像的位置。选中移动工具后，其属性栏如图3-12所示。

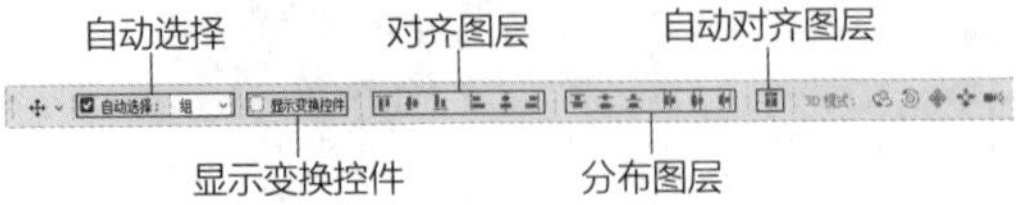

自动选择   对齐图层   自动对齐图层

显示变换控件   分布图层

图 3-12 移动工具属性栏

移动工具属性栏中主要选项的含义如下。

◆ 自动选择：如果文档中包含多个图层或图层组，可以选中该复选框并单击"选择组成图层"按钮，在弹出的下拉列表中选择要移动的内容。选择"组"选项，在图像中单击时，可以自动选择单击处包含像素的顶层图层所在的图层组；选择"图层"选项，使用移动工具在图像中单击时，可以自动选择单击处包含像素的顶层图层。

◆ 显示变换控件：选中该复选框以后，系统会在选中图层内容的周围显示变换框，通过拖曳控制柄对图像进行变换操作。

◆ 对齐图层：选择两个或两个以上的图层后，可以单击相应按钮，使所选的图层对齐。这些按钮包括顶对齐、垂直居中对齐、底对齐、左对齐、水平居中对齐和右对齐。

◆ 分布图层：选择3个或3个以上的图层后，可以单击相应的按钮使所选的图层按照一定的规则分布。这些按钮包括按顶分布、垂直居中分布、按底分布、按左分布、水平居中分布和按右分布。

◆ 自动对齐图层：选择3个或3个以上的图层后，可以单击该按钮，弹出"自动对齐图层"对话框，其中有"自动""透视""拼贴""圆柱""球面"和"调整位置"6个单选按钮，如图3-13所示。

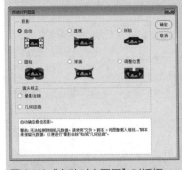

图 3-13 "自动对齐图层"对话框

下面向读者介绍移动图像素材的详细操作方法。

素材位置	素材 > 第 3 章 > 图像 3.psd、图像 4.psd
效果位置	效果 > 第 3 章 > 图像 3.psd
视频位置	视频 > 第 3 章 > 实战——移动图像 .mp4

Step 01 单击 "文件" | "打开" 命令，打开两幅素材图像，如图3-14所示。

图 3-14 打开素材图像

Step 02 选取移动工具，将鼠标指针移至 "图像4" 编辑窗口中，按住鼠标左键，将其拖曳至 "图像3" 编辑窗口中，释放鼠标左键，即可移动图像，如图 3-15所示。

图 3-15 移动图像

Step 03 在 "图层" 面板中选择 "图层1"，按住鼠标左键，将其向下拖曳至 "图层0" 下方，释放鼠标左键，即可调整图层顺序，如图3-16所示。

Step 04 选择 "图层0"，单击 "编辑" | "变换" | "缩放" 命令，调出变换控制框，将鼠标指针移至控制框的右上角控制柄上，按住鼠标左键并拖曳，调整图像的大小，并移至合适位置，效果如图3-17所示。

图 3-16 调整图层顺序

图 3-17 改变图像效果

专家指点

除了拖曳可以移动图像外，还有以下 3 种方法移动图像。

● 鼠标操作 1：如果当前没有选取移动工具，可以按住【Ctrl】键，按住鼠标左键并拖曳，即可移动图像。

● 鼠标操作 2：按住【Alt】键的同时，在图像上按住鼠标左键并拖曳，即可移动并复制图像。

● 快捷键：按住【Shift】键的同时拖曳图像，可以使图像垂直或水平移动。

3.1.5 删除图像

在制作图像的过程中，会创建许多且内容不同的图层或图像，将多余的、不必要的图层或图像删除，不仅可以节省磁盘空间，也可以提高软件运行速度。

选取工具箱中的移动工具，将鼠标指针移至需要删除的图像上，单击鼠标右键，在弹出的快捷菜单中选择 "图层1"，如图3-18所示。

图 3-18 选择"图层 1"

执行上述操作后，"图层 1"被选中，将鼠标指针移至"图层 1"上，按住鼠标左键，将其拖曳至"图层"面板下方的"删除图层"按钮上，如图3-19所示。

释放鼠标左键，即可删除"图层 1"，效果如图3-20所示。

图 3-19 拖曳至"删除图层"按钮上　　图 3-20 删除图层

3.2 调整图像尺寸和分辨率

图像大小与图像分辨率、实际打印尺寸之间有着密切的关系，它决定存储文件所需要的硬盘空间大小和图像文件的清晰度。因此，调整图像的尺寸及分辨率也决定着整幅画面的大小。

3.2.1 实战——调整图像尺寸　重点

在Photoshop CC 2017中，图像尺寸越大，所占的空间也越大。更改图像的尺寸会直接影响图像的显示效果。

素材位置	素材＞第3章＞图像 5.jpg
效果位置	效果＞第3章＞图像 5.psd
视频位置	视频＞第3章＞实战——调整图像尺寸 .mp4

Step 01 单击"文件"|"打开"命令，打开一幅素材图像，如图3-21所示。

图 3-21 打开素材图像

Step 02 单击"图像"|"图像大小"命令，在弹出的"图像大小"对话框中，设置"宽度"为30厘米，"分辨率"为72像素/英寸，如图3-22所示。

图 3-22 设置数值

Step 03 单击"确定"按钮，即可调整图像的尺寸，如图3-23所示。

图 3-23 调整图像尺寸

3.2.2 实战——调整画布尺寸　重点

在Photoshop CC 2017中，画布指的是实际打印的工作区域，即图像周围工作空间的大小，改变画布大小会直接影响图像最终的输出效果。

素材位置	素材 > 第 3 章 > 图像 6.jpg
效果位置	效果 > 第 3 章 > 图像 6.psd
视频位置	视频 > 第 3 章 > 实战——调整画布尺寸 .mp4

Step 01 单击"文件"|"打开"命令，打开一幅素材图像，如图3-24所示。

图 3-24 打开素材图像

Step 02 单击"图像"|"画布大小"命令，弹出"画布大小"对话框。在"新建大小"选项区中设置"宽度"为10厘米，"高度"为7厘米，设置"画布扩展颜色"为"黑色"，如图3-25所示。

图 3-25 设置数值

Step 03 单击"确定"按钮，即可完成调整画布大小的操作，如图3-26所示。

图 3-26 调整画布大小

3.2.3 实战——调整图像分辨率 进阶

分辨率指的是单位长度上像素的数目，通常用"像素/英寸"或"像素/厘米"表示。每英寸的像素越多，分辨率越高，则图像印刷出来的质量就越好；反之，每英寸的像素越少，分辨率越低，印刷出来的图像质量就越差。

素材位置	素材 > 第 3 章 > 图像 7.jpg
效果位置	效果 > 第 3 章 > 图像 7.psd
视频位置	视频 > 第 3 章 > 实战——调整图像分辨率 .mp4

Step 01 单击"文件"|"打开"命令，打开一幅素材图像，如图3-27所示。

图 3-27 打开素材图像

Step 02 单击"图像"|"图像大小"命令，在弹出的"图像大小"对话框中设置"分辨率"为400像素/英寸，如图3-28所示。

图 3-28 设置数值

Step 03 单击"确定"按钮，即可调整图像的分辨率，如图3-29所示。

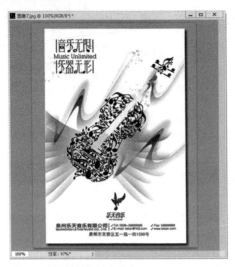

图 3-29 调整图像的分辨率

3.3 旋转和翻转图像

将图像输入计算机后，有时图像会出现颠倒或倾斜问题，此时需要对图像进行变换或旋转操作。

3.3.1 实战——旋转/缩放图像 重点

下面介绍旋转、缩放图像的操作方法。

素材位置	素材＞第3章＞图像 8.jpg
效果位置	效果＞第3章＞图像 8.psd
视频位置	视频＞第3章＞实战——旋转缩放图像 .mp4

Step 01 单击"文件"|"打开"命令，打开一幅素材图像，如图3-30所示。

图 3-30 打开素材图像

Step 02 按住"背景"图层右侧的锁🔒图标，向下拖曳至"删除图层"按钮🗑上，如图3-31所示，可将背景图层转换为普通图层，图层名称变为"图层0"。

图 3-31 将背景图层转换为普通图层

Step 03 单击"编辑"|"变换"|"缩放"命令，调出变换控制框。将鼠标指针移至变换控制框右上方的控制柄上，鼠标指针呈双向箭头🔳形状时，按住【Shift+Alt】组合键，按住鼠标左键并向左下方拖曳，如图3-32所示。

图 3-32 缩放图像

Step 04 缩放至合适大小后释放鼠标左键，在变换控制框中单击鼠标右键，在弹出的快捷菜单中选择"旋转"选项，如图3-33所示。

图 3-33 选择"旋转"选项

Step 05 将鼠标指针移至变换控制框右上方的控制柄上，按住鼠标左键的同时逆时针旋转至合适位置，释放鼠标，如图3-34所示。

图 3-34 旋转至合适角度

Step 06 执行操作后，在图像内双击，即可完成图像的旋转，效果如图3-35所示。

图 3-35 完成图像的旋转

3.3.2 实战——水平翻转图像

在处理图像文件时，可以根据需要对图像素材进行水平翻转。下面向读者介绍水平翻转图像的操作方法。

素材位置	素材 > 第3章 > 图像 9.psd
效果位置	效果 > 第3章 > 图像 9. psd
视频位置	视频 > 第3章 > 实战——水平翻转图像 .mp4

Step 01 单击"文件"|"打开"命令，打开一幅素材图像，如图3-36所示。

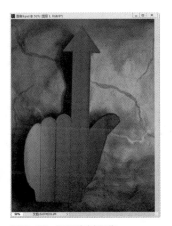

图 3-36 打开素材图像

Step 02 单击"编辑"|"变换"|"水平翻转"命令，即可水平翻转图像，如图3-37所示。

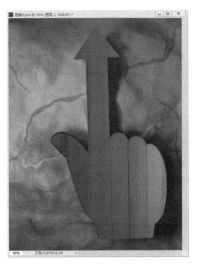

图 3-37 水平翻转图像后的效果

3.3.3 实战——垂直翻转图像

当打开一个图像文件时，如果图像素材有上下颠倒的情况，可以对图像素材进行垂直翻转操作来进行纠正。

素材位置	素材 > 第3章 > 图像 10.psd
效果位置	效果 > 第3章 > 图像 10.psd
视频位置	视频 > 第3章 > 实战——垂直翻转图像 .mp4

Step 01 单击"文件"|"打开"命令，打开一幅素材图像，如图3-38所示。

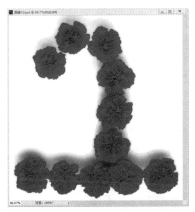

图 3-38 打开素材图像

Step 02 单击"编辑"|"变换"|"垂直翻转"命令，即可垂直翻转图像，如图3-39所示。

图 3-39 垂直翻转图像后的效果

3.4 扭曲与变换图像

　　使用Photoshop CC 2017处理图像时，为了制作出希望的图像效果，使图像与整体画面和谐统一，需要对某些图像进行斜切、扭曲、透视、变形等变换操作。

3.4.1 实战——斜切图像　　　　　进阶

　　使用"斜切"命令可以对图像进行斜切操作，该操作类似于扭曲操作，不同之处在于：在扭曲变换状态下，变换控制框中的控制柄可以按任意方向移动；而在斜切操作状态下，控制柄只能沿变换框边线所在的方向移动。

素材位置	素材>第3章>图像11.psd
效果位置	效果>第3章>图像11.psd
视频位置	视频>第3章>实战——斜切图像.mp4

Step 01 单击"文件"|"打开"命令，打开一幅素材图像，如图3-40所示。

图 3-40 打开素材图像

Step 02 展开"图层"面板，选择"美丽人生"文字图层，如图3-41所示。

图 3-41 选择文字图层

Step 03 单击"编辑"|"变换"|"斜切"命令，调出变换控制框，将鼠标指针移至变换控制框右下方，按住鼠标左键并向下拖曳，使文字倾斜，如图3-42所示。

图 3-42 文字倾斜

Step 04 执行上述操作后，按【Enter】键确认，即可完成图像斜切操作，如图3-43所示。

图 3-43 完成图像斜切操作

3.4.2 实战——扭曲图像

在Photoshop CC 2017中，用户可以根据需要使用"扭曲"命令，对图像进行扭曲变形操作。

素材位置	素材 > 第 3 章 > 图像 12.jpg、图像 13.jpg
效果位置	效果 > 第 3 章 > 图像 13.psd
视频位置	视频 > 第 3 章 > 实战——扭曲图像 .mp4

Step 01 单击"文件"|"打开"命令，打开两幅素材图像，如图3-44所示。

图 3-44 打开素材图像

Step 02 选取移动工具，将鼠标指针移至"图像12"图像上，按住鼠标左键，将其拖曳至"图像13"编辑窗口中，如图3-45所示。

图 3-45 拖曳图像

Step 03 单击"编辑"|"变换"|"扭曲"命令，调出变换控制框，将鼠标指针移至控制柄上，按住鼠标左键并拖曳，调整图像至合适位置，如图3-46所示。

图 3-46 调整图像

Step 04 执行上述操作后，按【Enter】键确认，即可扭曲图像，如图3-47所示。

图 3-47 完成图像扭曲

专家指点

执行扭曲操作时，可以随意拖动控制柄，不受调整边框方向的限制。如果在拖曳鼠标的同时按住【Alt】键，则可以制作出对称扭曲效果，而斜切则会受到调整边框的限制。

3.4.3 实战——透视调整图像

透视是绘图中的要素之一，注意图像的透视关系可以使图像或整幅画面显得更加协调，利用"透视"命令还可以对图像的形状进行修正或调整。

素材位置	素材 > 第 3 章 > 图像 14.psd
效果位置	效果 > 第 3 章 > 图像 14.psd
视频位置	视频 > 第 3 章 > 实战——透视调整图像 .mp4

Step 01 单击"文件"|"打开"命令，打开一幅素材图像，如图3-48所示。

图 3-48 打开素材图像

Step 02 单击"编辑"|"变换"|"透视"命令，调出变换控制框，如图3-49所示。

图 3-49 调出变换控制框

Step 03 将鼠标指针移至变换控制框的控制柄上，按住鼠标左键并拖曳，调整至合适的位置，如图3-50所示。

图 3-50 调整至合适位置

Step 04 执行上述操作后，按【Enter】键确认，即可完成透视调整，如图3-51所示。

图 3-51 完成透视调整

3.4.4 实战——变形图像 　　进阶

使用"变形"命令时，所选图像上会显示变形网格和锚点，通过调整各锚点或对应锚点的控制柄，可以对图像进行更加自由和灵活的变形处理。

素材位置	素材 > 第 3 章 > 图像 15.jpg、图像 16.jpg
效果位置	效果 > 第 3 章 > 图像 16.psd
视频位置	视频 > 第 3 章 > 实战——变形图像 .mp4

Step 01 单击"文件"|"打开"命令，打开两幅素材图像，如图3-52所示。

图 3-52 打开素材图像

Step 02 选取工具箱中的移动工具，将鼠标指针移至"图像15"上，按住鼠标左键，将其拖曳至"图像16"编辑窗口中，如图3-53所示。

Step 03 单击"编辑"|"变换"|"缩放"命令，调出变换控制框，调整图像大小，在变换控制框中单击鼠标右键，在弹出的快捷菜单中选择"变形"选项，将鼠标指针移至变换控制框中的控制柄上，按住鼠标左键并拖曳，调整各控制柄的位置，如图3-54所示。

图 3-53 拖曳图像

图 3-54 调整各控制柄的位置

Step 04 执行上述操作后，按【Enter】键确认，即可变形图像，在"图层"面板中将混合模式设置为"正片叠底"，改变图像效果，如图3-55所示。

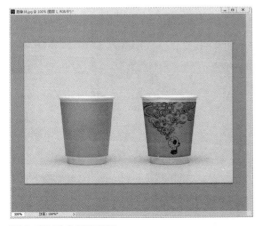

图 3-55 改变图像效果

3.4.5 重复上次变换

在Photoshop CC 2017中对图像进行变换操作后，如果想多次进行相同的操作，可以通过"再次"命令重复上一次的变换操作。

单击"编辑"|"变换"|"旋转"命令，调出变换控制框，旋转素材图像，如图3-56所示。

图 3-56 旋转素材图像

执行上述操作后，按【Enter】键确认，如图3-57所示。

图 3-57 旋转图像

单击"编辑"|"变换"|"再次"命令，再次旋转图像，如图3-58所示。

图 3-58 再次旋转图像

除了上述方法外，还可以按【Ctrl+T】组合键调出变换控制框，单击鼠标右键，在弹出的快捷菜单中选择相应选项，也可以进行旋转、扭曲、透视、变形等操作。

"再次"命令的快捷键为【Ctrl+Shift+T】，重复上次变换操作的快捷键为【Alt+Ctrl+Shift+T】。

3.4.6 操控变形图像

操控变形功能比变形网格还要强大，也更灵活。使用该功能时，可以在图像的关键点上放置图钉，然后通过拖曳图钉来对图像进行变形操作。

选择相应图层，单击"编辑"|"操控变形"命令，图像上即显示出变形网格，如图3-59所示。

在图像中人物关节处的网格点上单击，添加图钉，然后单击鼠标右键，弹出快捷菜单，选择"选择所有图钉"选项，如图3-60所示。

图 3-59 显示变形网格

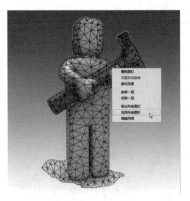

图 3-60 选择"选择所有图钉"选项

执行上述操作后，即可显示所有图钉。取消选中工具属性栏上的"显示网格"复选框，即可隐藏网格，如图3-61所示。

图 3-61 隐藏网格

将鼠标指针移至"图层1"中的红色锤子上，当鼠标指针呈 形状时，按住鼠标左键并向下拖曳，即可变形图像，如图3-62所示。

图 3-62 变形图像

执行上述操作后，按【Enter】键确认变换操作，效果如图3-63所示。

图 3-63　最终效果

3.4.7　内容识别缩放图像

在Photoshop CC 2017中，内容识别缩放是一项非常实用的缩放功能。普通的缩放在调整图像时会影响所有的像素，而内容识别缩放主要影响未在重要可视区域中的像素。

单击"编辑"|"内容识别缩放"命令，弹出内容识别缩放控制框，拖曳鼠标并缩放图像，如图3-64所示。

图 3-64　缩放图像

按【Enter】键确认，效果如图3-65所示。

图 3-65　最终效果

3.5　习题

习题1　调整图像分辨率

素材位置	素材 > 第 3 章 > 课后习题 > 图像 1.jpg
效果位置	效果 > 第 3 章 > 课后习题 > 图像 1.jpg
视频位置	视频 > 第 3 章 > 习题 1：调整图像分辨率 .mp4

本习题练习运用"图像大小"命令调整图像分辨率，素材如图3-66所示，最终效果如图3-67所示。

图 3-66　素材图像

图 3-67　最终效果

习题2 精确裁剪图像

素材位置	素材 > 第3章 > 课后习题 > 图像2.jpg
效果位置	效果 > 第3章 > 课后习题 > 图像2.jpg
视频位置	视频 > 第3章 > 习题2：精确裁剪图像.mp4

　　本习题练习在裁剪工具属性栏上设置固定的"宽度""高度""分辨率"参数精确裁剪图像，素材如图3-68所示，最终效果如图3-69所示。

图 3-68 素材图像

图 3-69 最终效果

习题3 垂直翻转图像

素材位置	素材 > 第3章 > 课后习题 > 图像3.psd
效果位置	效果 > 第3章 > 课后习题 > 图像3.psd
视频位置	视频 > 第3章 > 习题3：垂直翻转图像.mp4

　　本习题练习使用"变换"命令校正图像的颠倒、倾斜问题，素材如图3-70所示，最终效果如图3-71所示。

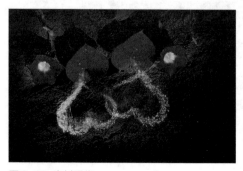

图 3-70 素材图像

图 3-71 最终效果

习题4 重复上次变换

素材位置	素材 > 第3章 > 课后习题 > 图像4.psd
效果位置	效果 > 第3章 > 课后习题 > 图像4.psd
视频位置	视频 > 第3章 > 习题4：重复上次变换.mp4

　　本习题练习运用【Alt+Ctrl+Shift+T】组合键，复制出新的图像内容，素材如图3-72所示，最终效果如图3-73所示。

图 3-72 素材图像　　　图 3-73 最终效果

创建图像选区来抠图

第 **04** 章

选区是指通过工具或相应命令在图像上创建的选择区域。创建选区后，即可将选区内的图像区域进行隔离，以便复制、移动、填充及校正颜色。在Photoshop CC 2017中可以使用工具创建几何选区、不规则选区、颜色选区，使用命令或工具创建图像选区等。

课堂学习目标

- 掌握创建选区的多种方法
- 掌握变换与调整选区对象的方法
- 掌握创建不规则选区的方法
- 掌握填充与编辑选区内图像的方法

4.1 初识选区

选区在图像编辑过程中有着重要的作用，它限制着图像编辑的范围和区域，灵活而巧妙地应用选区能得到许多意想不到的效果。下面将详细介绍选区的知识与常用选区的创建方法。

4.1.1 选区概述

在Photoshop CC 2017中，创建选区是为了限制图像编辑的范围，从而得到精确的效果。在创建选区后，选区的边界就会显示出不断交替闪烁的虚线，此虚线框表示选区的范围，如图4-1所示。

图 4-1 选区状态

当图像中的一部分被选中时，可以对选定的部分进行移动、复制、填充，以及应用滤镜、颜色校正等操作，选区外的图像不受影响，如图4-2所示。

图 4-2 原图与创建选区后并填充的效果对比

4.1.2 常用选区创建方法

在Photoshop CC 2017中创建选区的方法非常多，用户可以根据不同选择对象的形状、颜色等特征决定创建选区采用的工具和方法。

1. 创建规则形状选区

规则选区中包含矩形、圆形等规则形状的图像，使用选框工具可以框选出相应区域，这是Photoshop CC 2017创建选区最基本的方法，如图4-3所示。

图 4-3 创建规则形状选区

2. 创建不规则选区

当图片的背景颜色比较单一，且与选择对象的颜色存在较大的反差时，就可以使用快速选择工具、魔棒工具、套索工具等创建选区。在使用套索工具过程中，在拐角及边缘不明显处手动添加一些节点，即可快速将图像选中，如图4-4所示。

图 4-4 选区状态

3. 通过通道或蒙版创建选区

运用通道和蒙版创建选区是所有选择方法中功能最为强大的一种，因为它表现选区不是用虚线选框，而是用灰阶图像，这样就可以像编辑图像一样来编辑选区，可以在其中自由使用画笔工具、橡皮擦工具、色调调整工具及滤镜等。

4. 通过图层或路径创建选区

图层和路径都可以转换为选区。只需按住【Ctrl】键的同时单击图层缩览图，即可得到该图层非透明区域的选区。使用路径工具创建的路径是非常光滑的，而且还可以反复调节各锚点的位置和曲线的弯曲弧度，因而常用来建立复杂和边界较为光滑的选区，如图4-5所示。

图 4-5 将路径转换为选区

4.1.3 实战——选区运算方法 `重点`

在选区的操作中，第一次创建选区一般很难实现理想的选择范围，因此要进行第二次或第三次的选择。此时用户可以使用选区范围运算功能，这些功能都可直接通过工具属性栏中的按钮来启用。

单击工具箱中的矩形选框工具，其属性栏如图4-6所示。

选区运算组　　羽化

图 4-6 矩形选框工具属性栏

矩形选框工具属性栏中主要选项的含义如下。

◆ 选区运算组："新选区"按钮 ▣，单击该按钮可以创建新的选区，替换原有的选区；"添加到选区"按钮 ▣，单击该按钮可以在原有的基础上添加新的选区；"从选区减去"按钮 ▣，单击该按钮可以在原有的选区中减去新创建的选区；"与选区交叉"按钮 ▣，单击该按钮可以新建选区，但是只保留原有选区与新选区相交的部分。

◆ 羽化：对选区进行羽化，数值越大，羽化范围越大；数值越小，羽化范围也就越小。

1. 使用"新选区"按钮创建选区

在Photoshop CC 2017中，当用户要创建新选区时，单击"新选区"按钮 ▣，即可在图像中创建不重复的选区。

素材位置	素材 > 第 4 章 > 图像 1.jpg
效果位置	效果 > 第 4 章 > 图像 1.psd
视频位置	视频 > 第 4 章 > 实战——使用"新选区"按钮创建选区 .mp4

`Step 01` 单击"文件"|"打开"命令，打开一幅素材图像，如图4-7所示。

图 4-7 打开素材图像

`Step 02` 选取工具箱中的魔棒工具，单击工具属性栏中的"新选区"按钮 ▣，设置"容差"为35，在图像中单击创建选区，如图4-8所示。

Step 03 单击"图层"面板底部的"创建新的填充或调整图层"按钮，在弹出的下拉菜单中选择"色相/饱和度"选项，调出"色相/饱和度"属性面板，设置"色相"为24，选区中的图像效果随之改变，如图4-9所示。

图 4-8　创建选区

图 4-9　图像效果

Step 04 在图像中的另一位置单击，即可创建新选区，如图4-10所示。

图 4-10　创建新选区

Step 05 单击"图层"面板底部的"创建新的填充或调整图层"按钮，在弹出的下拉菜单中选择"色相/饱和度"选项，调出"色相/饱和度"属性面板，设置"色相"为-21，如图4-11所示。选区中的图像效果随之改变，如图4-12所示。

图 4-11　设置"色相"参数

图 4-12　最终效果

2. 使用"添加到选区"按钮添加选区

在Photoshop CC 2017中，如果用户要在已经创建的选区外加上另外的选择范围，就要用到"添加到选区"功能。用选框工具创建一个选区，然后单击"添加到选区"按钮 🖵，再次创建选区，即可得到两个选区范围的并集。

素材位置	素材 > 第 4 章 > 图像 2.jpg
效果位置	效果 > 第 4 章 > 图像 2.psd
视频位置	视频 > 第 4 章 > 实战——使用"添加到选区"按钮添加选区 .mp4

Step 01 单击"文件"|"打开"命令，打开一幅素材图像，如图4-13所示。

图 4-13 打开素材图像

Step 02 选取工具箱中的矩形选框工具，在其中一个相框上创建一个矩形选区，如图4-14所示。

图 4-14 创建矩形选区

Step 03 在工具属性栏中单击"添加到选区"按钮，依次在其他相框上创建矩形选区。执行操作后，所有矩形选区相加，合并成一个选区，如图4-15所示。

图 4-15 组合选区

Step 04 按【Ctrl + J】组合键，复制一个新图层，并隐藏"背景"图层，最终效果如图4-16所示。

图 4-16 最终效果

3. 使用"从选区减去"按钮减少选区

在Photoshop CC 2017中使用"从选区减去"按钮，可以从已存在的选区中减去一部分。

素材位置	素材 > 第 4 章 > 图像 3.jpg
效果位置	效果 > 第 4 章 > 图像 3.psd
视频位置	视频 > 第 4 章 > 实战——使用"从选区减去"按钮减少选区 .mp4

Step 01 单击"文件"|"打开"命令，打开一幅素材图像，如图4-17所示。

图 4-17 打开素材图像

Step 02 按【Ctrl + A】组合键，全选图像，如图4-18所示。

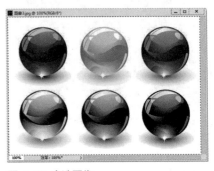

图 4-18 全选图像

Step 03 选取工具箱中的椭圆选框工具◯，单击工具属性栏中的"从选区减去"按钮▣，在相应位置创建圆形选区，如图4-19所示。

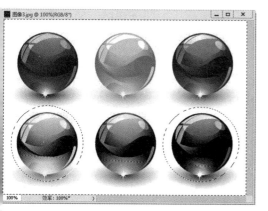

图 4-19 创建圆形选区

Step 04 按【Ctrl+J】组合键复制一个新图层，并隐藏"背景"图层，效果如图4-20所示。

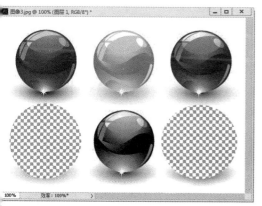

图 4-20 最终效果

4. 使用"与选区交叉"按钮获得相交的选区

交集运算是针对两个选择范围重叠的部分，在创建一个选区后，单击"与选区交叉"按钮▣，再创建一个选区，就会得到两个选区相交的区域。

素材位置	素材 > 第 4 章 > 图像 4.jpg
效果位置	效果 > 第 4 章 > 图像 4.psd
视频位置	视频 > 第 4 章 > 实战——使用"与选区交叉"按钮获得相交的选区 .mp4

Step 01 单击"文件"|"打开"命令，打开一幅素材图像，如图4-21所示。

图 4-21 打开素材图像

Step 02 选取工具箱中的快速选择工具，在图像编辑窗口中拖曳鼠标创建选区，如图4-22所示。

图 4-22 创建选区

Step 03 选取工具箱中的矩形选框工具▢，在工具属性栏中单击"与选区交叉"按钮▣，在之前创建的选区内创建矩形选区，得到相交选区，如图4-23所示。

图 4-23 相交选区

Step 04 按【Ctrl+J】组合键复制一个新图层，并隐藏"背景"图层，效果如图4-24所示。

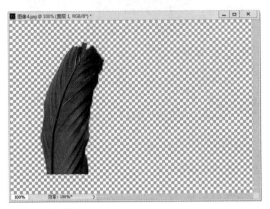

图 4-24 最终效果

4.2 创建选区的多种方法

Photoshop CC 2017提供了4个选框工具用于创建形状规则的选区，其中包括矩形选框工具、椭圆选框工具、单行选框工具和单列选框工具，分别用于建立矩形、椭圆形、单行和单列选区，如图4-25所示。

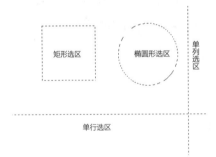

图 4-25 使用选框工具绘制的各种选区

4.2.1 实战——创建矩形选区 [进阶]

在Photoshop CC 2017中，使用矩形选框工具可以建立矩形选区，该工具是区域选择工具中最基本、最常用的工具之一。选择矩形选框工具后，工具属性栏如图4-26所示。

图 4-26 矩形选框工具属性栏

矩形选框工具属性栏中主要选项的含义如下。

◆ 羽化：用来设置选区的羽化范围，从而得到柔化的边缘。

◆ 样式：用来设置选区的创建方法。选择"正常"选项，可以自由创建任何宽高比例、大小的矩形选区；选择"固定比例"选项，可在"宽度"和"高度"文本框中输入数值，设置选择区域高度与宽度的比例，得到固定宽高比的矩形选择区域；选择"固定大小"选项，可在文本框中输入数值，确定新选区高度与宽度的精确数值，创建大小精确的选区。

◆ 选择并遮住：单击该按钮，可以打开"选择并遮住"对话框，对选区进行平滑、羽化等处理。

下面向读者介绍使用矩形选框工具创建矩形选区的操作方法。

素材位置	素材 > 第 4 章 > 图像 5.jpg、图像 6.psd
效果位置	效果 > 第 4 章 > 图像 6.psd
视频位置	视频 > 第 4 章 > 实战——创建矩形选区 .mp4

Step 01 单击"文件"|"打开"命令，打开两幅素材图像，如图4-27所示。

图 4-27 打开素材图像

Step 02 确认"图像5"编辑窗口为当前窗口，选取工具箱中的矩形选框工具 ，在图像编辑窗口中的合适位置按住鼠标左键并拖曳，创建一个矩形选区，如图4-28所示。

图 4-28 创建矩形选区

Step 03 选取工具箱中的移动工具 ![移动工具]，将选区中的图像拖曳至"图像6"编辑窗口中，如图4-29所示。

图 4-29 移动选区内的图像

Step 04 移动图像，调整图层顺序。单击"编辑"|"变换"|"缩放"命令，调出变换控制框，调整图像大小，按【Enter】键确认操作，效果如图4-30所示。

图 4-30 最终效果

4.2.2 实战——创建椭圆形选区

在Photoshop CC 2017中，使用椭圆选框工具可以创建椭圆形选区或圆形选区。选取椭圆选框工具后，工具属性栏如图4-31所示。

图 4-31 椭圆选框工具属性栏

椭圆选框工具的选项与矩形选框工具相同。

下面向读者介绍使用椭圆选框工具创建椭圆形选区的操作方法。

素材位置	素材 > 第 4 章 > 图像 7.jpg
效果位置	效果 > 第 4 章 > 图像 7.jpg
视频位置	视频 > 第 4 章 > 实战——创建椭圆形选区 .mp4

Step 01 单击"文件"|"打开"命令，打开一幅素材图像，如图4-32所示。

图 4-32 打开素材图像

Step 02 选取工具箱中的椭圆选框工具 ![椭圆选框工具]，将鼠标指针移至图像编辑窗口中，按住鼠标左键并拖曳，创建一个圆形选区，如图4-33所示。

图 4-33 创建圆形选区

Step 03 单击"图像"|"调整"|"色相/饱和度"命令，弹出"色相/饱和度"对话框，设置"色相"为30，"饱和度"为20，如图4-34所示。

图 4-34 设置参数

Step 04 单击"确定"按钮，即可改变选区内图像的色相，按【Ctrl+D】组合键，取消选区，效果如图4-35所示。

图 4-35 最终效果

4.2.3 实战——创建水平选区

在Photoshop CC 2017中，使用工具箱中的单行选框工具，可以在图像编辑窗口中创建1像素高的横线选区。

素材位置	素材 > 第 4 章 > 图像 8.jpg
效果位置	效果 > 第 4 章 > 图像 8.psd
视频位置	视频 > 第 4 章 > 实战——创建水平选区 .mp4

Step 01 单击"文件"|"打开"命令，打开一幅素材图像，如图4-36所示。

图 4-36 打开素材图像

Step 02 单击"图层"|"新建"|"图层"命令，新建"图层1"，选取工具箱中的单行选框工具 ，在工具属性栏中单击"添加到选区"按钮，在图像上的适当位置多次单击，可以创建多个单行选区，如图4-37所示。

图 4-37 创建单行选区

Step 03 设置前景色为灰色（RGB参数值为31、74、92），按【Alt+Delete】组合键填充前景色，按【Ctrl+D】组合键取消选区，效果如图4-38所示。

图 4-38 取消选区

Step 04 单击"滤镜"|"扭曲"|"波纹"命令，在"波纹"对话框中设置"数量"为-180%，单击"确定"按钮，即可扭曲图像，效果如图4-39所示。

图 4-39 最终效果

4.2.4 实战——创建垂直选区

在Photoshop CC 2017中，使用工具箱中的单列选框工具，可以创建1像素宽的竖线选区。

素材位置	素材＞第 4 章＞图像 9.jpg
效果位置	效果＞第 4 章＞图像 9.psd
视频位置	视频＞第 4 章＞实战——创建垂直选区 .mp4

Step 01 单击"文件"|"打开"命令，打开一幅素材图像，如图4-40所示。

图 4-40 打开素材图像

Step 02 按【Ctrl＋Shift＋N】组合键，新建"图层1"，选取工具箱中的单列选框工具，在图像编辑窗口中多次单击，创建多个单列选区，如图4-41所示。

图 4-41 创建单列选区

Step 03 设置前景色为黑色（RGB参数值为0、0、0），按【Alt＋Delete】组合键填充前景色，按【Ctrl＋D】组合键取消选区，效果如图4-42所示。

图 4-42 取消选区

Step 04 单击"滤镜"|"扭曲"|"波纹"命令，在"波纹"对话框中设置"数量"为-200%，单击"确定"按钮，即可扭曲图像，效果如图4-43所示。

图 4-43 最终效果

> 运用单行或单列选框工具可以非常精确地创建一行或一列像素的选区，填充或删除选区后能够得到一条水平线或垂直线，在版式设计和网页设计中常用该工具绘制直线。

4.2.5 实战——创建不规则选区 进阶

Photoshop CC 2017的工具箱中包含3种不同类型的套索工具：套索工具、多边形套索工具及磁性套索工具，灵活使用这3种工具可以创建不同的不规则选区。

1. 使用套索工具创建不规则选区

在Photoshop CC 2017中，使用套索工具可以在图像编辑窗口中创建任意形状的选区，套索工具一般用于创建不太精确的选区。下面向读者详细介绍利用套索工具创建不规则选区的操作方法。

素材位置	素材＞第 4 章＞图像 10.jpg、图像 11.jpg
效果位置	效果＞第 4 章＞图像 11.psd
视频位置	视频＞第 4 章＞实战——使用套索工具创建不规则选区 .mp4

Step 01 单击"文件"|"打开"命令，打开两幅素材图像，如图4-44所示。

图 4-44 打开素材图像

Step 02 切换至"图像10"编辑窗口，选取工具箱中的套索工具，在工具属性栏中设置"羽化"为5像素，在图像上按住鼠标左键并拖曳，创建不规则选区，如图4-45所示。

图 4-45 创建不规则选区

Step 03 在工具箱中选取移动工具，拖曳选区内的图像至"图像11"编辑窗口中的合适位置，如图4-46所示。

图 4-46 拖曳图像至合适位置

Step 04 在"图层"面板中选择"图层1"，设置混合模式为"正片叠底"，如图4-47所示。执行操作后，图像效果也随之改变，如图4-48所示。

图 4-47 设置混合模式

图 4-48 最终效果

2. 使用多边形套索工具创建多边形选区

在Photoshop CC 2017中，使用多边形套索工具可以在图像编辑窗口中绘制多边形选区，使用该工具创建的选区非常精确。下面向读者详细介绍利用多边形套索工具创建多边形选区的操作方法。

素材位置	素材 > 第 4 章 > 图像 12.jpg、图像 13.jpg
效果位置	效果 > 第 4 章 > 图像 13.psd
视频位置	视频 > 第 4 章 > 实战——使用多边形套索工具创建多边形选区 .mp4

使用多边形套索工具创建选区时，按住【Shift】键并单击，可以沿水平、垂直或 45° 角方向创建选区。

Step 01 单击"文件"|"打开"命令，打开两幅素材图像，如图4-49所示。

图 4-49 打开素材图像

Step 02 选取工具箱中的多边形套索工具，在"图像12"编辑窗口中创建一个选区，如图4-50所示。

图 4-50 创建选区

Step 03 切换至"图像13"编辑窗口，按【Ctrl+A】组合键全选图像，如图4-51所示。

图 4-51 全选图像

Step 04 按【Ctrl+C】组合键复制图像，切换至"图像12"编辑窗口，按【Alt+Shift+Ctrl+V】组合键，即可贴入图像，如图4-52所示。

图 4-52 贴入图像

Step 05 按【Ctrl+T】组合键，调出变换控制框，如图4-53所示。

图 4-53 调出变换控制框

Step 06 移动鼠标指针至控制柄上，按住鼠标左键并拖曳，适当缩放图像，按【Enter】键确认，效果如图4-54所示。

图 4-54 最终效果

3. 使用磁性套索工具创建选区

磁性套索工具是套索工具组中的选取工具之一，用于快速选择与背景对比强烈并且边缘复杂的对象，它可以沿着图像的边缘生成选区。选择磁性套索工具后，其属性栏如图4-55所示。

图 4-55 磁性套索工具属性栏

磁性套索工具属性栏中主要选项的含义如下。

◆ 宽度：以鼠标指针中心为准，设置其周围有多少个像素能够被工具检测到。如果对象的边界不是特别清晰，需要使用较小的宽度值。

◆ 对比度：用来设置工作感应图像边缘的灵敏度。如果图像的边缘清晰，可以将该数值设置得高一些；反之，则设置得低一些。

◆ 频率：用来设置创建选区时生成锚点的数量。

◆ 使用绘图板压力以更改钢笔压力：如果计算机配置有数位板和压感笔，单击此按钮，Photoshop会根据压感笔的压力自动调整工具的检测范围。

下面向读者介绍使用磁性套索工具创建选区的操作方法。

素材位置	素材＞第 4 章＞图像 14.jpg
效果位置	效果＞第 4 章＞图像 14.psd
视频位置	视频＞第 4 章＞实战——使用磁性套索工具创建选区 .mp4

Step 01 单击"文件"|"打开"命令，打开一幅素材图像，如图4-56所示。

图 4-56 打开素材图像

Step 02 选取工具箱中的磁性套索工具 ，在工具属性栏中设置"羽化"为0像素，沿着抱枕的边缘移动鼠标指针，如图4-57所示。

图 4-57 沿边缘处移动鼠标指针

Step 03 将鼠标指针移至起始点并单击，即可创建选区，选区的效果如图4-58所示。

图 4-58 创建选区

Step 04 按【Ctrl＋J】组合键复制一个新图层，并隐藏"背景"图层，得到的效果如图4-59所示。

图 4-59 最终效果

4.2.6 实战——创建形状选区

除了使用上述工具创建选区外，还可以使用路径工具绘制一定形状的路径，然后将路径转化为选区。下面向读者详细介绍操作方法。

素材位置	素材＞第 4 章＞图像 15.jpg
效果位置	效果＞第 4 章＞图像 15.psd
视频位置	视频＞第 4 章＞实战——创建形状选区 .mp4

Step 01 单击"文件"|"打开"命令，打开一幅素材图像，如图4-60所示。

图 4-60　打开素材图像

Step 02 选取工具箱中的椭圆工具 ，选择"路径"模式 路径 ，将鼠标指针移至图像编辑窗口中，按住鼠标左键并拖曳，创建一个圆形路径，如图4-61所示。

图 4-61　创建圆形路径

Step 03 在路径上单击鼠标右键，在弹出的快捷菜单中选择"建立选区"选项，弹出"建立选区"对话框，设置"羽化半径"为0像素，如图4-62所示。

图 4-62　设置"羽化半径"参数

Step 04 单击"确定"按钮，即可创建选区，选区的效果如图4-63所示。

图 4-63　创建选区

Step 05 按【Ctrl+J】组合键复制一个新图层，并隐藏"背景"图层，得到的效果如图4-64所示。

图 4-64　最终效果

4.2.7 实战——创建颜色选区　重点

在Photoshop CC 2017中，当图像中要选择的区域颜色相近时，用户可以使用魔棒工具或快速选择工具进行选取。

1. 使用魔棒工具创建颜色相近的选区

魔棒工具用来创建颜色相近或相同像素的选区。在颜色相近的图像上单击，即可选取图像中相近颜色的区域。

在工具箱中选取魔棒工具 ，工具属性栏如图4-65所示。

图 4-65 魔棒工具属性栏

魔棒工具属性栏中主要选项的含义如下。

◆ 容差：用来控制创建选区范围的大小，该数值越小，所要求的颜色越相近，选取的范围越小；该数值越大，则颜色相差越大，选取的范围也越大。

◆ 消除锯齿：用来模糊边缘的像素，使其与背景像素产生颜色过渡，从而消除边缘明显的锯齿。

◆ 连续：选中该复选框后，只选取与鼠标单击处颜色相近的连续像素。

◆ 对所有图层取样：用于有多个图层的图像文件，选中该复选框后，能选取图像文件中所有图层中颜色相近的区域；不选中时，只选取当前图层中颜色相近的区域。

下面向读者介绍使用魔棒工具创建颜色相近选区的操作方法。

素材位置	素材 > 第 4 章 > 图像 16.jpg
效果位置	效果 > 第 4 章 > 图像 16.psd
视频位置	视频 > 第 4 章 > 实战——使用魔棒工具创建颜色相近的选区 .mp4

Step 01 单击"文件"|"打开"命令，打开一幅素材图像，如图4-66所示。

Step 02 选取工具箱中的魔棒工具，在工具属性栏上设置"容差"为60，将鼠标指针移至图像中的紫色区域上，单击即可创建选区，如图4-67所示。

图 4-66 打开素材图像

图 4-67 创建选区

Step 03 在工具属性栏上单击"添加到选区"按钮 ，再将鼠标指针移至未创建选区的紫色区域上，单击以加选选区，如图4-68所示。

图 4-68 加选选区

Step 04 单击"图层"面板底部的"创建新的填充或调整图层"按钮，在弹出的下拉菜单中选择"色相/饱和度"选项，在弹出的"色相/饱和度"属性面板中，设置"色相"为60，"饱和度"为50，图像效果随之改变，效果如图4-69所示。

图 4-69 最终效果

2. 使用快速选择工具创建选区

　　快速选择工具是以颜色为依据选取区域的工具，在拖曳鼠标的过程中，它能够快速选择多个颜色相似的区域，相当于按住【Shift】键或【Alt】键并不断使用魔棒工具单击。

　　在工具箱中选取快速选择工具 ，工具属性栏如图4-70所示。

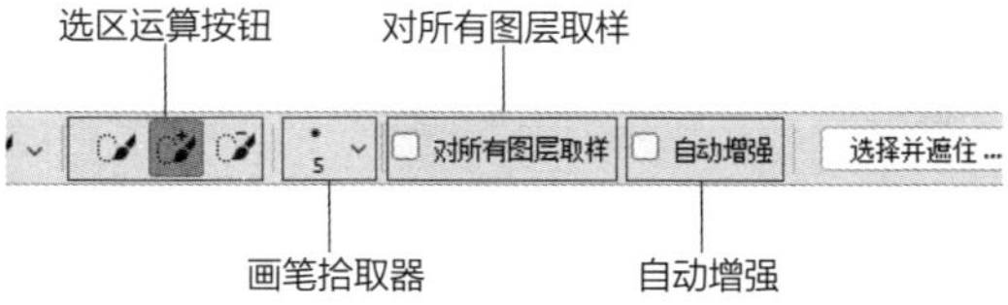

选区运算按钮　　　对所有图层取样

画笔拾取器　　　自动增强

图 4-70 快速选择工具属性栏

　　快速选择工具属性栏中主要选项的含义如下。

◆ 选区运算按钮："新选区"按钮，可以创建一个新的选区；"添加到选区"按钮，可在原选区的基础上添加新的选区；"从选区减去"按钮，可在原选区的基础上减去当前绘制的选区。

◆ 画笔拾取器：单击该按钮，可以设置画笔笔尖的大小、硬度、间距。

◆ 对所有图层取样：可基于所有图层创建选区。

◆ 自动增强：可以减少选区边界的粗糙度和块效应。

　　下面向读者介绍使用快速选择工具创建选区的操作方法。

素材位置	素材 > 第 4 章 > 图像 17.jpg
效果位置	效果 > 第 4 章 > 图像 17.jpg
视频位置	视频 > 第 4 章 > 实战——使用快速选择工具创建选区 .mp4

Step 01 单击"文件"|"打开"命令，打开一幅素材图像，如图4-71所示。

图 4-71 打开素材图像

Step 02 选取工具箱中的快速选择工具 ，将鼠标指针移至图像编辑窗口中，按住鼠标左键并拖曳，创建选区，如图4-72所示。

图 4-72 创建选区

Step 03 单击"图像"|"调整"|"亮度/对比度"命令，弹出"亮度/对比度"对话框，设置"亮度"为70，"对比度"为40，如图4-73所示。

图 4-73 设置"亮度 / 对比度"参数

Step 04 单击"确定"按钮，调整图像亮度/对比度，按【Ctrl＋D】组合键，取消选区，效果如图4-74所示。

图 4-74 最终效果

4.3 创建复杂选区的方法

在Photoshop CC 2017中，复杂的不规则选区指的是随意性强、不被局限在几何形状内的选区，它可以是任意创建的，也可以是通过计算而得到的单个或多个选区。

4.3.1 实战——使用"色彩范围"命令自定颜色选区 重点

"色彩范围"是利用图像中的颜色变化关系来创建选择区域的命令，此命令根据色彩的相似程度，在图像中提取颜色相似的区域而生成选区。

素材位置	素材 > 第 4 章 > 图像 18.jpg
效果位置	效果 > 第 4 章 > 图像 18.psd
视频位置	视频 > 第 4 章 > 实战——使用"色彩范围"命令自定颜色选区 .mp4

Step 01 单击"文件"|"打开"命令，打开一幅素材图像，如图4-75所示。

图 4-75 打开素材图像

Step 02 单击"选择"|"色彩范围"命令，弹出"色彩范围"对话框，设置"颜色容差"为80，如图4-76所示。

图 4-76 设置"颜色容差"参数

Step 03 单击"色彩范围"对话框中的"添加到取样"按钮，在图像编辑窗口中的鲜花区多次单击，如图4-77所示。

Step 04 单击"确定"按钮，即可选中图像中的鲜花区域，如图4-78所示。

图 4-77 单击"添加到取样"按钮

图 4-78 选中的区域

Step 05 单击"图像"|"调整"|"色相/饱和度"命令，弹出"色相/饱和度"对话框，设置"色相"为-30，如图4-79所示。

图 4-79　设置"色相"参数

Step 06 单击"确定"按钮，即可调整图像的色调，按【Ctrl+D】组合键，取消选区，效果如图4-80所示。

图 4-80　最终效果

4.3.2 实战——使用"全部"命令全选图像

　　在Photoshop CC 2017中编辑图像时，如果图像像素颜色比较复杂或者需要对整幅图像进行调整，则可以通过"全部"命令选中整幅图像。

素材位置	素材 > 第 4 章 > 图像 19.jpg
效果位置	效果 > 第 4 章 > 图像 19.psd
视频位置	视频 > 第 4 章 > 使用"全部"命令全选图像 .mp4

Step 01 单击"文件"|"打开"命令，打开一幅素材图像，如图4-81所示。

图 4-81　打开素材图像

Step 02 单击"选择"|"全部"命令，即可全选图像，如图4-82所示。

图 4-82　全选图像

Step 03 单击"图层"面板底部的"创建新的填充或调整图层"按钮，在弹出的下拉菜单中选择"亮度/对比度"选项，调出"亮度/对比度"属性面板，设置"亮度"为70，"对比度"为40，如图4-83所示。执行操作后，选区中的图像效果随之改变，效果如图4-84所示。

图 4-83　设置相应参数

图 4-84 最终效果

4.3.3 实战——使用"扩大选取"命令扩大选区

在Photoshop CC 2017中，执行"扩大选取"命令时，Photoshop会基于魔棒工具属性栏中的"容差"值来决定选区的扩展范围。首先应确定小块的选区，然后执行此命令来选取相邻的像素。Photoshop CC 2017会查找并选择与当前选区中的像素颜色相近的像素，从而扩大选择区域，但该命令只扩大到与原选区相连接的区域。

下面为读者详细介绍"扩大选取"命令的操作方法。

素材位置	素材 > 第 4 章 > 图像 20.jpg
效果位置	无
视频位置	视频 > 第 4 章 > 实战——使用"扩大选取"命令扩大选区 .mp4

Step 01 单击"文件"|"打开"命令，打开一幅素材图像，如图4-85所示。

图 4-85 打开素材图像

Step 02 选取工具箱中的磁性套索工具，在图像编辑窗口中围绕心形图案创建一个选区，如图4-86所示。

图 4-86 创建选区

使用"扩大选取"命令可以将原选区扩大，所扩大的范围是与原选区相邻且颜色相近的区域，扩大的范围由工具属性栏中的"容差"值决定。

Step 03 选取工具箱中的魔棒工具，设置魔棒工具属性栏中的"容差"为45，单击"选择"|"扩大选取"命令，即可扩大选区，如图4-87所示。

图 4-87 扩大选区

4.3.4 实战——使用"选取相似"命令创建颜色相似选区

在Photoshop CC 2017中，"选取相似"命令针对图像中所有颜色相近的像素，此命令在有大面积实色的情况下非常有用。

素材位置	素材 > 第 4 章 > 图像 21.jpg
效果位置	无
视频位置	视频 > 第 4 章 > 实战——使用"选取相似"命令创建颜色相似选区 .mp4

Step 01 单击"文件"|"打开"命令，打开一幅素材图像，如图4-88所示。

图 4-88　打开素材图像

Step 02 选取工具箱中的魔棒工具，在工具属性栏中设置"容差"为32，将鼠标指针移至图像编辑窗口中，单击即可创建一个选区，如图4-89所示。

图 4-89　创建选区

Step 03 单击"选择"|"选取相似"命令，即可选取相似范围，如图4-90所示。

图 4-90　选取相似范围

> "选取相似"命令是将图像中所有与选区内像素颜色相近的像素都扩充到选区中，不适合用于复杂图像。

4.4　变换与调整选区对象

在使用Photoshop CC 2017处理图像时，为了使编辑和绘制的图像更加精确，经常要对已经创建的选区进行修改，使其更符合设计要求。下面主要向读者介绍编辑选区的方法，包括变换选区、剪切选区图像、复制和粘贴选区图像，以及在选区内贴入图像的操作方法。

4.4.1　实战——变换选区　　　重点

在Photoshop CC 2017中，使用"变换选区"命令可以直接改变选区的形状，而不会改变选区内的图像。

下面向读者详细介绍使用"变换选区"命令改变选区形状的操作方法。

素材位置	素材 > 第 4 章 > 图像 22.jpg、图像 23.jpg
效果位置	效果 > 第 4 章 > 图像 23.psd
视频位置	视频 > 第 4 章 > 实战——变换选区 .mp4

Step 01 单击"文件"|"打开"命令，打开两幅素材图像，如图4-91所示。

图 4-91　打开素材图像

Step 02 选取工具箱中的矩形选框工具，切换至"图像23"编辑窗口，创建一个矩形选区，如图4-92所示。

图 4-92 创建矩形选区

Step 03 单击"选择"|"变换选区"命令，调出变换控制框，如图4-93所示。

图 4-93 调出变换控制框

Step 04 按住【Ctrl】键的同时拖曳各控制柄，即可变换选区，按【Enter】键确认变换操作，如图4-94所示。

图 4-94 变换选区

Step 05 切换至"图像22"编辑窗口，按【Ctrl＋A】组合键全选图像，按【Ctrl＋C】组合键复制图像，切换至"图像23"编辑窗口，按【Alt＋Shift＋Ctrl＋V】组合键贴入图像，如图4-95所示。

Step 06 按【Ctrl＋T】组合键，调出变换控制框，适当缩放图像，按【Enter】键确认操作，效果如图4-96所示。

图 4-95 贴入图像

图 4-96 最终效果

4.4.2 实战——剪切选区图像

在Photoshop CC 2017中，灵活使用"剪切"命令可以裁剪出所需要的图像。下面向读者详细介绍剪切选区图像的操作方法。

素材位置	素材 > 第4章 > 图像 24.jpg
效果位置	效果 > 第4章 > 图像 24.psd
视频位置	视频 > 第4章 > 实战——剪切选区图像 .mp4

Step 01 单击"文件"|"打开"命令，打开一幅素材图像，如图4-97所示。

图 4-97 打开素材图像

Step 02 选取工具箱中的矩形选框工具，将鼠标指针移至图像编辑窗口中，按住鼠标左键并拖曳，创建一个矩形选区，如图4-98所示。

图 4-98 创建矩形选区

Step 03 单击"编辑"|"剪切"命令，即可剪切选区内的图像，效果如图4-99所示。

图 4-99 最终效果

4.4.3 实战——复制和粘贴选区图像

选择图像编辑窗口中需要的区域后，用户可以将选区内的图像复制到剪贴板中进行粘贴，以复制选区内的图像。下面向读者详细介绍复制和粘贴选区图像的操作方法。

素材位置	素材 > 第 4 章 > 图像 25.jpg
效果位置	效果 > 第 4 章 > 图像 25.psd
视频位置	视频 > 第 4 章 > 实战——复制和粘贴选区图像 .mp4

Step 01 单击"文件"|"打开"命令，打开一幅素材图像，如图4-100所示。

图 4-100 打开素材图像

Step 02 选取工具箱中的魔棒工具，在工具属性栏中设置"容差"为32，将鼠标指针移至图像编辑窗口中，单击白色区域，沿心形云朵创建选区，如图4-101所示。

图 4-101 创建选区

Step 03 单击"编辑"|"拷贝"命令，复制选区内的图像。单击"编辑"|"粘贴"命令，粘贴选区内的图像。选取工具箱中的移动工具，将心形云朵移至合适位置，如图4-102所示。

图 4-102 移动图像至合适位置

在图像处理过程中，用户可以使用以下快捷键进行快速操作。
- 快捷键 1：按【Ctrl+C】组合键，可复制图像。
- 快捷键 2：按【Ctrl+V】组合键，可粘贴图像。
- 快捷键 3：按【Ctrl+X】组合键，可剪切图像。
- 快捷键 4：按【Ctrl+Shift+V】组合键，可原位粘贴图像。
- 快捷键 5：按【Ctrl+Shift+Alt+V】组合键，可贴入图像。

Step 04 按【Ctrl＋T】组合键，调出变换控制框，适当缩放图像，按【Enter】键确认，效果如图4-103所示。

图 4-103 最终效果

4.4.4 实战——在选区内贴入图像

下面向读者详细介绍在选区内贴入图像的操作方法。

素材位置	素材＞第4章＞图像26.jpg、图像27.jpg
效果位置	效果＞第4章＞图像27.psd
视频位置	视频＞第4章＞实战——在选区内贴入图像.mp4

Step 01 单击"文件"|"打开"命令，打开两幅素材图像，如图4-104所示。

图 4-104 打开素材图像

Step 02 在工具箱中选取矩形选框工具，在"图像27"编辑窗口中的合适位置创建选区，如图4-105所示。

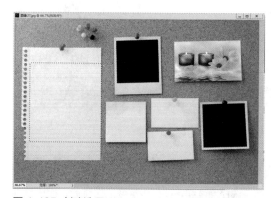

图 4-105 创建选区

Step 03 切换至"图像26"编辑窗口，在工具箱中选取矩形选框工具，在图像中的合适位置创建一个矩形选区，如图4-106所示。

Step 04 按【Ctrl＋C】组合键复制图像，切换至"图像27"编辑窗口，单击"编辑"|"选择性粘贴"|"贴入"命令，即可贴入复制的图像，如图4-107所示。

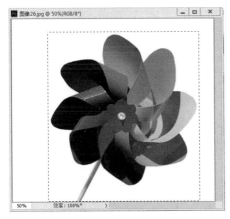

图 4-106　创建选区

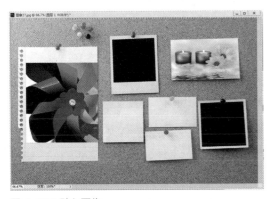

图 4-107　贴入图像

Step 05 按【Ctrl + T】组合键，调出自由变换控制框，将鼠标指针移至控制柄上，按住鼠标左键并拖曳，调整至合适的大小，按【Enter】键确认变换，设置"图层 1"的混合模式为"正片叠底"，效果如图 4-108 所示。

图 4-108　最终效果

4.4.5　创建边界选区

执行"边界"命令可以得到具有一定羽化效果的环形选区，因此在进行填充或描边等操作后可得到具有柔边效果的图像，但是"边界选区"对话框中的"宽度"值不能过大，否则会出现明显的锯齿边缘。

选取工具箱中的椭圆选框工具，在图像编辑窗口中创建一个圆形选区，如图 4-109 所示。

图 4-109　创建选区

单击"选择"|"修改"|"边界"命令，弹出"边界选区"对话框，设置"宽度"为 15 像素，如图 4-110 所示。

图 4-110　设置"宽度"参数

单击"确定"按钮，即可得到宽度为 15 像素的边界选区，如图 4-111 所示。

图 4-111　扩展选区

单击"编辑"|"填充"命令，弹出"填充"对话框，设置背景色为白色，并设置"内容"为"背景色"，"不透明度"设为40%，如图4-112所示，单击"确定"按钮。

图 4-112 设置相应参数

执行操作后，即可填充边界选区，单击"选择"|"取消选择"命令，取消选区，效果如图4-113所示。

图 4-113 最终效果

4.4.6 平滑选区

在Photoshop CC 2017中，灵活运用"平滑选区"命令，能使选区的尖角变得平滑，并消除锯齿，从而使选区中图像的边缘更加流畅。

在工具箱中选取矩形选框工具，在"灯"图像编辑窗口中创建一个矩形选区，如图4-114所示。

图 4-114 创建选区

单击"选择"|"反选"命令，反选选区，如图4-115所示。

图 4-115 反选选区

单击"选择"|"修改"|"平滑"命令，弹出"平滑选区"对话框，设置"取样半径"为60像素，如图4-116所示。

图 4-116 设置"取样半径"参数

单击"确定"按钮，即可平滑选区，如图4-117所示。

图 4-117 平滑选区

设置前景色为白色，按【Alt＋Delete】组合键填充前景，按【Ctrl＋D】组合键取消选区，效果如图4-118所示。

图 4-118　最终效果

4.4.7　羽化选区

"羽化"命令用于对选区进行羽化，羽化是通过建立选区和选区周围像素之间的转换边界来模糊边缘的，这种模糊方式将丢失选区边缘的一些图像细节。

选取工具箱中的椭圆选框工具，在图像编辑窗口中创建一个圆形选区，如图4-119所示。

图 4-119　创建选区

单击"选择"|"修改"|"羽化"命令，弹出"羽化选区"对话框，设置"羽化半径"为65像素，如图4-120所示。

图 4-120　设置"羽化半径"参数

选取移动工具，移动选区内的图像至"杯子"图像编辑窗口中的合适位置，如图4-121所示。

图 4-121　移动选区对象

按【Ctrl+T】组合键，调出自由变换控制框，将鼠标指针移至变换控制框的控制柄上，按住鼠标左键并拖曳，调整至合适的位置，按【Enter】键确认变换，设置"图层1"的混合模式为"正片叠底"，效果如图4-122所示。

图 4-122　最终效果

4.4.8　选择并遮住　　　进阶

在Photoshop CC 2017中，"选择并遮住"命令的功能有了很大的扩展，尤其是边缘检测功能，可以大大提升操作效率。除了单击"选择并遮住"命令，也可以在各个选区工具的属性栏中单击"选择并遮住"按钮，弹出"属性"面板，如图4-123所示。

图 4-123　"属性"面板

"属性"面板中主要选项的含义如下。

◆ 视图：包含7种选区预览方式，用户可以根据需求进行选择。

◆ 显示边缘：选中该复选框，可以显示微调选区与图像边缘之间的距离。

◆ 半径：可以微调选区与图像边缘之间的距离，数值越大，则选区会越精确地靠近图像边缘。

◆ 平滑：用于减少选区边界中的不规则区域，创建更加平滑的轮廓。

◆ 羽化：与"羽化"命令的功能基本相同，都是用于柔化选区边缘。

◆ 对比度：可以锐化选区边缘并去除模糊的不自然感。

◆ 移动边缘：设置为负值将会收缩选区边界，设置为正值将会扩展选区边界。

在Photoshop CC 2017中，使用"选择并遮住"命令可以方便地修改选区，并且可以更加直观地看到调整效果，从而得到更为精确的选区。

选取工具箱中的椭圆选框工具，将鼠标指针移至图像编辑窗口中，按住鼠标左键并拖曳，创建一个椭圆形选区，如图4-124所示。

图 4-124 创建选区

单击"选择"|"选择并遮住"命令，弹出"属性"面板，设置"半径"为50像素，"平滑"为20，"羽化"为5像素，选中"净化颜色"复选框，如图4-125所示。

执行上述操作后，单击"确定"按钮，即可调整选区边缘，如图4-126所示。

图 4-125 设置相应选项　　图 4-126 最终效果

4.5 编辑选区内图像

除了可以对选区内的图像进行变换操作外，还可以描边选区、填充选区，下面将分别讲解这些操作。

4.5.1 实战——描边选区

创建选区后，可以使用"描边"命令为选区添加不同颜色和宽度的边框，以丰富图像的视觉效果。下面向读者详细介绍描边选区的操作方法。

素材位置	素材 > 第 4 章 > 图像 28.jpg
效果位置	效果 > 第 4 章 > 图像 28.jpg
视频位置	视频 > 第 4 章 > 实战——描边选区 .mp4

Step 01 单击"文件"|"打开"命令，打开一幅素材图像，如图4-127所示。

图 4-127 打开素材图像

Step 02 选取工具箱中的椭圆选框工具，将鼠标指针移至图像编辑窗口中，按住鼠标左键并拖曳，创建一个圆形选区，如图4-128所示。

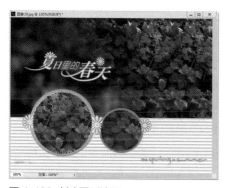

图 4-128 创建圆形选区

Step 03 单击"编辑"|"描边"命令，弹出"描边"对话框，设置"宽度"为4像素，"不透明度"为80%，如图4-129所示。

图 4-129 设置相应参数

Step 04 单击"确定"按钮，描边选区，按【Ctrl + D】组合键取消选区，效果如图4-130所示。

图 4-130 最终效果

4.5.2 实战——填充选区

使用"填充"命令，可以在指定选区内填充相应的颜色。下面向读者详细介绍填充选区的操作方法。

素材位置	素材＞第 4 章＞图像 29.jpg
效果位置	效果＞第 4 章＞图像 29.jpg
视频位置	视频＞第 4 章＞实战——描边选区 .mp4

Step 01 单击"文件"|"打开"命令，打开一幅素材图像，如图4-131所示。

图 4-131 打开素材图像

Step 02 选取工具箱中的魔棒工具，将鼠标指针移至图像编辑窗口中，单击黑色区域创建选区，如图4-132所示。

Step 03 单击工具箱中的前景色色块，弹出"拾色器（前景色）"对话框，在其中设置RGB参数值为255、255、255，如图4-133所示。

图 4-132 创建选区

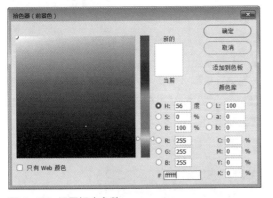

图 4-133 设置相应参数

Step 04 单击"确定"按钮，按【Alt+Delete】组合键填充前景色，按【Ctrl+D】组合键取消选区，效果如图4-134所示。

图 4-134 最终效果

4.5.3 移动选区内图像

移动选区内图像除了可以调整图像的位置外，还可以在图像编辑窗口之间复制图层或选区图像。

选取工具箱中的矩形选框工具，在图像编辑窗口中的合适位置创建一个矩形选区，如图4-135所示。

图 4-135 创建选区

选取工具箱中的移动工具，移动鼠标指针至图像中的矩形选区内，按住鼠标左键并向下拖曳，即可移动矩形选区内的图像，调整至合适的位置，按【Ctrl+D】组合键取消选区，效果如图4-136所示。

图 4-136 取消选区

4.5.4 清除选区内图像

在Photoshop CC 2017中，可以使用"清除"命令清除选区内的图像。如果在背景图层中清除选区内的图像，将会在清除的图像区域内填充背景色；如果在其他图层中清除图像，将得到透明区域。

选取工具箱中的矩形选框工具，选择"图层2"，在图像编辑窗口中的合适位置创建一个矩形选区，如图4-137所示。

图 4-137　创建选区

　　单击"编辑"|"清除"命令，即可清除选区中的图像，按【Ctrl+D】组合键取消选区，效果如图4-138所示。

图 4-138　最终效果

　　利用 Photoshop CC 2017"填充"对话框中的"内容识别"功能，可以让系统自动完成大部分工作。如果对图像要求比较低，便不需要对图像进行其他操作。如果对细节不满意，只需要用仿制图章工具对图像进行细致处理即可。

4.6　习题

习题1　移动选区

素材位置	素材 > 第 4 章 > 课后习题 > 图像 1.jpg
效果位置	无
视频位置	视频 > 第 4 章 > 习题 1：移动选区 .mp4

　　本习题练习通过选框工具移动选区，创建选区如图4-139所示，最终效果如图4-140所示。

图 4-139　创建选区

图 4-140　最终效果

习题2　取消/重选选区

素材位置	素材 > 第 4 章 > 课后习题 > 图像 2.jpg
效果位置	无
视频位置	视频 > 第 4 章 > 习题 2：取消、重选选区 .mp4

　　本习题练习运用"重新选择"命令来重新选取选区，素材如图4-141所示，最终效果如图4-142所示。

图 4-141　素材图像

图 4-142 最终效果

习题3 边界选区

素材位置	素材 > 第 4 章 > 课后习题 > 图像 3.jpg
效果位置	效果 > 第 4 章 > 课后习题 > 图像 3.jpg
视频位置	视频 > 第 4 章 > 习题 3：边界选区 .mp4

本习题练习使用"边界"及"羽化"命令柔化选区的边缘，素材如图4-143所示，最终效果如图4-144所示。

图 4-143 素材图像　　　　图 4-144 最终效果

习题4 扩展/收缩选区

素材位置	素材 > 第 4 章 > 课后习题 > 图像 4.jpg
效果位置	效果 > 第 4 章 > 课后习题 > 图像 4.jpg
视频位置	视频 > 第 4 章 > 习题 4：扩展、收缩选区 .mp4

本习题练习运用"扩展"与"收缩"命令扩展与收缩选区，结合"描边"命令制作字体效果，素材如图4-145所示，最终效果如图4-146所示。

图 4-145 素材图像　　　　图 4-146 最终效果

填充与调整图像色彩

第05章

Photoshop CC 2017拥有多种强大的颜色调整功能，使用"曲线""色阶"等命令可以轻松调整图像的色相、饱和度、对比度和亮度，修正有色彩不谐调、曝光不足（或过度）等缺陷的图像。本章主要介绍颜色的基本属性，并介绍图像色调高级调整等操作方法。

课堂学习目标

- 掌握填充图像颜色与图案的方法
- 掌握图像色彩的基本调整方法
- 掌握图像色调的高级调整方法
- 掌握色彩和色调的特殊调整方法

5.1 填充图像颜色与图案

在Photoshop CC 2017中，使用填充工具或命令可以快速、便捷地对图像进行填充操作。可以通过"填充"命令、油漆桶工具、渐变工具及快捷键填充方式填充颜色，油漆桶工具可以用于填充纯色和图案。

5.1.1 实战——通过"填充"命令填充颜色

填充是指对图像整体或局部使用单色、多色或复杂的图案进行覆盖，Photoshop CC 2017中的"填充"命令功能非常强大。

下面向读者详细介绍使用"填充"命令填充颜色的操作方法。

素材位置	素材 > 第 5 章 > 图像1.jpg
效果位置	效果 > 第 5 章 > 图像1.jpg
视频位置	视频 > 第 5 章 > 实战——通过"填充"命令填充颜色 .mp4

Step 01 单击"文件"|"打开"命令，打开一幅素材图像，如图5-1所示。

Step 02 选取工具箱中的魔棒工具，在图像编辑窗口中创建选区，如图5-2所示。

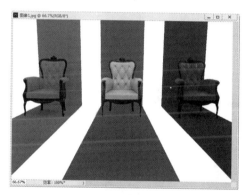

图 5-1 打开素材图像

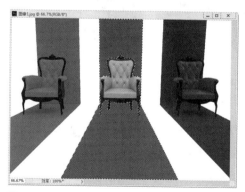

图 5-2 创建选区

Step 03 单击前景色色块，弹出"拾色器（前景色）"对话框，在其中设置RGB参数值为255、252、7，如图5-3所示。

图 5-3 设置相应参数

Step 04 单击"确定"按钮，单击"编辑"|"填充"命令，弹出"填充"对话框，在其中设置"内容"为"前景色"，"模式"为"正常"，"不透明度"为100%，效果如图5-4所示。

图 5-4 设置相应选项

Step 05 单击"确定"按钮，即可填充颜色，按【Ctrl+D】组合键取消选区，效果如图5-5所示。

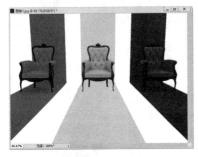

图 5-5 最终效果

5.1.2 实战——通过油漆桶工具填充颜色
进阶

油漆桶工具不仅可以用于填充纯色，还可以填充图案。下面向读者详细介绍使用油漆桶工具填充颜色的操作方法。

素材位置	素材＞第5章＞图像2.jpg
效果位置	效果＞第5章＞图像2.jpg
视频位置	视频＞第5章＞实战——通过油漆桶工具填充颜色.mp4

Step 01 单击"文件"|"打开"命令，打开一幅素材图像，如图5-6所示。

图 5-6 打开素材图像

Step 02 单击前景色色块，弹出"拾色器（前景色）"对话框，在其中设置RGB参数值为255、255、0，如图5-7所示，单击"确定"按钮。

图 5-7 设置 RGB 参数

专家指点

油漆桶工具与"填充"命令非常相似，主要用于在图像或选区中填充前景色或图案，但使用油漆桶工具填充前，可按住空格键临时切换到吸管工具对鼠标单击位置的颜色进行取样，从而用于填充颜色相同或相近的图像区域。

Step 03 选取工具箱中的油漆桶工具 ◇，将鼠标指针移至"图像2"的白色区域，单击即可填充前景色，效果如图5-8所示。

图 5-8 最终效果

5.1.3 实战——通过吸管工具获取 颜色

用户在Photoshop CC 2017中处理图像时，经常需要从图像中获取颜色。例如，需要修补图像中的某个区域的颜色，通常要从该区域附近找出相近的颜色，然后用该颜色处理需要修补的区域，此时就需要用到吸管工具。

下面向读者详细介绍使用吸管工具获取颜色的操作方法。

素材位置	素材 > 第 5 章 > 图像 3.jpg
效果位置	效果 > 第 5 章 > 图像 3.jpg
视频位置	视频 > 第 5 章 > 实战——通过吸管工具获取颜色 .mp4

Step 01 单击"文件"|"打开"命令，打开一幅素材图像，如图5-9所示。

图 5-9 打开素材图像

Step 02 选取吸管工具 ，将鼠标指针移至玫红色心形图案上，单击即可吸取颜色，如图5-10所示。

图 5-10 吸取颜色

Step 03 选取魔棒工具，在"图像3"的浅粉色心形图案上单击，创建选区，如图5-11所示。

图 5-11 创建选区

Step 04 按【Alt + Delete】组合键，填充前景色，按【Ctrl + D】组合键，取消选区，效果如图5-12所示。

图 5-12 最终效果

5.1.4 实战——通过渐变工具填充 渐变色 重点

使用渐变工具可以对图像进行多种颜色的渐变填充，从而增强图像的视觉效果。

下面向读者详细介绍使用渐变工具填充颜色的操作方法。

素材位置	素材 > 第 5 章 > 图像 4.jpg
效果位置	效果 > 第 5 章 > 图像 4.jpg
视频位置	视频 > 第 5 章 > 实战——通过渐变工具填充渐变色 .mp4

Step 01 单击"文件"|"打开"命令，打开一幅素材图像，如图5-13所示。

图 5-13 打开素材图像

Step 02 选取工具箱中的渐变工具 ■，在工具属性栏中单击"点按可编辑渐变"按钮 ■ ，弹出"渐变编辑器"对话框，在"预设"选项区中选择"透明彩虹渐变"色块，如图5-14所示。

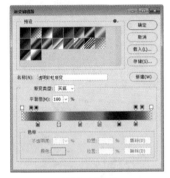

图 5-14 设置相应选项

Step 03 单击"确定"按钮，在工具属性栏中单击"径向渐变"按钮 ■，模式为"滤色"，将鼠标指针移至图像编辑窗口中的合适位置，按住鼠标左键并拖曳，即可创建彩虹渐变，如图5-15所示。

图 5-15 创建彩虹渐变

Step 04 用相同的操作方法，在图像编辑窗口中再创建多个彩虹圆环，效果如图5-16所示。

图 5-16 最终效果

专家指点

渐变编辑器"位置"文本框中的数字表示色标在渐变色带上的位置，用户可以输入数字来改变色标的位置，也可以直接拖曳色标。按【Delete】键可以将所选色标删除。

5.1.5 通过"填充"命令填充图案

使用"填充"命令不但可以填充颜色，还可以填充图案。除了使用软件自带的图案外，还可以用选区定义一个图案，并设置"填充"对话框中的选项，进行图案的填充。

选取矩形选框工具，在图像中创建一个选区，如图5-17所示。

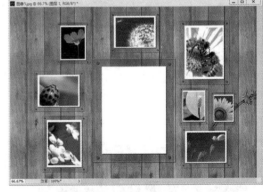

图 5-17 创建选区

单击"编辑"|"定义图案"命令，弹出"图案名称"对话框，在"名称"文本框中输入"叶"，如图5-18所示。

图 5-18 输入名称

选取工具箱中的矩形选框工具，移动鼠标指针至图像中的合适位置，创建新选区，如图5-19所示。

图 5-19 创建新选区

单击"编辑"|"填充"命令，弹出"填充"对话框，在"内容"下拉列表中选择"图案"选项，如图5-20所示。

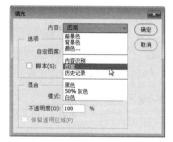

图 5-20 设置"内容"为"图案"

激活"自定图案"选项，单击其右侧的下拉按钮，展开图案面板，选择"叶"选项，如图5-21所示。

图 5-21 选择"叶"选项

单击"确定"按钮，即可填充图案，按【Ctrl+D】组合键取消选区，效果如图5-22所示。

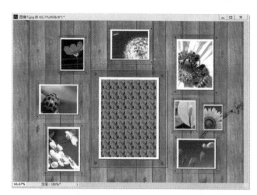

图 5-22 最终效果

5.2 图像色彩的基本调整

调整图像色彩，可以通过"自动颜色""自动色调"等命令来实现。本节主要介绍使用"自动色调""自动颜色"及"自动对比度"命令校正图像色彩的操作方法，并介绍使用"曝光度"命令、"曲线"命令、"色阶"命令及"亮度/对比度"命令调整图像色彩的操作方法。

5.2.1 实战——通过"自动颜色"命令自动校正图像偏色

"自动颜色"命令可以自动识别图像中的阴影、中间调和高光，从而自动更正图像的颜色。

素材位置	素材 > 第 5 章 > 图像 6.jpg
效果位置	效果 > 第 5 章 > 图像 6.jpg
视频位置	视频 > 第 5 章 > 实战——通过"自动颜色"命令自动校正图像偏色 .mp4

Step 01 单击"文件"|"打开"命令，打开一幅素材图像，如图5-23所示。

图 5-23 打开素材图像

Step 02 单击"图像"|"自动颜色"命令，即可自动校正图像偏色，如图5-24所示。

图 5-24 自动校正图像偏色

专家指点

"自动色调"命令根据图像整体颜色的明暗程度进行自动调整，使得亮部与暗部的颜色按一定的比例分布。

单击"图像"|"自动色调"命令，即可自动调整图像明暗，如图 5-25 所示。

使用"自动对比度"命令可以改变图像中颜色的总体对比度和混合颜色，它将图像中最亮和最暗的像素映射为白色和黑色，使高光显得更亮，而暗调显得更暗。

单击"图像"|"自动对比度"命令，即可调整图像对比度，如图 5-26 所示。

图 5-25 自动调整图像　　图 5-26 调整图像对比度
明暗

5.2.2 实战——通过"曝光度"命令调整图像色调

在照片拍摄过程中，经常会因为曝光不足或曝光过度而影响图像的欣赏效果，使用"曝光度"命令可以快速调整图像的曝光度。

单击"图像"|"调整"|"曝光度"命令，弹出"曝光度"对话框，如图5-27所示。

图 5-27 "曝光度"对话框

"曝光度"对话框中各选项含义如下。

◆ 预设：可以选择一个预设的曝光度调整文件。

◆ 曝光度：调整色调范围的高光区，对极限阴影的影响很轻微。

◆ 位移：使阴影和中间调变暗，对高光的影响很轻微。

◆ 灰度系数校正：使用简单乘方函数调整图像的灰度系数，负值会被视为它们的相应正值。

下面向读者详细介绍使用"曝光度"命令调整图像曝光度的操作方法。

素材位置	素材 > 第5章 > 图像 7.jpg
效果位置	效果 > 第5章 > 图像 7.jpg
视频位置	视频 > 第5章 > 实战——通过"曝光度"命令调整图像色调 .mp4

Step 01 单击"文件"|"打开"命令，打开一幅素材图像，如图5-28所示。

图 5-28 打开素材图像

Step 02 "图像" | "调整" | "曝光度"命令，弹出"曝光度"对话框，设置"曝光度"为0.11，"位移"为-0.1，"灰度系数校正"为0.9，如图5-29所示。

图 5-29　设置参数

Step 03 单击"确定"按钮，即可调整图像曝光度，效果如图5-30所示。

图 5-30　最终效果

5.2.3 实战——通过"曲线"命令调整图像整体色调　进阶

"曲线"命令是功能强大的图像校正命令，该命令可以对图像的整体色调进行调整，还可以对图像中的个别颜色通道进行精确的调整，而且不影响其他区域的色调。单击"图像" | "调整" | "曲线"命令，弹出"曲线"对话框，如图5-31所示。

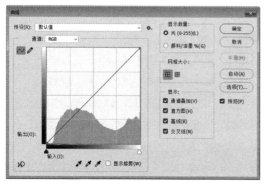

图 5-31　"曲线"对话框

"曲线"对话框中主要选项的含义如下。

◆ 预设：包含了Photoshop CC 2017提供的各种预设调整文件，可以用于调整图像。

◆ 通道：在该下拉列表中可以选择要调整的通道。

◆ 编辑点以修改曲线：该按钮为选中状态时，在曲线上单击可以添加新的控制点，拖曳控制点改变曲线形状即可调整图像。

◆ 通过绘制来修改曲线：单击该按钮后，可以绘制手绘效果的自由曲线。

◆ 输入/输出："输入"色阶显示了调整前的像素值，"输出"色阶显示了调整后的像素值。

◆ 在图像上单击并拖动可修改曲线：单击该按钮后，将鼠标指针放在图像上，曲线上会出现一个圆形图形，它代表鼠标指针处的色调在曲线上的位置，在画面中单击并拖曳鼠标可以添加控制点并调整相应的色调。

◆ 平滑：使用铅笔绘制曲线后，单击该按钮，可以对曲线进行平滑处理。

◆ 自动：单击该按钮，可以对图像应用"自动颜色""自动对比度"或"自动色调"校正。具体校正内容取决于"自动颜色校正选项"对话框中的设置。

◆ 选项：单击该按钮，可以打开"自动颜色校正选项"对话框，自动颜色校正选项用来控制"自动"按钮应用的色调和颜色校正，它允许指定"阴影"和"高光"修剪百分比，并为阴影、中间调和高光指定颜色值。

> **专家指点**
>
> 按【Ctrl+M】组合键，可以快速弹出"曲线"对话框。另外，如果要使曲线网格显示得更精细，可以按住【Alt】键并在对话框的网格中单击，网格将转换为10×10的显示比例。再次按住【Alt】键的同时单击，即可恢复至默认的4×4网格显示状态。

在Photoshop CC 2017中，用户可以根据需要，通过"曲线"命令调整图像色调。

下面向读者详细介绍使用"曲线"命令调整图像色调的操作方法。

素材位置	素材 > 第 5 章 > 图像 8.jpg
效果位置	效果 > 第 5 章 > 图像 8.jpg
视频位置	视频 > 第 5 章 > 实战——通过"曲线"命令调整图像整体色调 .mp4

Step 01 单击"文件"|"打开"命令，打开一幅素材图像，如图5-32所示。

图 5-32 打开素材图像

Step 02 单击"图像"|"调整"|"曲线"命令，弹出"曲线"对话框，在曲线上添加一个节点，设置"输出"和"输入"参数值分别为187、130，如图5-33所示。

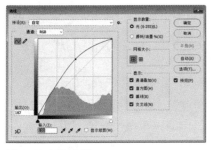

图 5-33 设置参数

Step 03 单击"确定"按钮，即可调整图像色调，效果如图5-34所示。

图 5-34 最终效果

5.2.4 实战——通过"色阶"命令调整图像亮度范围

色阶是指图像中的颜色或颜色中的某一个组成部分的亮度范围。"色阶"命令通过调整图像的阴影、中间调和高光的强度级别，校正图像的色调范围和色彩平衡。

单击"图像"|"调整"|"色阶"命令，弹出"色阶"对话框，如图5-35所示。

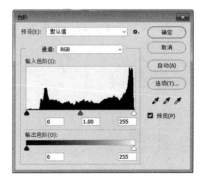

图 5-35 "色阶"对话框

"色阶"对话框中各选项的含义如下。

◆ 预设：包含了Photoshop CC 2017提供的各种预设调整文件，可用于调整图像。单击右侧的"预设选项"按钮，在弹出的下拉菜单中选择"存储预设"选项，可以将当前的调整参数保存为一个预设文件。

◆ 通道：可以选择一个通道进行调整，调整通道会影响图像的颜色。

◆ 输入色阶：用来调整图像的阴影、中间调和高光区域。

◆ 输出色阶：可以限制图像的亮度范围，从而降低对比度，使图像呈现褪色效果。

◆ 自动：单击该按钮，可以应用自动颜色校正，Photoshop CC 2017会以0.5%的比例自动调整图像色阶，使图像的亮度分布更加均匀。

◆ 选项：单击该按钮，可以打开"自动颜色校正选项"对话框，在该对话框中可以设置黑色像素和白色像素的比例。

◆ 在图像中取样以设置黑场：使用该工具在图像

中单击，可以将单击点的像素调整为黑色，原图中比该点暗的像素也变为黑色。

◆ 在图像中取样以设置灰场：使用该工具在图像中单击，可以根据单击点像素的亮度来调整其他中间色调的平均亮度，通常用来校正色偏。

◆ 在图像中取样以设置白场：使用该工具在图像中单击，可以将单击点的像素调整为白色，原图中比该点亮度值高的像素也都会变为白色。

在Photoshop CC 2017中，用户可以根据需要，通过"色阶"命令调整图像的阴影、中间调和高光的强度级别，校正图像的色调范围和色彩平衡。

下面向读者详细介绍使用"色阶"命令调整图像亮度范围的操作方法。

素材位置	素材 > 第 5 章 > 图像 9.jpg
效果位置	效果 > 第 5 章 > 图像 9.jpg
视频位置	视频 > 第 5 章 > 实战——通过"色阶"命令调整图像亮度范围 .mp4

Step 01 单击"文件"|"打开"命令，打开一幅素材图像，如图5-36所示。

图 5-36 打开素材图像

Step 02 单击"图像"|"调整"|"色阶"命令，弹出"色阶"对话框，设置"输入色阶"参数值为61、2.40、239，如图5-37所示。

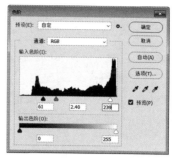

图 5-37 设置参数

Step 03 单击"确定"按钮，即可使用"色阶"命令调整图像的亮度范围，如图5-38所示。

图 5-38 最终效果

5.2.5 实战——通过"亮度/对比度"命令调整图像亮度 重点

使用"亮度/对比度"命令可以对图像的亮度进行简单的调整，它对图像的每个像素都进行同样的调整。"亮度/对比度"命令对单个通道不起作用，所以该调整方法不适用于高精度输出。

单击"图像"|"调整"|"亮度/对比度"命令，弹出"亮度/对比度"对话框，如图5-39所示。

图 5-39 "亮度 / 对比度"对话框

"亮度/对比度"对话框中主要选项的含义如下。

◆ 亮度：用于调整图像的亮度，该值为正值则增加图像亮度，为负值则降低亮度。

◆ 对比度：用于调整图像的对比度，该值为正值则增加图像对比度，为负值则降低对比度。

在Photoshop CC 2017中，用户可以根据需要，通过"亮度/对比度"命令调整图像亮度。

下面向读者详细介绍运用"亮度/对比度"命令调整图像亮度的操作方法。

素材位置	素材 > 第 5 章 > 图像 10.jpg
效果位置	效果 > 第 5 章 > 图像 10.jpg
视频位置	视频 > 第 5 章 > 实战——通过"亮度 - 对比度"命令调整图像亮度 .mp4

Step 01 单击"文件"|"打开"命令，打开一幅素材图像，如图5-40所示。

图 5-40 打开素材图像

Step 02 单击"图像"|"调整"|"亮度/对比度"命令，弹出"亮度/对比度"对话框，设置"亮度"为71，"对比度"为42，如图5-41所示。

图 5-41 设置参数

Step 03 单击"确定"按钮，效果如图5-42所示。

图 5-42 最终效果

5.3 图像色调的高级调整

图像色调的高级调整有"自然饱和度""色相/饱和度""色彩平衡""匹配颜色""替换颜色""阴影/高光""可选颜色"等9种常用的方法，主要通过"色彩平衡""色相/饱和度"及"匹配颜色"等命令进行操作。下面将分别介绍使用各命令进行色调调整的方法。

5.3.1 实战——通过"自然饱和度"命令调整图像饱和度

单击"图像"|"调整"|"自然饱和度"命令，弹出"自然饱和度"对话框，如图5-43所示。

图 5-43 "自然饱和度"对话框

"自然饱和度"对话框中各选项含义如下。

◆ 自然饱和度：在颜色接近最大饱和度时，最大限度地减少修剪，可以防止过度饱和。

◆ 饱和度：用于调整所有颜色，而不考虑当前的饱和度。

利用"自然饱和度"命令可以调整整幅图像的饱和度。

下面向读者详细介绍使用"自然饱和度"命令调整图像饱和度的操作方法。

素材位置	素材 > 第 5 章 > 图像 11.jpg
效果位置	效果 > 第 5 章 > 图像 11.jpg
视频位置	视频 > 第 5 章 > 实战——通过"自然饱和度"命令调整图像饱和度 .mp4

Step 01 单击"文件"|"打开"命令，打开一幅素材图像，如图5-44所示。

图 5-44　打开素材图像

Step 02 单击"图像"|"调整"|"自然饱和度"命令，弹出"自然饱和度"对话框，设置"自然饱和度"为100，"饱和度"为60，如图5-45所示。

图 5-45　设置参数

Step 03 单击"确定"按钮，即可调整图像的饱和度，效果如图5-46所示。

图 5-46　最终效果

5.3.2　实战——通过"色相/饱和度"命令调整图像色相 重点

单击"图像"|"调整"|"色相/饱和度"命令，弹出"色相/饱和度"对话框，如图5-47所示。

图 5-47 "色相 / 饱和度"对话框

"色相/饱和度"对话框中各选项的含义如下。

◆ 预设："预设"下拉列表框中提供了8种色相/饱和度预设。

◆ 通道：在"通道"下拉列表框中可以选择全图、红色、黄色、绿色、青色、蓝色和洋红通道进行调整。

◆ 色相：色相是各类颜色的相貌称谓，该参数用于改变图像的颜色。可以通过在该数值框中输入数值或拖动滑块来调整。

◆ 饱和度：饱和度是指色彩的鲜艳程度，也称为色彩的纯度。设置的数值越大，色彩越鲜艳；数值越小，就越接近黑白图像。

◆ 明度：明度是指图像的明暗程度，设置的数值越大，图像就越亮；数值越小，图像就越暗。

◆ 着色：选中该复选框后，如果前景色是黑色或白色，图像会转换为红色；如果前景色不是黑色或白色，则图像会转换为当前前景色的色相。变为单色图像后，可以拖动"色相"滑块修改颜色，或者拖动下面的两个滑块来调整饱和度和明度。

◆ 在图像上单击并拖动可修改饱和度：使用该工具在图像上单击设置取样点后，向右拖曳鼠标可以增加图像的饱和度，向左拖曳鼠标可以降低图像的饱和度。

"色相/饱和度"命令可以精确地调整整幅图像的颜色或单个颜色成分的色相、饱和度和明度。"色相/饱和度"命令也可以用于CMYK颜色模式的图像，有利于调整图像颜色值，使其处于输出设备的范围中。

下面向读者详细介绍使用"色相/饱和度"命令调整图像色相的操作方法。

素材位置	素材 > 第 5 章 > 图像 12.jpg
效果位置	效果 > 第 5 章 > 图像 12.jpg
视频位置	视频 > 第 5 章 > 实战——通过"色相-饱和度"命令调整图像色相 .mp4

Step 01 单击"文件"|"打开"命令，打开一幅素材图像，如图5-48所示。

图 5-48 打开素材图像

Step 02 单击"图像"|"调整"|"色相/饱和度"命令，弹出"色相/饱和度"对话框，设置"色相"为-39，"饱和度"为20，如图5-49所示。

图 5-49 设置参数

专家指点

除了单击"色相 / 饱和度"命令外，还可以按【Ctrl+U】组合键，调出"色相 / 饱和度"对话框，并调整图像色相。

Step 03 单击"确定"按钮，即可调整图像色相，效果如图5-50所示。

图 5-50 最终效果

5.3.3 实战——通过"色彩平衡"命令调整图像偏色

单击"图像"|"调整"|"色彩平衡"命令，弹出"色彩平衡"对话框，如图5-51所示。

图 5-51 "色彩平衡"对话框

"色彩平衡"对话框中各选项含义如下。

◆ 色彩平衡：分别显示了"青色—红色""洋红—绿色""黄色—蓝色"这3对互补的颜色，每一对颜色中间的滑块用于控制相应色彩的增减。

◆ 色调平衡：分别选中该区域中的3个单选按钮，可以调整图像阴影、中间调和高光区域的色彩。

◆ 保持明度：选中该复选框，图像像素的亮度值不变，只有颜色值发生变化。

"色彩平衡"命令主要通过对高光、中间调及阴影区域中的指定颜色进行增加或减少，来改变图像的整体色调。

下面向读者详细介绍使用"色彩平衡"命令调整图像偏色的操作方法。

素材位置	素材 > 第 5 章 > 图像 13.jpg
效果位置	效果 > 第 5 章 > 图像 13.jpg
视频位置	视频 > 第 5 章 > 实战——通过"色彩平衡"命令调整图像偏色 .mp4

Step 01 单击"文件"|"打开"命令，打开一幅素材图像，如图5-52所示。

图 5-52 打开素材图像

Step 02 单击"图像"|"调整"|"色彩平衡"命令，弹出"色彩平衡"对话框，设置"色阶"为0、100、20，如图5-53所示。

图 5-53 设置相应参数

Step 03 单击"确定"按钮，即可调整图像偏色，效果如图5-54所示。

图 5-54 调整图像偏色

5.3.4 实战——通过"匹配颜色"命令匹配图像色调

单击"图像"|"调整"|"匹配颜色"命令，弹出"匹配颜色"对话框，如图5-55所示。

图 5-55 "匹配颜色"对话框

"匹配颜色"对话框中各选项含义如下。

◆ 目标图像："目标图像"选项区中显示了被修改的图像的名称和颜色模式。如果当前图像中包含选区，则选中"应用调整时忽略选区"复选框，可以忽略选区，将调整应用于整幅图像；如果取消选中该复选框，则仅影响选中的图像区域。

◆ 图像选项："明亮度"调整图像的亮度；"颜色强度"调整色彩的饱和度；"渐隐"控制应用于图像的调整量，该值越大，调整强度越弱。选中"中和"复选框，可以消除图像中出现的色偏。

◆ 图像统计：如果在源图像中创建了选区，选中"使用源选区计算颜色"复选框，可以使用选区中的图像匹配当前图像的颜色；取消选中该复选框，则会使用整幅图像进行匹配。如果在目标图像中创建了选区，选中"使用目标选区计算调整"复选框，可以使用选区内的图像来计算调整；取消选中该复选框，则使用整幅图像中的颜色来计算调整。

◆ 源：可以选择要将颜色与目标图像中的颜色相匹配的源图像。

◆ 图层：用来选择要匹配颜色的图层。

◆ 载入统计数据/存储统计数据：单击"载入统计数据"按钮，可以载入已存储的设置；单击"存储统计数据"按钮，可以将当前的设置保存。

"匹配颜色"命令可以用于匹配一幅或多幅图像中的多个图层或多个选区之间的颜色，可以调整图像的明度、饱和度及颜色平衡。使用"匹配颜色"命令，可以通过更改亮度、色彩范围及中间色调来统一图像色调。下面向读者详细介绍使用"匹配颜色"命令匹配图像色调的操作方法。

素材位置	素材 > 第 5 章 > 图像 14.jpg、图像 15.jpg
效果位置	效果 > 第 5 章 > 图像 15.jpg
视频位置	视频 > 第 5 章 > 实战——通过"匹配颜色"命令匹配图像色调 .mp4

Step 01 单击"文件"|"打开"命令，打开两幅素材图像，如图5-56所示。

Step 02 确定"图像15"编辑窗口为当前窗口，单击"图像"|"调整"|"匹配颜色"命令，弹出"匹配颜色"对话框，在"图像选项"选项区中设置"明亮度"为150，"颜色强度"为80，"渐隐"为30，在"源"下拉列表框中选择"图像

14.jpg"选项，如图5-57所示。

图 5-56 打开素材图像

图 5-57 设置相应参数

专家指点

"匹配颜色"命令可以使原图像与目标图像的亮度、色相和饱和度统一，不过该命令只在 RGB 模式下才可用。

Step 03 单击"确定"按钮，即可匹配图像色调，效果如图5-58所示。

图 5-58　最终效果

5.3.5　实战——通过"替换颜色"命令替换图像颜色

单击"图像"|"调整"|"替换颜色"命令，弹出"替换颜色"对话框，如图5-59所示。

图 5-59 "替换颜色"对话框

"替换颜色"对话框中各选项含义如下。

◆ 本地化颜色簇：该功能主要用来在图像上选择多种颜色。

◆ 吸管：单击"吸管工具"按钮后，在图像上单击可以选中单击处的颜色，同时在"选区"缩略图中也会显示出选中的颜色区域；单击"添加到取样"按钮后，在图像上单击，可以将单击处的颜色添加到选中的颜色中；单击"从取样中减去"按钮，在图像上单击，可以将单击处的颜色从选定的颜色中减去。

◆ 颜色容差：该选项用来控制选中颜色的范围，数值越大，选中的颜色范围就越大。

◆ 选区/图像：选中"选区"单选按钮，可以以蒙版方式进行显示，其中白色表示选中的颜色，黑色表示未选中的颜色，灰色表示只选中了部分颜色；选中"图像"单选按钮，则只显示图像。

◆ 色相/饱和度/明度：这3个选项与"色相/饱和度"命令的3个选项相同，可以调整选定颜色的色相、饱和度和明度。

"替换颜色"命令能够基于特定颜色在图像中创建蒙版来调整色相、饱和度和明度值，能够将整幅图像或选定区域的颜色用指定的颜色替换。

下面向读者详细介绍使用"替换颜色"命令替换图像颜色的操作方法。

素材位置	素材 > 第 5 章 > 图像 16.jpg
效果位置	效果 > 第 5 章 > 图像 16.jpg
视频位置	视频 > 第 5 章 > 实战——通过"替换颜色"命令替换图像颜色 .mp4

Step 01 单击"文件"|"打开"命令，打开一幅素材图像，如图5-60所示。

图 5-60　打开素材图像

Step 02 单击"图像"|"调整"|"替换颜色"命令，弹出"替换颜色"对话框，单击"吸管工具"按钮，在预览区中的适当位置单击，单击"添加到取样"按钮，在蝴蝶图案上多次单击，选中蝴蝶图案，如图5-61所示。

图 5-61 选中蝴蝶图案

Step 03 单击"结果"色块，弹出"拾色器（结果颜色）"对话框，设置RGB参数值为213、8、247，如图5-62所示。

图 5-62 设置 RGB 参数

Step 04 单击"确定"按钮，返回"替换颜色"对话框，如图5-63所示。

图 5-63 返回"替换颜色"对话框

Step 05 单击"确定"按钮，即可替换图像颜色，效果如图5-64所示。

图 5-64 最终效果

5.3.6 通过"阴影/高光"命令调整图像明暗

使用"阴影/高光"命令能快速调整图像曝光过度或曝光不足区域的对比度，在调整时能保持照片色彩的整体平衡。

在Photoshop CC 2017中，单击"图像"|"调整"|"阴影/高光"命令，弹出"阴影/高光"对话框，选中"显示更多选项"复选框，即可展开"阴影/高光"对话框，设置相应选项，如图5-65所示。

图 5-65 设置相应选项

> "阴影/高光"对话框中主要选项含义如下。
>
> ◆ 数量：用于调整图像阴影或高光区域，该值越大，则调整的幅度也越大。

◆ 色调：用于控制对图像的阴影或高光部分的修改范围，该值越大，调整的范围也越大。

◆ 半径：用于确定图像中哪些区域是阴影区域，哪些区域是高光区域，然后对已确定的区域进行调整。

单击"确定"按钮，即可调整图像明暗，效果对比如图5-66所示。

图 5-66　效果对比

5.3.7　通过"可选颜色"命令校正图像颜色平衡

单击"图像"|"调整"|"可选颜色"命令，弹出"可选颜色"对话框，如图5-67所示。

图 5-67 "可选颜色"对话框

"可选颜色"对话框中各选项含义如下。

◆ 预设：可以使用系统预设的参数对图像进行调整。

◆ 颜色：可以选择要改变的颜色，然后通过下方的"青色""洋红""黄色""黑色"滑块对选择的颜色进行调整。

◆ 方法：该选项区中包括"相对"和"绝对"两个单选按钮。选中"相对"单选按钮，表示设

置的颜色为相对于原颜色的改变量，即在原颜色的基础上增加或减少某种印刷色的含量；选中"绝对"单选按钮，则直接将原颜色校正为设置的颜色。

"可选颜色"命令主要校正图像的色彩不平衡问题，它可以在高档扫描仪和分色程序中使用，并选择性地修改某些颜色的印刷数量，不会影响到其他颜色。

在"可选颜色"对话框中，单击"颜色"下拉按钮，在弹出的下拉列表中选择"红色"选项，选中"相对"单选按钮，如图5-68所示；单击"颜色"下拉按钮，在弹出的下拉列表中选择"黄色"选项，在"颜色"选项区中设置相应选项，如图5-69所示。

图 5-68 设置"红色"选项　图 5-69 设置"黄色"选项

单击"确定"按钮，即可校正图像颜色平衡，效果对比如图5-70所示。

图 5-70　效果对比

5.4　色彩和色调的特殊调整

使用Photoshop可以非常轻松地为图像制作黑白、底片、渐变等具有艺术特色的色彩效果。

5.4.1　实战——通过"黑白"命令制作单色图像

使用"黑白"命令可以将图像调整为具有艺术

感的黑白效果图像，也可以调整出不同单色的艺术效果。

素材位置	素材＞第5章＞图像17.jpg
效果位置	效果＞第5章＞图像17.jpg
视频位置	视频＞第5章＞实战——通过"黑白"命令制作单色图像.mp4

Step 01 单击"文件"|"打开"命令，打开一幅素材图像，如图5-71所示。

图 5-71 打开素材图像

Step 02 选择"图像"|"调整"|"黑白"命令，弹出"黑白"对话框，设置各参数值为100%、75%、66%、60%、64%、80%，如图5-72所示。

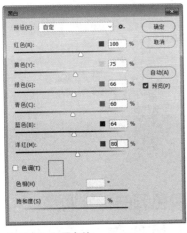

图 5-72 设置参数

Step 03 单击"确定"按钮，即可制作单色图像，如图5-73所示。

图 5-73 制作单色图像

5.4.2 实战——通过"反相"命令制作照片底片效果

"反相"命令用于制作类似照片底片的效果，也就是将颜色变成其补色，或者从扫描的黑白阴片中得到一个阳片。

素材位置	素材＞第5章＞图像18.jpg
效果位置	效果＞第5章＞图像18.jpg
视频位置	视频＞第5章＞实战——通过"反相"命令制作照片底片效果.mp4

Step 01 单击"文件"|"打开"命令，打开一幅素材图像，如图5-74所示。

图 5-74 打开素材图像

专家指点

按【Ctrl+I】组合键，可以快速对图像进行反相处理，将图像反相时，通道中每个像素的亮度值都会被转换为256级颜色刻度上相反的值。

Step 02 单击"图像"|"调整"|"反相"命令，即可制作照片底片效果，如图5-75所示。

图 5-75　制作照片底片效果

5.4.3　实战——通过"去色"命令制作灰度图像

使用"去色"命令可以将彩色图像转换为灰度图像，同时图像的颜色模式保持不变。

素材位置	素材 > 第 5 章 > 图像 19.jpg
效果位置	效果 > 第 5 章 > 图像 19.jpg
视频位置	视频 > 第 5 章 > 实战——通过"去色"命令制作灰度图像 .mp4

Step 01 单击"文件"|"打开"命令，打开一幅素材图像，如图5-76所示。

图 5-76　打开素材图像

Step 02 单击"图像"|"调整"|"去色"命令，即可将图像去色成灰色显示，效果如图5-77所示。

图 5-77　灰度图像效果

5.4.4　实战——通过"阈值"命令制作黑白图像

使用"阈值"命令可以将灰度或彩色图像转换为高对比度的黑白图像。指定某个色阶作为阈值，所有比阈值色阶亮的像素转换为白色，反之则转换为黑色。

素材位置	素材 > 第 5 章 > 图像 20.jpg
效果位置	效果 > 第 5 章 > 图像 20.jpg
视频位置	视频 > 第 5 章 > 实战——通过"阈值"命令制作黑白图像 .mp4

Step 01 单击"文件"|"打开"命令，打开一幅素材图像，如图5-78所示。

图 5-78　打开素材图像

Step 02 单击"图像"|"调整"|"阈值"命令，弹出"阈值"对话框，设置"阈值色阶"为110，如图5-79所示。

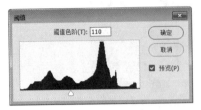

图 5-79 设置参数

Step 03 单击"确定"按钮，即可制作黑白图像，如图5-80所示。

图 5-80 制作黑白图像

5.4.5 实战——使用"HDR色调"命令调整图像色调 _{进阶}

HDR（High Dynamic Range），即高动态范围，动态范围是指信号最高和最低值的对比值。"HDR色调"命令能使亮的地方非常亮，暗的地方非常暗，亮部、暗部的细节都很明显。

素材位置	素材 > 第 5 章 > 图像 21.jpg
效果位置	效果 > 第 5 章 > 图像 21.jpg
视频位置	视频 > 第 5 章 > 实战——使用"HDR色调"命令调整图像色调 .mp4

Step 01 单击"文件"|"打开"命令，打开一幅素材图像，如图5-81所示。

图 5-81 打开素材图像

Step 02 单击"图像"|"调整"|"HDR色调"命令，弹出"HDR色调"对话框，设置"半径"为36像素，"强度"为0.52，如图5-82所示。

图 5-82 设置参数

在"HDR色调"对话框中，主要选项含义如下。

◆ 预设：用于选择Photoshop的预设HDR色调调整选项。

◆ 方法：用于选择HDR色调应用图像的方法，可以对"边缘光""色调和细节""高级"等选项进行精确的细节调整。单击"色调曲线和直方图"展开按钮，可以在下方调整"色调曲线和直方图"选项。

Step 03 单击"确定"按钮，即可调整图像色调，效果如图5-83所示。

图 5-83 调整图像色调

5.4.6 通过"色调均化"命令均化图像亮度值

使用"色调均化"命令可以重新分布像素的亮度值，将最亮的值调整为白色，最暗的值调整为黑色，中间的值分布在整个灰度范围中，使它们更均匀地呈现所有范围的亮度级别。

在Photoshop CC 2017中，单击"图像"|"调整"|"色调均化"命令，即可均化图像亮度值，效果对比如图5-84所示。

图 5-84 效果对比

5.4.7 通过"渐变映射"命令制作彩色渐变效果

"渐变映射"命令的主要功能是将图像灰度范围映射到指定的渐变填充色。

在Photoshop CC 2017中，单击"图像"|"调整"|"渐变映射"命令，弹出"渐变映射"对话框，单击"灰度映射所用的渐变"选项区中的下拉按钮，展开渐变面板，选择相应的渐变色块，如图5-85所示。

图 5-85 选择渐变色块

单击"确定"按钮，即可制作不一样的彩色渐变效果，效果对比如图5-86所示。

图 5-86 效果对比

5.5 习题

习题1 转换图像为CMYK模式

素材位置	素材 > 第 5 章 > 课后习题 > 图像 1.jpg
效果位置	效果 > 第 5 章 > 课后习题 > 图像 1.psd
视频位置	视频 > 第 5 章 > 习题 1：转换图像为 CMYK 模式 .mp4

本习题练习通过"CMYK颜色"命令转换图像模式，素材如图5-87所示，最终效果如图5-88所示。

图 5-87 素材图像

图 5-88 最终效果

习题2 预览RGB颜色模式里的CMYK颜色

素材位置	素材 > 第 5 章 > 课后习题 > 图像 2.jpg
效果位置	效果 > 第 5 章 > 课后习题 > 图像 2.jpg
视频位置	视频 > 第 5 章 > 习题 2：预览 RGB 颜色模式里的 CMYK 颜色 .mp4

本习题练习运用"校样颜色"命令，可以在图像未转换为CMYK颜色模式时就能看到转换后的效果，素材如图5-89所示，最终效果如图5-90所示。

图 5-89 素材图像

图 5-90 最终效果

习题3 识别图像色域外的颜色

素材位置	素材 > 第 5 章 > 课后习题 > 图像 3.jpg
效果位置	效果 > 第 5 章 > 课后习题 > 图像 3.jpg
视频位置	视频 > 第 5 章 > 习题 3：识别图像色域外的颜色 .mp4

本习题练习使用"色域警告"命令显示图像溢色，素材如图5-91所示，最终效果如图5-92所示。

图 5-91 素材图像

本习题练习运用"通道混合器"命令用当前颜色通道的混合器修改颜色通道，素材如图5-93所示，最终效果如图5-94所示。

图 5-93 素材图像

图 5-92 最终效果

习题4 **使用"通道混合器"命令调整图像色彩**

素材位置	素材＞第5章＞课后习题＞图像4.jpg
效果位置	效果＞第5章＞课后习题＞图像4.jpg
视频位置	视频＞第5章＞习题4：使用"通道混合器"命令调整图像色彩.mp4

图 5-94 最终效果

第 **06** 章

修复与美化图像

Photoshop CC 2017修饰图像的功能是不可小觑的，它提供了多种修复图像的工具，正确、合理地使用各种修复工具修饰图像，才能制作出完美的图像效果。本章主要向读者介绍设置画笔属性、复制图像、修复图像、修补图像及恢复图像的操作方法。

课堂学习目标

- 掌握使用与管理绘图工具的方法
- 掌握清除图像的方法
- 掌握修复与修补图像的方法
- 掌握调色与修饰图像的方法

6.1 使用与管理绘图工具

在Photoshop CC 2017中，最常用的绘图工具有画笔工具 ✐、铅笔工具 ✐ 和混合画笔工具 ✐，使用它们可以像使用传统手绘的画笔一样，但比传统手绘更为灵活的是可以随意更换画笔大小和绘图前景色。

6.1.1 画笔工具 `重点`

画笔工具是绘制图形时使用最多的工具之一，利用画笔工具可以绘制边缘柔和的线条，且画笔的大小、边缘柔和的程度都可以灵活调节。

选择工具箱中的画笔工具 ✐，在图6-1所示的画笔工具属性栏中设置相关参数，即可进行绘图操作。

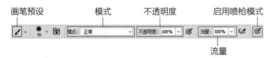

图 6-1 画笔工具属性栏

下面对画笔工具属性栏中各组成部分进行简单介绍。

- ◆ 点按可打开"画笔预设"选取器：单击该按钮，打开画笔下拉面板，在面板中可以选择笔尖，设置画笔的大小和硬度。

- ◆ 模式：在该下拉列表框中可以选择画笔颜色与下面像素的混合模式。

- ◆ 不透明度：用来设置画笔的不透明度，该值越小，线条的透明度越高。

- ◆ 流量：用来设置鼠标指针移动到某个区域上方时应用颜色的速率。在某个区域涂抹时，如果一直按住鼠标左键，颜色将根据流量增加，直至达到不透明度设置。

- ◆ 启用喷枪模式：单击该按钮，可以启用喷枪功能，Photoshop会根据鼠标左键的按下时间确定画笔线条的填充数量。

6.1.2 "画笔"面板 `重点`

单击"窗口"|"画笔"命令或按【F5】键，可以弹出"画笔"面板，如图6-2所示。

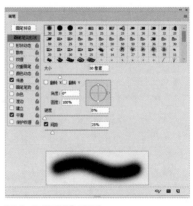

图 6-2 "画笔"面板

下面对"画笔"面板各组成部分进行简单介绍。

◆ 画笔预设：单击该按钮，可以打开"画笔预设"面板。

◆ 画笔设置：改变画笔的角度、圆度，以及为其添加纹理、颜色动态等效果。

◆ 画笔笔尖形状列表：显示了Photoshop提供的预设画笔笔尖。

◆ 锁定/未锁定：锁定或解锁画笔笔尖形状。

◆ 画笔描边预览：可以预览选择的画笔笔尖形状。

◆ 切换硬毛刷画笔预设：使用毛刷笔尖时，显示笔尖样式。

◆ 打开预设管理器：可以打开"预设管理器"对话框。

◆ 创建新画笔：对预设画笔进行调整，单击该按钮，可以将其保存为一个新的预设画笔。

6.1.3 管理画笔

在Photoshop CC 2017中，画笔工具的设置与管理主要是用"画笔"面板来实现的，用户熟练掌握画笔的操作，将对设计大有好处。下面主要向读者详细介绍重置、保存、删除、载入画笔的操作方法。

1. 复位画笔

在Photoshop中，"复位画笔"选项可以清除用户当前定义的所有画笔类型，并恢复到系统默认设置。

选取工具箱中的画笔工具，在工具属性栏中单击"点按可打开'画笔预设'选取器"按钮，弹出"画笔预设"面板，单击右上角的设置按钮 ✿.，在弹出的下拉菜单中选择"复位画笔"选项，如图6-3所示。

执行操作后，将弹出信息提示框，如图6-4所示，单击"确定"按钮，将再次弹出信息提示框，单击"否"按钮，即可重置画笔。

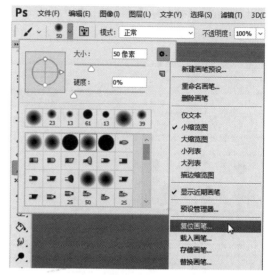

图6-3 选择"复位画笔"选项

图6-4 信息提示框

"画笔预设"面板中的选项的含义如下。

◆ 大小：拖动滑块或者在文本框中输入数值可以调整画笔的大小。

◆ 硬度：用来设置画笔笔尖的硬度。

◆ 从此画笔创建新的预设：单击该按钮，可以弹出"画笔名称"对话框，输入画笔的名称后，单击"确定"按钮，可以将当前画笔保存为一个预设的画笔。

◆ 笔尖形状：Photoshop CC 2017提供了3种类型的笔尖，即圆形笔尖、毛刷笔尖及图像样本笔尖。

2. 保存画笔

保存画笔可以存储当前用户使用的画笔属性及参数，并以文件的方式保存在指定的文件夹中，以便用户重复使用。

选取工具箱中的画笔工具，在工具属性栏中单击"点按可打开'画笔预设'选取器"按钮，弹出"画笔预设"面板，单击右上角的设置按钮 ✿.，在弹出的下拉菜单中选择"存储画笔"选项，如图6-5所示。

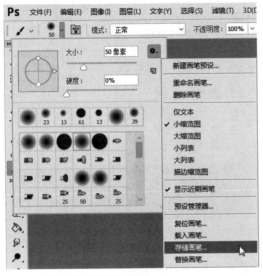

图6-5 选择"存储画笔"选项

执行操作后，弹出"另存为"对话框，如图6-6所示。设置保存路径和文件名，单击"保存"按钮，即可保存画笔。

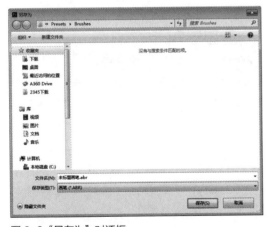

图6-6 "另存为"对话框

3. 删除画笔

用户可以根据需要对画笔进行删除操作。选取工具箱中的画笔工具，在工具属性栏中单击"点按可打开'画笔预设'选取器"按钮，在其中选择一种画笔，单击鼠标右键，在弹出的快捷菜单中选择

"删除画笔"选项，如图6-7所示。

执行操作后，弹出信息提示框，如图6-8所示，单击"确定"按钮，即可删除画笔。

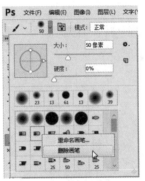 

图6-7 选择"删除画笔"选项　图6-8 信息提示框

4. 载入画笔

如果"画笔预设"面板中没有需要的画笔，就需要进行画笔载入操作。

选取工具箱中的画笔工具，在工具属性栏中单击"点按可打开'画笔预设'选取器"按钮，弹出"画笔预设"面板，单击右上角的设置按钮，在弹出的下拉菜单中选择"载入画笔"选项，如图6-9所示，弹出"载入"对话框，选择合适的画笔文件，单击"载入"按钮，即可载入画笔。

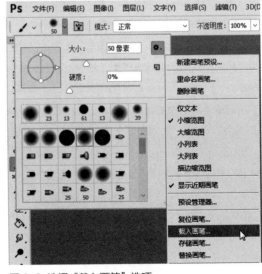

图6-9 选择"载入画笔"选项

6.1.4 铅笔工具

铅笔工具 ✏ 也是使用前景色来绘制线条的，它与画笔工具的区别是：画笔工具可以绘制带有柔边效果的线条，而铅笔工具只能绘制硬边线条。图6-10所示为铅笔工具属性栏，除"自动抹除"功能外，其他选项均与画笔工具相同。

图 6-10 铅笔工具属性栏

自动抹除：开始拖曳鼠标时，如果鼠标指针的中心在包含前景色的区域上，可以将该区域涂抹成背景色；如果鼠标指针的中心在不包含前景色的区域上，则可以将该区域涂抹成前景色。

6.2 修复与修补图像

使用各种修饰工具可以处理图像中的污点或瑕疵，使图像更加美观。下面主要向读者介绍使用污点修复画笔工具、修复画笔工具、修补工具及红眼工具修复图像的操作方法。

6.2.1 实战——使用污点修复画笔工具　【重点】

污点修复画笔工具可以自动进行像素的取样。选取工具箱中的污点修复画笔工具，工具属性栏如图6-11所示。

图 6-11 污点修复画笔工具属性栏

污点修复画笔工具属性栏中主要选项的含义如下。

◆ 模式：在该下拉列表框中可以设置修复图像与目标图像之间的混合方式。

◆ 内容识别：选中该按钮，在修复图像时将根据当前图像的内容识别像素并自动填充。

◆ 创建纹理：选中该按钮，在修复图像时将根据当前像素周围的纹理自动创建一个相似的纹理，从而在修复瑕疵的同时保证不改变原图像的纹理。

◆ 近似匹配：选中该按钮，在修复图像时将根据当前像素周围的像素来修复瑕疵。

使用污点画笔工具时只需在图像中有杂色或污点的地方单击或按住鼠标左键拖曳进行涂抹，即可修复图像。

> **专家指点**
>
> 污点修复画笔工具能够自动分析鼠标单击处及周围图像的不透明度、颜色与质感，从而进行采样与修复操作。

下面为读者详细介绍使用污点修复画笔工具修复图像的操作方法。

素材位置	素材 > 第 6 章 > 图像 1.jpg
效果位置	效果 > 第 6 章 > 图像 1.jpg
视频位置	视频 > 第 6 章 > 实战——使用污点修复画笔工具 .mp4

Step 01 单击"文件"|"打开"命令，打开一幅素材图像，如图6-12所示。

图 6-12 打开素材图像

Step 02 选取工具箱中的污点修复画笔工具，如图6-13所示。

图 6-13 选取污点修复画笔工具

Step 03 移动鼠标指针至图像中的合适位置，按住鼠标左键并拖曳，对图像进行涂抹，涂抹过的区域呈半透明的黑色，如图6-14所示。

图 6-14 涂抹图像

Step 04 释放鼠标左键，即可修复图像，效果如图 6-15所示。

图 6-15 最终效果

6.2.2 实战——使用修复画笔工具修复图像 重点

在修饰小部分图像时会经常用到修复画笔工具。选取工具箱中的修复画笔工具，工具属性栏如图6-16所示。

图 6-16 修复画笔工具属性栏

修复画笔工具属性栏中主要选项的含义如下。

◆ 模式：在该下拉列表框中可以设置修复图像的混合模式。

◆ 源：设置用于修复像素的源。选中"取样"按钮，可以从图像的像素上取样；选中"图案"按钮，则可以在图案列表中选择一个图案作为样本，效果类似于使用图案图章工具绘制图案。

◆ 对齐：选中该复选框，可以对像素进行连续取样，在修复过程中，取样点随修复位置的移动而变化；取消选中该复选框，则在修复过程中始终以一个取样点为起始点。

◆ 样本：用来设置从哪些图层中进行数据取样。如果要从当前图层及其下方的可见图层中取样，可以选择"当前和下方图层"选项；如果仅从当前图层中取样，可以选择"当前图层"选项；如果要从所有可见图层中的取样，可以选择"所有图层"选项。

在使用"修复画笔工具"时，应先对图像进行取样，然后将取样的图像填充到要修复的目标区域，使修复的区域和周围的图像相融合，还可以将所选择的图案应用到要修复的图像区域中。

下面为读者详细介绍使用修复画笔工具修复图像的操作方法。

素材位置	素材 > 第 6 章 > 图像 2.jpg
效果位置	效果 > 第 6 章 > 图像 2.jpg
视频位置	视频 > 第 6 章 > 实战——使用修复画笔工具修复图像 .mp4

Step 01 单击"文件"|"打开"命令，打开一幅素材图像，如图6-17所示。

图 6-17 打开素材图像

Step 02 选取工具箱中的修复画笔工具，如图6-18所示。

图 6-18　选取修复画笔工具

Step 03 将鼠标指针移至图像中人物的小腿上（要修复的区域附近），按住【Alt】键的同时单击进行取样，如图6-19所示。

图 6-19　进行取样

Step 04 释放鼠标左键，将鼠标指针移至小腿瑕疵处，按住鼠标左键并拖曳，反复操作，即可修复图像，效果如图6-20所示。

图 6-20　最终效果

6.2.3　实战——使用修补工具修补图像　重点

修补工具可以用其他区域或图案中的像素来修复选区内的图像。选取工具箱中的修补工具，工具属性栏如图6-21所示。

图 6-21　修补工具属性栏

修补工具属性栏中主要选项的含义如下。

◆ 选区运算按钮：可以对选区进行添加等操作。

◆ 修补：用来设置修补方式，选中"源"按钮，在图像中选择要修补的区域，然后将选区拖曳至要使用的区域，会用当前选区中的图像修补原区域；选中"目标"按钮，会将选中的图像复制到目标区域。

◆ 透明：选中该复选框被修补的区域会保留原来的纹理，与样本像素叠加。

◆ 使用图案：单击该按钮，可以应用图案对所选区域进行修复。

修补工具与修复画笔工具一样，能够将样本像素的纹理、光照和阴影与原像素进行匹配。下面为读者详细介绍使用修补工具修补图像的操作方法。

素材位置	素材 > 第 6 章 > 图像 3.jpg
效果位置	效果 > 第 6 章 > 图像 3.jpg
视频位置	视频 > 第 6 章 > 实战——使用修补工具修补图像 .mp4

Step 01 单击"文件"|"打开"命令，打开一幅素材图像，如图6-22所示。

图 6-22　打开素材图像

Step 02 选取工具箱中的修补工具，如图6-23所示。

图 6-23　选取修补工具

Step 03 移动鼠标指针至图像编辑窗口中，在需要修补的位置按住鼠标左键并拖曳，创建一个选区，如图6-24所示。

图6-24 创建选区

Step 04 拖曳选区至图像颜色相近的位置，如图6-25所示。

图6-25 拖曳选区

Step 05 释放鼠标左键，即可完成修补操作，单击"选择"|"取消选择"命令，取消选区，效果如图6-26所示。

图6-26 最终效果

6.2.4 实战——使用红眼工具去除红眼

红眼工具是一个专门用于修饰数码照片的工具。选取工具箱中的红眼工具，工具属性栏如图6-27所示。

图6-27 红眼工具属性栏

红眼工具属性栏中各选项的含义如下。

◆ 瞳孔大小：可以设置红眼图像的大小。

◆ 变暗量：可以设置去除红眼后瞳孔变暗的程度，数值越大，则去除红眼后的瞳孔越暗。

在Photoshop CC 2017中，红眼工具常用于去除人物或动物照片中的红眼。

下面为读者详细介绍使用红眼工具去除红眼的操作方法。

素材位置	素材 > 第6章 > 图像4.psd
效果位置	效果 > 第6章 > 图像4.jpg
视频位置	视频 > 第6章 > 实战——使用红眼工具去除红眼.mp4

Step 01 单击"文件"|"打开"命令，打开一幅素材图像，如图6-28所示。

图6-28 打开素材图像

Step 02 选取工具箱中的红眼工具，如图6-29所示。

图6-29 选取红眼工具

Step 03 移动鼠标指针至图像编辑窗口中，在猫咪的眼睛上单击，即可去除红眼，如图6-30所示。

图 6-30 去除红眼

Step 04 用同样的方法，在另外一只眼睛上单击进行修复，效果如图6-31所示。

图 6-31 最终效果

6.2.5 实战——使用颜色替换工具替换颜色

颜色替换工具位于绘图工具组，它能在保留图像原有材质纹理与明暗的基础上，用前景色替换图像中的颜色。选取颜色替换工具，工具属性栏如图6-32所示。

图 6-32 颜色替换工具属性栏

颜色替换工具属性栏中主要选项的含义如下。

◆ 模式：该下拉列表框中包括"色相""饱和度""颜色"和"亮度"4种模式。常用的模式为"颜色"模式，这也是默认模式。

◆ 取样：取样方式包括"连续" 、"一次" 和"背景色板" 。其中，"连续"是以鼠标指针当前位置的颜色为基准；"一次"是以始终以开始涂抹时的基准颜色为基准；"背景色板"则是以背景色为颜色基准进行替换。

◆ 限制：设置替换颜色的方式，以工具涂抹时第一次接触的颜色为基准色。"限制"包括3个选项，分别为"连续""不连续"和"查找边缘"。其中，"连续"是以涂抹过程中鼠标指针当前所在位置的颜色作为基准颜色来选择替换颜色的范围；"不连续"是指凡是鼠标指针移动到的地方都会被替换颜色；"查找边缘"是对色彩区域之间的边缘部分替换颜色。

◆ 消除锯齿：选中该复选框，可以为校正的区域定义平滑的边缘，从而消除锯齿。

下面为读者详细介绍使用颜色替换工具替换颜色的操作方法。

素材位置	素材 > 第 6 章 > 图像 5.jpg
效果位置	效果 > 第 6 章 > 图像 5.jpg
视频位置	视频 > 第 6 章 > 实战——使用颜色替换工具替换颜色 .mp4

Step 01 单击"文件"|"打开"命令，打开一幅素材图像，如图6-33所示。

图 6-33 打开素材图像

Step 02 单击前景色色块，弹出"拾色器（前景色）"对话框，设置RGB参数值为209、65、201，如图6-34所示。

图 6-34 设置参数

Step 03 单击"确定"按钮,选取颜色替换工具,设置画笔大小,如图6-35所示。

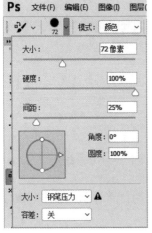

图 6-35 设置画笔大小

Step 04 在图像编辑窗口中按住鼠标左键并拖曳,涂抹图像,效果如图6-36所示。

图 6-36 最终效果

6.3 擦除图像

擦除图像的工具一共有3种,分别是橡皮擦工具、背景橡皮擦工具、魔术橡皮擦工具。橡皮擦工具和魔术橡皮擦工具可以将图像区域擦除为透明或用背景色填充;背景橡皮擦工具可以将图层擦除为透明的图层。本节主要向读者介绍使用各种擦除图像工具擦除图像的操作方法。

6.3.1 实战——使用橡皮擦工具擦除图像 进阶

橡皮擦工具可以擦除图像。选取工具箱中的橡皮擦工具,工具属性栏如图6-37所示。

图 6-37 橡皮擦工具属性栏

橡皮擦工具属性栏中主要选项的含义如下。

◆ 模式:在该下拉列表框中可选择橡皮擦模式,有"画笔""铅笔""块"3种。当选择不同的橡皮擦模式时,工具属性栏也不同,选择"画笔""铅笔"模式时,与画笔和铅笔工具的用法相似,只是绘画与擦除的区别;选择"块"模式,则会使用一个方形的橡皮擦。

◆ 不透明度:在数值框中输入数值或拖动滑块,可以设置橡皮擦的不透明度。

◆ 流量:用来控制工具的涂抹速度。

◆ 启用喷枪样式的建立效果:单击该按钮,将以喷枪工具的作图模式进行擦除。

◆ 抹到历史记录:选中此复选框后,将橡皮擦工具移动到图像上时则变成图案,可以将图像恢复到"历史记录"面板中任何一个状态或图像的任何一个"快照"。

使用橡皮擦工具处理"背景"图层或锁定了透明区域的图层时,涂抹区域则会显示为背景色;处理其他图层时,可以擦除涂抹区域的像素。

下面为读者详细介绍使用橡皮擦工具擦除图像的操作方法。

素材位置	素材 > 第 6 章 > 图像 6.jpg
效果位置	效果 > 第 6 章 > 图像 6.jpg
视频位置	视频 > 第 6 章 > 实战——使用橡皮擦工具擦除图像 .mp4

Step 01 单击"文件"|"打开"命令，打开一幅素材图像，如图6-38所示。

图 6-38 打开素材图像

Step 02 选取工具箱中的橡皮擦工具，设置背景色为白色（RGB参数值为255、255、255），如图6-39所示。

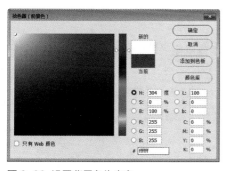

图 6-39 设置背景色为白色

Step 03 在橡皮擦工具属性栏中，设置"大小"为70像素，如图6-40所示。

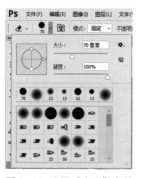

图 6-40 设置"大小"参数

Step 04 移动鼠标指针至图像编辑窗口中，按住鼠标左键拖曳，将文字擦除，被擦除的区域以白色填充，效果如图6-41所示。

图 6-41 最终效果

6.3.2 实战——使用背景橡皮擦工具擦除背景

背景橡皮擦工具主要用于擦除图像的背景区域。选取工具箱中的背景橡皮擦工具后，工具属性栏如图6-42所示。

图 6-42 背景橡皮擦工具属性栏

背景橡皮擦工具属性栏中主要选项的含义如下。

◆ 取样：主要用于设置清除颜色的方式，若选择"取样：连续"按钮，则在擦除图像时，会随着鼠标指针移动进行连续的颜色取样，并进行擦除，因此该按钮可以用于擦除连续区域中的不同颜色；若选择"取样：一次"按钮，则只擦除第一次单击取样的颜色区域；若选择"取样：背景色板"按钮，则会擦除包含背景颜色的图像区域。

◆ 限制：主要用于设置擦除颜色的限制方式，若选择"不连续"选项，则可以擦除图层中的任何一个位置的颜色；若选择"连续"选项，则可以擦除与取样点相互连接的颜色；若选择"查找边缘"选项，在擦除与取样点相连的颜色的同时，还可以较好地保留与擦除位置颜色反差较大的边缘轮廓。

◆ 容差：主要用于控制擦除颜色的范围，数值越大，擦除的颜色范围就越大，反之则越小。

◆ 保护前景色：选中该复选框，在擦除图像时可以保护与前景色相同的颜色区域。

下面为读者详细介绍使用背景橡皮擦工具擦除图像背景的操作方法。

素材位置	素材 > 第 6 章 > 图像 7.jpg
效果位置	效果 > 第 6 章 > 图像 7.psd
视频位置	视频 > 第 6 章 > 实战——使用背景橡皮擦工具擦除背景 .mp4

Step 01 单击"文件"|"打开"命令，打开一幅素材图像，如图6-43所示。

图 6-43 打开素材图像

Step 02 选取工具箱中的背景橡皮擦工具，如图6-44所示。

Step 03 在背景橡皮擦工具属性栏中，设置"大小"为360像素，"硬度"为100%，"间距"为1%，"圆度"为100%，"取样"为"一次"，如图6-45所示。

图 6-44 选取背景橡皮擦工具　图 6-45 设置相应参数

Step 04 在图像编辑窗口中，按住【Alt】键的同时在白色区域单击取样，然后涂抹图像，效果如图6-46所示。

图 6-46 最终效果

6.3.3 实战——使用魔术橡皮擦工具擦除图像

选取工具箱中的魔术橡皮擦工具后，工具属性栏如图6-47所示。

图 6-47 魔术橡皮擦工具属性栏

魔术橡皮擦工具属性栏中主要选项的含义如下。

◆ 容差：该数值越大，可擦除范围越广。

◆ 消除锯齿：选中该复选框可以使擦除后图像的边缘保持平滑。

◆ 连续：选中该复选框后，可以一次性擦除"容差"数值范围内的相同或相邻的颜色。

◆ 对所有图层取样：选中此复选框后，擦除操作对所有的图层都起作用，而不是只针对当前操作的图层。

使用魔术橡皮擦工具，可以自动擦除当前图层中与选区颜色相近的像素。

下面为读者详细介绍使用魔术橡皮擦工具擦除图像的操作方法。

素材位置	素材 > 第 6 章 > 图像 8.jpg
效果位置	效果 > 第 6 章 > 图像 8.psd
视频位置	视频 > 第 6 章 > 实战——使用魔术橡皮擦工具擦除图像 .mp4

Step 01 单击"文件"|"打开"命令，打开一幅素材图像，如图6-48所示。

图 6-48　打开素材图像

Step 02 选取工具箱中的魔术橡皮擦工具，如图6-49所示。

图 6-49　选取魔术橡皮擦工具

Step 03 在图像编辑窗口空白处单击，即可擦除图像，效果如图6-50所示。

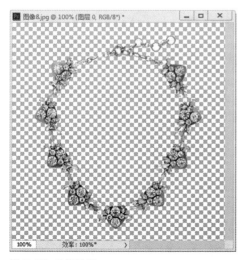

图 6-50　最终效果

6.4 调色与修饰图像

调色工具包括减淡工具、加深工具和海绵工具，其中减淡工具和加深工具是用于调节图像特定区域的传统工具，海绵工具用于更改图像的色彩饱和度。修饰图像是指通过设置画笔笔触参数，在图像上涂抹以修饰图像中的细节部分。修饰工具包括模糊工具、锐化工具及涂抹工具。

本节主要向读者介绍使用各种图像调色工具与修饰工具的操作方法。

6.4.1 实战——使用减淡工具加亮图像 进阶

在Photoshop CC 2017中，减淡工具常用于修饰人物照片与静物照片。下面为读者详细介绍使用减淡工具加亮图像的操作方法。

素材位置	素材 > 第 6 章 > 图像 9.jpg
效果位置	效果 > 第 6 章 > 图像 9.jpg
视频位置	视频 > 第 6 章 > 实战——使用减淡工具加亮图像 .mp4

Step 01 单击"文件"|"打开"命令，打开一幅素材图像，如图6-51所示。

图 6-51　打开素材图像

Step 02 选取工具箱中的减淡工具，在工具属性栏中设置"画笔"为"柔边圆"，"大小"为500像素，"范围"为"中间调"，"曝光度"为50%，选中"保护色调"复选框，在图像中涂抹，即可提高图像的亮度，效果如图6-52所示。

图 6-52 最终效果

6.4.2 实战——使用加深工具调暗图像

在Photoshop CC 2017中，加深工具与减淡工具恰恰相反，可以使图像中被涂抹的区域变暗，其属性栏及操作方法与减淡工具相同。下面为读者介绍使用加深工具调暗图像的操作方法。

素材位置	素材＞第 6 章＞图像 10.jpg
效果位置	效果＞第 6 章＞图像 10.psd
视频位置	视频＞第 6 章＞实战——使用加深工具调暗图像 .mp4

Step 01 单击"文件"|"打开"命令，打开一幅素材图像，如图6-53所示。

图 6-53 打开素材图像

Step 02 选取工具箱中的加深工具，在工具属性栏中设置"画笔"为"柔边圆"，"大小"为200像素，"范围"为"中间调"，"曝光度"为50%，选中"保护色调"复选框，在图像中涂抹即可调暗图像，效果如图6-54所示。

图 6-54 最终效果

6.4.3 实战——使用海绵工具调整图像

在Photoshop CC 2017中，使用海绵工具可以精确地调整选区图像的色彩饱和度。下面为读者介绍使用海绵工具调整图像的操作方法。

素材位置	素材＞第 6 章＞图像 11.jpg
效果位置	效果＞第 6 章＞图像 11.jpg
视频位置	视频＞第 6 章＞实战——使用海绵工具调整图像 .mp4

Step 01 单击"文件"|"打开"命令，打开一幅素材图像，如图6-55所示。

图 6-55 打开素材图像

Step 02 选取工具箱中的海绵工具，在工具属性栏中设置"画笔"为"柔边圆"，"大小"为200像素，"模式"为"去色"，"流量"为70%，选中"自然饱和度"复选框，在图像中涂抹即可调整图像，效果如图6-56所示。

图 6-56 最终效果

6.4.4 实战——使用模糊工具模糊图像

在Photoshop CC 2017中，使用模糊工具可以使僵硬的图像边界变得柔和，颜色的过渡变得平缓、自然，模糊过于锐利的图像。下面为读者介绍使用模糊工具模糊图像的操作方法。

素材位置	素材 > 第 6 章 > 图像 12.jpg
效果位置	效果 > 第 6 章 > 图像 12.jpg
视频位置	视频 > 第 6 章 > 实战——使用模糊工具模糊图像 .mp4

Step 01 单击"文件"|"打开"命令，打开一幅素材图像，如图6-57所示。

图 6-57 打开素材图像

Step 02 选取工具箱中的模糊工具，在工具属性栏中设置"画笔"为"柔边圆"，"大小"为200像素，

"模式"为"正常"，在图像中涂抹即可模糊图像，效果如图6-58所示。

图 6-58 最终效果

6.4.5 实战——使用锐化工具锐化 图像　　　　　　　　　　进阶

锐化工具用于锐化图像的部分像素，使图像更加清晰。使用锐化工具可以增加相邻像素的对比度，使柔和的边缘变得明显，使图像聚焦。下面为读者介绍使用锐化工具锐化图像的操作方法。

素材位置	素材 > 第 6 章 > 图像 13.jpg
效果位置	效果 > 第 6 章 > 图像 13.jpg
视频位置	视频 > 第 6 章 > 实战——使用锐化工具锐化图像 .mp4

Step 01 单击"文件"|"打开"命令，打开一幅素材图像，如图6-59所示。

图 6-59 打开素材图像

Step 02 选取工具箱中的锐化工具，在工具属性栏中设置"画笔"为"柔边圆"，"大小"为150像素，"模式"为"正常"，在图像中涂抹即可锐化图像，效果如图6-60所示。

图 6-60 最终效果

6.4.6 实战——使用涂抹工具混合图像颜色

在Photoshop CC 2017中，使用涂抹工具可以将鼠标指针经过处的颜色混合。下面为读者介绍使用涂抹工具混合图像颜色的操作方法。

素材位置	素材 > 第 6 章 > 图像 14.jpg
效果位置	效果 > 第 6 章 > 图像 14.jpg
视频位置	视频 > 第 6 章 > 实战——使用涂抹工具混合图像颜色 .mp4

Step 01 单击"文件"|"打开"命令，打开一幅素材图像，如图6-61所示。

图 6-61 打开素材图像

Step 02 选取工具箱中的涂抹工具，在工具属性栏中设置"画笔"为"柔边圆"，"大小"为50像素，"模式"为"正常"，在图像中涂抹即可混合图像颜色，效果如图6-62所示。

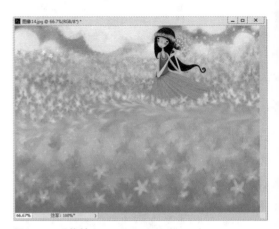

图 6-62 最终效果

6.4.7 实战——使用仿制图章工具复制图像 重点

在Photoshop CC 2017中，使用仿制图章工具可以对图像进行近似复制的操作。下面为读者详细介绍使用仿制图章工具复制图像的操作方法。

素材位置	素材 > 第 6 章 > 图像 15.jpg
效果位置	效果 > 第 6 章 > 图像 15.jpg
视频位置	视频 > 第 6 章 > 实战——使用仿制图章工具复制图像 .mp4

Step 01 单击"文件"|"打开"命令，打开一幅素材图像，如图6-63所示。

图 6-63 打开素材图像

Step 02 选取工具箱中的仿制图章工具，将鼠标指针移至图像中的适当位置，按住【Alt】键的同时单击进行取样，如图6-64所示。

图 6-64　进行取样

Step 03 将鼠标指针移至图像窗口右侧，按住鼠标左键并拖曳，即可对样本对象进行复制，效果如图6-65所示。

图 6-65　最终效果

6.4.8 实战——使用图案图章工具复制图像

图案图章工具与仿制图章工具的不同之处在于，图案图章工具只对当前图层起作用。下面为读者详细介绍使用图案图章工具复制像的操作方法。

素材位置	素材＞第 6 章＞图像 16.jpg、图像 17.psd
效果位置	效果＞第 6 章＞图像 17.jpg
视频位置	视频＞第 6 章＞实战——使用图案图章工具复制图像 .mp4

Step 01 单击"文件"|"打开"命令，打开两幅素材图像，如图6-66所示。

图 6-66　打开素材图像

Step 02 选择"图像17"编辑窗口为当前窗口，单击"编辑"|"定义图案"命令，弹出"图案名称"对话框，设置"名称"为"彩绘"，如图6-67所示。

图 6-67　设置"名称"选项

Step 03 单击"确定"按钮，即可定义图案。切换至"图像16"编辑窗口，选取工具箱中的图案图章工具，在工具属性栏中设置画笔"大小"为100，选择"图案"为"彩绘"，如图6-68所示。

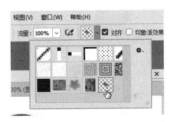

图 6-68　选择"图案"为"彩绘"

Step 04 移动鼠标指针至图像编辑窗口中的适当位置，按住鼠标左键并拖曳，即可使用图案图章工具复制图像，效果如图6-69所示。

图 6-69　最终效果

专家指点

使用图案图章工具时，要先自定义一个图案。用矩形选框工具选定图案中的一个范围后，单击"编辑"|"定义图案"命令，这时该命令呈灰色，即处于不可用状态，这种情况下无法定义图案。这可能是在创建选区时设置了"羽化"值，那么在选取矩形选框工具后，不要在工具属性栏中设置"羽化"值。

6.5 习题

习题1 使用污点修复画笔工具

素材位置	素材＞第6章＞课后习题＞图像1.jpg
效果位置	效果＞第6章＞课后习题＞图像1.jpg
视频位置	视频＞第6章＞习题1：使用污点修复画笔工具.mp4

本习题练习使用污点修复画笔工具，修复图像中有杂色或污渍的地方，素材如图6-70所示，最终效果如图6-71所示。

图6-70 素材图像

图6-71 最终效果

习题2 使用橡皮擦工具擦除图像

素材位置	素材＞第6章＞课后习题＞图像2.jpg
效果位置	效果＞第6章＞课后习题＞图像2.jpg
视频位置	视频＞第6章＞习题2：使用橡皮擦工具擦除图像.mp4

本习题练习使用橡皮擦工具擦除图像，素材如图6-72所示，最终效果如图6-73所示。

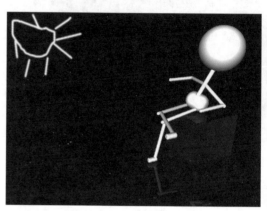

图6-72 素材图像

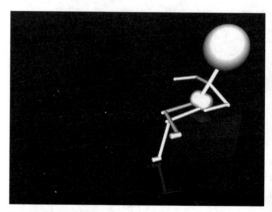

图6-73 最终效果

习题3 使用海绵工具调整图像

素材位置	素材＞第6章＞课后习题＞图像3.jpg
效果位置	效果＞第6章＞课后习题＞图像3.jpg
视频位置	视频＞第6章＞习题3：使用海绵工具调整图像.mp4

本习题练习使用海绵工具精确地更改图像色彩饱和度，素材如图6-74所示，最终效果如图6-75所示。

本习题练习运用涂抹工具使图像中的颜色混合，素材如图6-76所示，最终效果如图6-77所示。

图 6-74 素材图像

图 6-76 素材图像

图 6-75 最终效果

习题4 **使用涂抹工具混合图像颜色**

素材位置	素材 > 第 6 章 > 课后习题 > 图像 4.jpg
效果位置	效果 > 第 6 章 > 课后习题 > 图像 4.jpg
视频位置	视频 > 第 6 章 > 习题 4：使用涂抹工具混合图像颜色 .mp4

图 6-77 最终效果

第 **07** 章　创建与编辑路径形状

Photoshop CC 2017是一个以位图设计为主的软件，但它也具有较强的矢量绘图功能。软件提供了非常丰富的线条、形状绘制工具，如钢笔工具、矩形工具、圆角矩形工具及多边形工具等。本章主要向读者介绍利用这些工具绘制与编辑路径的基本操作。

课堂学习目标

- 认识路径
- 掌握创建线性路径的方法
- 掌握创建形状路径的方法
- 掌握编辑路径对象的方法

7.1 初识路径

在使用矢量工具创建路径时，必须了解什么是路径，以及路径由什么组成。本节主要向读者介绍路径的基本概念及"路径"控制面板。

7.1.1 路径的基本概念

路径是Photoshop CC 2017中的强大功能之一，它是基于贝塞尔曲线建立的矢量图形，所有使用矢量绘图软件或矢量绘图工具制作的线条，原则上都可以称为路径。路径是通过钢笔工具或形状工具创建出的直线和曲线，无论路径缩小或放大都不会影响其分辨率，并保持原样。图7-1所示为路径示例。

图 7-1 路径示例

7.1.2 "路径"面板

单击"窗口"|"路径"命令，打开"路径"面板，当创建路径后，"路径"面板中会自动生成一个新的工作路径，如图7-2所示。

图 7-2 "路径"面板

"路径"面板中各选项的含义如下。

- ◆ 工作路径：显示了当前文件中包含的路径、临时路径和矢量蒙版。
- ◆ 用前景色填充路径●：可以用前景色填充被路径包围的区域。
- ◆ 用画笔描边路径○：可以按当前选择的绘图工具和前景色沿路径进行描边。
- ◆ 将路径作为选区载入：：可以将创建的路径作为选区载入。
- ◆ 从选区生成工作路径◇：可以将当前创建的选区生成为工作路径。
- ◆ 添加蒙版▣：可以为当前路径创建一个蒙版。
- ◆ 创建新路径▣：可以创建一个新的路径层。
- ◆ 删除当前路径▥：可以删除当前选择的路径。

7.2 创建线性路径

Photoshop CC 2017提供了多种绘制路径的操作方法，可以使用钢笔工具、自由钢笔工具，以及将选区转换为路径等方法来绘制路径。本节介绍使用钢笔工具和自由钢笔工具绘制路径的操作方法。

7.2.1 实战——使用钢笔工具创建路径　重点

钢笔工具 ⊘. 是最常用的路径绘制工具，可以创建直线和平滑流畅的曲线。形状的轮廓称为路径，通过编辑路径的锚点，可以很方便地改变路径的形状。

选取工具箱中的钢笔工具后，工具属性栏如图7-3所示。

⊘ ~ ｜ 路径 ｜ 建立：｜ 选区… ｜ 蒙版 ｜ 形状 ｜ ⊡ ▣ ⊕ ⚙ ☑ 自动添加/删除 ｜ 对齐边缘

图7-3　钢笔工具属性栏

钢笔工具属性栏中主要选项的含义如下。

◆ 路径：该下拉列表框中包括"图形""路径""像素"3个选项。

◆ 建立：该选项区中包括"选区""蒙版""形状"3个按钮，单击相应的按钮可以创建选区、蒙版和图形。

◆ "路径操作"按钮 ⊡：单击该按钮，弹出的下拉菜单中有"新建图层""合并形状""减去顶层形状""与形状区域相交""排除重叠形状""合并形状组件"6种路径操作选项，可以选择相应的选项，对路径进行操作。

◆ "路径对齐方式"按钮 ▣：单击该按钮，弹出的下拉菜单中有"左边""水平居中""右边""顶边""垂直居中""底边""按宽度均匀分布""按高度均匀分布""对齐到选区""对齐到画布"10种路径对齐方式，可以选择相应的选项对齐路径。

◆ "路径排列方式"按钮 ⊕：单击该按钮，弹出的下拉菜单中有"将形状置为顶层""将形状前移一层""将形状后移一层""将形状置为底层"4种排列方式，可以选择相应的选项排列路径。

◆ 自动添加/删除：选中该复选框后，可以增加和删除锚点。

下面向读者详细介绍使用钢笔工具绘制直线路径、曲线路径的操作方法。

素材位置	素材 > 第 7 章 > 图像 1.jpg
效果位置	效果 > 第 7 章 > 图像 1.psd
视频位置	视 频 > 第 7 章 > 实战——使用钢笔工具创建路径 .mp4

Step 01 单击"文件"|"打开"命令，打开一幅素材图像，如图7-4所示。

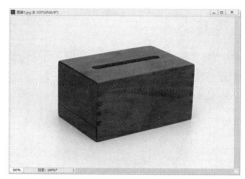

图7-4　打开素材图像

Step 02 选取工具箱中的钢笔工具 ⊘.，如图7-5所示。

Step 03 将鼠标指针移至图像编辑窗口中的合适位置，单击绘制路径的第1个点，如图7-6所示。

图7-5　选取钢笔工具

图7-6　绘制路径的第1个点

Step 04 将鼠标指针移至另一位置，按住鼠标左键并拖曳，至适当位置后释放鼠标，绘制路径的第2个点，如图7-7所示。

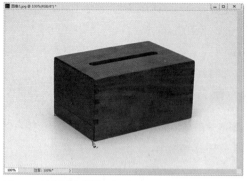

图 7-7 绘制路径的第 2 个点

Step 05 按住【Alt】键，单击第2个描点。再次将鼠标指针移至合适位置，按住鼠标左键并拖曳至合适位置，绘制路径的第3个点，如图7-8所示。

图 7-8 绘制路径的第 3 个点

Step 06 用与前面同样的方法，依次单击鼠标左键，创建路径，效果如图7-9所示。

图 7-9 最终效果

7.2.2 实战——使用自由钢笔工具 创建路径 进阶

使用自由钢笔工具 ∅.可以随意绘图，不需要

像使用钢笔工具那样通过锚点来创建路径。自由钢笔工具属性栏与钢笔工具属性栏基本一致，只是将"自动添加/删除"变为"磁性的"复选框。

选取工具箱中的自由钢笔工具后，工具属性栏如图7-10所示。

图 7-10 自由钢笔工具属性栏

自由钢笔工具的工具属性栏中主要选项的含义如下。

◆ 设置按钮 ✿：单击该按钮，在弹出的下拉面板中，可以设置"曲线拟合"大小，"磁性的"宽度、对比及频率。

◆ 磁性的：选中该复选框，在创建路径时，可以使用类似磁性套索工具的方法创建平滑的路径曲线，对沿图像的轮廓创建路径很有帮助。

下面向读者详细介绍使用自由钢笔工具绘制曲线路径的操作方法。

素材位置	素材 > 第 7 章 > 图像 2.jpg
效果位置	效果 > 第 7 章 > 图像 2.psd
视频位置	视频 > 第 7 章 > 实战——使用自由钢笔工具创建路径 .mp4

Step 01 单击"文件"|"打开"命令，打开一幅素材图像，如图7-11所示。

图 7-11 打开素材图像

Step 02 选取工具箱中的自由钢笔工具，在工具属性栏中选中"磁性的"复选框，如图7-12所示。

图 7-12 选中"磁性的"复选框

Step 03 移动鼠标指针至图像编辑窗口中，在图像边缘单击，确定起始位置，如图7-13所示。

图 7-13 确定起始位置

Step 04 沿图像边缘移动鼠标指针至起始点，单击创建闭合路径，如图7-14所示。

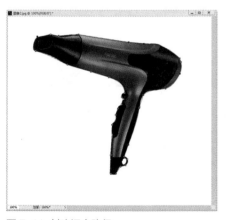

图 7-14 创建闭合路径

Step 05 按【Ctrl + Enter】组合键，将路径转换为选区，如图7-15所示。

Step 06 单击"图像"|"调整"|"色相/饱和度"命令，弹出"色相/饱和度"对话框，设置"色相"为-110，"饱和度"为10，如图7-16所示。

图 7-15 将路径转换为选区

图 7-16 设置相应参数

Step 07 单击"确定"按钮，即可调整选区中图像的颜色，取消选区，效果如图7-17所示。

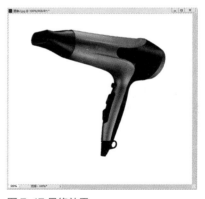

图 7-17 最终效果

7.3 创建形状路径

　　Photoshop CC 2017中的形状工具包括矩形工具、圆角矩形工具、椭圆工具、多边形工具、直线工具和自定形状工具6种。在使用这些工具绘制路径时，首先需要在工具属性栏中选择一种绘图方式。本节将向读者详细介绍绘制形状路径的操作方法。

7.3.1 实战——使用矩形工具创建路径 进阶

矩形工具■主要用于创建矩形图形，用户可以在工具属性栏中设置矩形的尺寸、固定宽高比例等。选取工具箱中的矩形工具，工具属性栏如图7-18所示。

图 7-18 矩形工具属性栏

矩形工具属性栏中主要选项的含义如下。

◆ 模式：单击该按钮口，在弹出的下拉面板中可以定义工具预设。

◆ 选择工具模式 形状 ：该下拉列表框中包含"形状""路径""像素"3个选项，可以创建不同类型的路径。

◆ 填充：单击该按钮，在弹出的下拉面板中可以设置填充颜色。

◆ 描边：在该选项区中，可以设置路径形状的边缘颜色和宽度等。

◆ 宽度：用于设置路径形状的宽度。

◆ 高度：用于设置路径形状的高度。

下面向读者详细介绍使用矩形工具绘制路径的操作方法。

素材位置	素材 > 第 7 章 > 图像 3.jpg
效果位置	效果 > 第 7 章 > 图像 3.psd
视频位置	视频 > 第 7 章 > 实战——使用矩形工具创建路径 .mp4

Step 01 单击"文件"|"打开"命令，打开一幅素材图像，如图7-19所示。

图 7-19 打开素材图像

Step 02 选取工具箱中的矩形工具■，如图7-20所示。

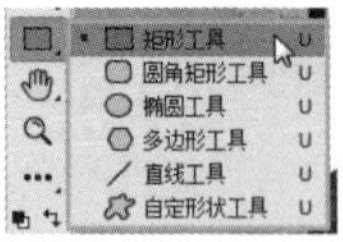

图 7-20 选取矩形工具

Step 03 设置前景色为白色（RGB参数值为255、255、255），如图7-21所示。

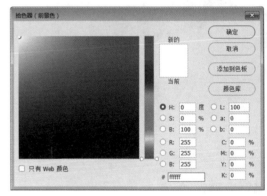

图 7-21 设置前景色为白色

Step 04 单击"确定"按钮，在图像中的适当位置按住鼠标左键并拖曳，即可创建矩形形状，效果如图7-22所示。

图 7-22 创建矩形形状

7.3.2 实战——使用圆角矩形工具创建路径

使用圆角矩形工具■可以绘制圆角矩形。选取工具箱中的圆角矩形工具，在工具属性栏的"半径"文本框中可以设置圆角半径。

下面向读者详细介绍使用圆角矩形工具绘制路径的操作方法。

素材位置	素材＞第 7 章＞图像 4.psd
效果位置	效果＞第 7 章＞图像 4.psd
视频位置	视频＞第 7 章＞实战——使用圆角矩形工具创建路径.mp4

Step 01 单击"文件"|"打开"命令，打开一幅素材图像，如图 7-23 所示。

图 7-23 打开素材图像

Step 02 选取工具箱中的圆角矩形工具 ，在工具属性栏中单击"选择工具模式"按钮，在弹出的下拉列表中选择"路径"选项，设置"半径"为 50 像素，如图 7-24 所示。

图 7-24 设置"半径"为 50 像素

Step 03 在图像中的适当位置按住鼠标左键并拖曳，创建圆角矩形路径，如图 7-25 所示。

图 7-25 创建圆角矩形路径

专家指点

在使用圆角矩形工具绘制路径时，按住【Shift】键的同时，在窗口中按住鼠标左键并拖曳，可绘制一个正圆角矩形；如果按住【Alt】键的同时，在窗口中按住鼠标左键并拖曳，可绘制以起点为中心的圆角矩形。

Step 04 打开"路径"面板，单击"路径"面板底部的"将路径作为选区载入"按钮，将路径转换为选区，如图 7-26 所示。

图 7-26 将路径转换为选区载入

Step 05 执行上述操作后，按【Delete】键删除选区内的图像，按【Ctrl+D】组合键取消选区，效果如图 7-27 所示。

图 7-27 最终效果

7.3.3 实战——使用椭圆工具创建路径 `进阶`

使用椭圆工具 可以绘制椭圆形或圆形的图形，其使用方法与矩形工具的操作方法相同。

下面向读者详细介绍使用椭圆工具绘制路径的操作方法。

素材位置	素材 > 第 7 章 > 图像 5.psd
效果位置	效果 > 第 7 章 > 图像 5.psd
视频位置	视频 > 第 7 章 > 实战——使用椭圆工具创建路径 .mp4

Step 01 单击"文件"|"打开"命令,打开一幅素材图像,如图7-28所示。

图 7-28 打开素材图像

Step 02 选取工具箱中的椭圆工具 ◯.,如图7-29所示。

图 7-29 选取椭圆工具

Step 03 在图像中的适当位置按住鼠标左键并拖曳,创建椭圆形路径,如图7-30所示。

图 7-30 创建椭圆形路径

Step 04 按【Ctrl + Enter】组合键,将路径转换为选区,按【Delete】键删除选区内的图像,并取消选区,效果如图7-31所示。

图 7-31 最终效果

7.3.4 实战——使用多边形工具创建路径

使用多边形工具 ◯.可以创建等边多边形,如等边三角形及星形等。

下面向读者详细介绍使用多边形工具绘制路径形状的操作方法。

素材位置	素材 > 第 7 章 > 图像 6.jpg
效果位置	效果 > 第 7 章 > 图像 6.psd
视频位置	视频 > 第 7 章 > 实战——使用多边形工具创建路径 .mp4

Step 01 单击"文件"|"打开"命令,打开一幅素材图像,如图7-32所示。

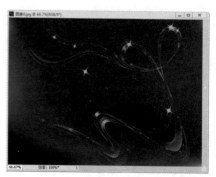

图 7-32 打开素材图像

Step 02 选取工具箱中的多边形工具 ◎，在工具属性栏中单击"选择工具模式"按钮，在弹出的下拉列表中选择"路径"选项，单击设置按钮 ✿，在弹出的下拉面板中选中"星形"复选框，设置"缩进边依据"为50%，如图7-33所示。

图 7-33 设置"缩进边依据"为 50%

Step 03 将鼠标指针移至图像中，按住鼠标左键并拖曳，创建一个星形路径，如图7-34所示。

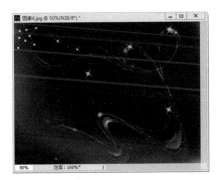

图 7-34 创建星形路径

Step 04 用与前面同样的方法，在图像中绘制多个星形路径，如图7-35所示。

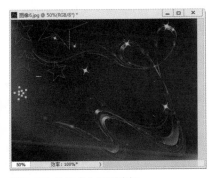

图 7-35 绘制多个星形路径

Step 05 按【Ctrl＋Enter】组合键，将路径转换为选区，如图7-36所示。

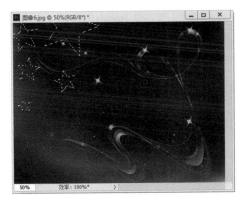

图 7-36 将路径转换为选区

Step 06 设置前景色为黄色（RGB参数值为255、252、0），对话框如图7-37所示。

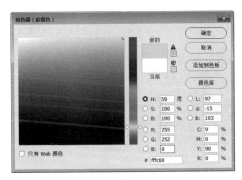

图 7-37 设置前景色为黄色

Step 07 按【Alt＋Delete】组合键，填充前景色，并取消选区，效果如图7-38所示。

图 7-38 最终效果

7.3.5 实战——使用直线工具创建形状

使用直线工具 ╱可以创建直线和带有箭头的线段。在使用直线工具创建直线时，首先需要在工具属性栏中的"粗细"文本框中设置线的宽度。

下面向读者详细介绍使用直线工具绘制形状的操作方法。

素材位置	素材 > 第 7 章 > 图像 7.jpg
效果位置	效果 > 第 7 章 > 图像 7.psd
视频位置	视频 > 第 7 章 > 实战——使用直线工具创建形状 .mp4

Step 01 单击"文件"|"打开"命令，打开一幅素材图像，如图7-39所示。

图 7-39 打开素材图像

Step 02 选取工具箱中的直线工具 ✎，在工具属性栏中单击"选择工具模式"按钮，在弹出的下拉列表中选择"形状"选项，设置"粗细"为30像素，单击设置按钮，展开"箭头"面板，在其中设置"宽度"为500%，"长度"为1000%，"凹度"为0%，选中"终点"复选框，如图7-40所示。

图 7-40 设置参数

Step 03 单击"填充"色块，在弹出的颜色面板中选择合适的颜色，如图7-41所示。

Step 04 将鼠标指针移至图像中，按住鼠标左键并拖曳，即可绘制一个箭头，效果如图7-42所示。

图 7-41 选择合适的颜色

图 7-42 最终效果

7.3.6 实战——使用自定形状工具创建路径

自定形状工具 ⚘ 可以通过设置不同的形状来绘制形状路径或图形，"自定形状"下拉面板中有大量的特殊形状可供选择。

下面向读者详细介绍使用自定形状工具绘制路径的操作方法。

素材位置	素材 > 第 7 章 > 图像 8.jpg
效果位置	效果 > 第 7 章 > 图像 8.psd
视频位置	视频 > 第 7 章 > 实战——使用自定形状工具创建路径 .mp4

Step 01 单击"文件"|"打开"命令，打开一幅素材图像，如图7-43所示。

图 7-43 打开素材图像

Step 02 选取工具箱中的自定形状工具 ❀.，在工具属性栏中单击"选择工具模式"按钮，在弹出的下拉列表中选择"路径"选项，单击"形状"下拉按钮，在"自定形状"下拉面板中选择"十角星边框"形状，如图7-44所示。

图 7-44 设置各选项

Step 03 将鼠标指针移至图像中，按住【Shift】键的同时，按住鼠标左键并拖曳，绘制一个十角星形路径，如图7-45所示。

图 7-45 绘制十角星形路径

Step 04 用与前面同样的方法，在图像中绘制多个星形路径，按【Ctrl+Enter】组合键，将路径转换为选区，如图7-46所示。

图 7-46 将路径转换为选区

Step 05 设置前景色为白色，按【Alt+Delete】组合键填充前景色，并取消选区，效果如图7-47所示。

图 7-47 最终效果

7.4 编辑路径对象

在初步绘制路径后，需要对路径进行编辑和调整。本节主要向读者介绍选择和移动路径、复制路径，以及显示和隐藏路径的操作方法。

7.4.1 选择与移动路径　重点

在Photoshop CC 2017中，使用路径选择工具 ▶. 或直接选择工具 ▶.，可以对路径进行选择和移动的操作。

选取工具箱中的路径选择工具 ▶,，在图像中的路径上单击，即可选择路径，如图7-48所示。

图 7-48 选择路径

在路径上按住鼠标左键并拖曳，即可移动路径，如图7-49所示。

图 7-49 移动路径

7.4.2 实战——添加与删除锚点

在路径被选中的状态下，选取钢笔工具 ⌀,，移动鼠标指针至路径上的非锚点位置，鼠标指针呈添加锚点形状 ▶+，单击即可增加一个锚点；如果移动鼠标至路径锚点上，则鼠标指针呈删除锚点形状 ▶-，选择需要删除的锚点，单击即可删除此锚点。

下面向读者详细介绍添加和删除描点的操作方法。

素材位置	素材＞第7章＞图像 9.psd
效果位置	效果＞第7章＞图像 9.psd
视频位置	视频＞第7章＞实战——添加与删除锚点 .mp4

Step 01 单击"文件"|"打开"命令，打开一幅素材图像，如图7-50所示。

图 7-50 打开素材图像

Step 02 单击"窗口"|"路径"命令，打开"路径"面板，选择"可爱兔子"路径，如图7-51所示。

图 7-51 选择"可爱兔子"路径

Step 03 选取工具箱中的添加锚点工具 ⌀,，移动鼠标指针至图像中的路径上，单击即可添加锚点，如图7-52所示。

图 7-52 添加锚点

Step 04 选取工具箱中的删除锚点工具 ⌀,，移动鼠标指针至图像中路径的锚点上，单击即可删除锚点，如图7-53所示。

图 7-53 删除该锚点

7.4.3 实战——转换平滑和尖突锚点 进阶

在对锚点进行编辑时，经常需要将一个两侧没有控制柄的直线型锚点转换为两侧具有控制柄的平滑型锚点。

下面向读者详细介绍转换平滑和尖突描点的操作方法。

素材位置	素材 > 第 7 章 > 图像 10.psd
效果位置	效果 > 第 7 章 > 图像 10.psd
视频位置	视频 > 第 7 章 > 实战——转换平滑和尖突锚点 .mp4

Step 01 单击"文件"|"打开"命令，打开一幅素材图像，如图7-54所示。

图 7-54 打开素材图像

Step 02 单击"窗口"|"路径"命令，打开"路径"面板，选择"工作路径"，显示路径，如图7-55所示。

图 7-55 显示路径

Step 03 选取工具箱中的转换点工具 ，移动鼠标至路径上单击，在路径上显示锚点，在尖突或直线型锚点上按住鼠标左键并拖曳，即可将锚点转换为平滑锚点，如图7-56所示。

图 7-56 平滑锚点

Step 04 将鼠标指针移至路径的一个平滑锚点上并单击，即可将锚点转换为尖突锚点，如图7-57所示。

图 7-57 尖突锚点

7.4.4 复制路径对象

在Photoshop CC 2017中，若需要绘制相同的路径，可以选择路径后对其进行复制操作；若需要对已绘制的路径进行调整，则可以通过变换路径改变路径。

选取工具箱中的路径选择工具，移动鼠标指针至图像编辑窗口中，选择相应路径，如图7-58所示。

图 7-58 选择路径

按住【Ctrl + Alt】组合键的同时向左拖曳路径至合适位置，即可复制路径，如图7-59所示。

图 7-59 复制路径

7.4.5 显示和隐藏路径　　重点

一般情况下，创建的路径以灰色线显示于当前图像上，用户可以根据需要对其进行显示和隐藏操作。

单击"窗口"|"路径"命令，打开"路径"面板，选择"工作路径"，如图7-60所示。

图 7-60 选择"工作路径"

执行上述操作后，图像中即可显示路径，如图7-61所示。

图 7-61 显示路径

在"路径"面板的灰色空白处单击，如图7-62所示。

图 7-62 在灰色空白处单击

执行操作后，即可隐藏路径，效果如图7-63所示。

图 7-63 隐藏路径

7.4.6 描边路径

绘制路径后，可以为选取的路径添加描边，也可以结合画笔工具制作出一些特殊效果。

单击"窗口"|"路径"命令，打开"路径"面板，选择"工作路径"，显示路径，如图7-64所示。

图 7-64 显示路径

选取工具箱中的画笔工具 ，打开"画笔"面板，设置"大小"为50像素，"间距"为3%，如图7-65所示。

选中"形状动态"复选框，并设置"角度抖动"为100%，如图7-66所示。

图 7-65 设置参数 1　　图 7-67 设置参数 2

单击前景色色块，设置前景色为红色（RGB参数值为250、52、49），单击"路径"面板右上角的 按钮，在弹出的面板菜单中选择"描边路径"

选项，弹出"描边路径"对话框，在其中设置"工具"为"画笔"，如图7-67所示。

图 7-67 设置"工具"选项

单击"确定"按钮，即可描边路径，并隐藏路径，效果如图7-68所示。

图 7-68 最终效果

7.4.7 连接和断开路径

在路径被选中的情况下，使用直接选择工具选择单个或多个锚点，按【Delete】键，可将选中的锚点清除，将路径断开，使用钢笔工具可以将断开的路径重新闭合。

在"路径"面板中选择"工作路径"，在图像中显示路径，如图7-69所示。

图 7-69 显示路径

选取工具箱中的直接选择工具，在需要断开的路径锚点上单击，即可选中该锚点，如图7-70所示。

图 7-70 选中锚点

按【Delete】键，即可断开路径，如图7-71所示。选取工具箱中的钢笔工具，在断开路径的左侧开口处单击，然后在右侧开口处单击，即可连接路径，如图7-72所示。

图 7-71 断开路径

图 7-72 连接路径

7.5 习题

习题1 使用椭圆工具创建路径

素材位置	素材 > 第 7 章 > 课后习题 > 图像 1.psd
效果位置	效果 > 第 7 章 > 课后习题 > 图像 1.psd
视频位置	视频 > 第 7 章 > 习题 1：使用椭圆工具创建路径 .mp4

本习题练习使用椭圆工具，绘制椭圆或圆形的形状或路径，素材如图7-73所示，最终效果如图7-74所示。

图 7-73 素材图像

图 7-74 最终效果

习题2 选择与移动路径

素材位置	素材 > 第 7 章 > 课后习题 > 图像 2.jpg
效果位置	效果 > 第 7 章 > 课后习题 > 图像 2.psd
视频位置	视频 > 第 7 章 > 习题 2：选择与移动路径 .mp4

本习题练习使用路径选择工具，根据需要移动路径的位置，素材如图7-75所示，最终效果如图7-76所示。

图 7-75 素材图像

图 7-76 最终效果

习题3 复制路径

素材位置	素材 > 第 7 章 > 课后习题 > 图像 3.jpg
效果位置	效果 > 第 7 章 > 课后习题 > 图像 3.psd
视频位置	视频 > 第 7 章 > 习题 3: 复制路径 .mp4

本习题练习使用自定形状工具，绘制并复制路径对象，素材如图7-77所示，最终效果如图7-78所示。

图 7-77 素材图像

图 7-78 最终效果

习题4 显示和隐藏路径

素材位置	素材 > 第 7 章 > 课后习题 > 图像 4.jpg
效果位置	无
视频位置	视频 > 第 7 章 > 习题 4: 显示和隐藏路径 .mp4

本习题练习运用"路径"面板，显示和隐藏路径，素材如图7-79所示，最终效果如图7-80所示。

图 7-79 素材图像

图 7-80 最终效果

创建与编辑文字特效

第**08**章

在图像设计中，文字的使用是非常广泛的，通过对文字进行编排与设计，不但能够更加有效地突出设计主题，而且可以对图像起到美化的作用。本章主要向读者讲述与文字处理相关的知识，包括点文字、段落文字和路径文字的编辑。

课堂学习目标

- 掌握多种输入文字的方法
- 掌握创建路径与变形文字的方法
- 掌握设置与编辑文字对象的方法
- 掌握转换文字对象的方法

8.1 文字概述

文字是多数设计作品尤其是商业作品中不可或缺的重要元素，有时甚至在作品中起着主导作用。Photoshop除了提供丰富的文字属性设计及版式编排功能外，还允许对文字的形状进行编辑，以便制作出更丰富的文字效果。本节将详细介绍文字的相关基础知识。

8.1.1 文字的类型

对文字进行艺术化处理是Photoshop的强项之一，Photoshop中的文字是以数学方式定义的形状组成的。在将文字栅格化之前，Photoshop会保留基于矢量的文字轮廓，可以任意调整文字大小而不会产生锯齿。

Photoshop提供了4种文字类型，包括横排文字、直排文字、段落文字和选区文字。图8-1所示为使用Photoshop制作的艺术文字效果。

图 8-1 艺术文字效果

8.1.2 文字工具属性栏

在输入文字之前，需要在工具属性栏或"字符"面板中设置字符的属性，包括字体、大小及文字颜色等。选取工具箱中的文字工具，其工具属性栏如图8-2所示。

图 8-2 文字工具属性栏

文字工具属性栏中各选项的含义如下。

- ◆ 更改文本方向：如果当前文字为横排文字，单击该按钮，可将其转换为直排文字；如果当前文字为直排文字，则单击该按钮可将其转换为横排文字，如图8-3所示。

图 8-3 直排与横排的文字效果

- ◆ 设置字体：在该下拉列表框中可以选择字体。
- ◆ 字体样式：为字符设置样式，包括Regular（规则的）、Italic（斜体）、Bold（粗体）和Bold Italic（粗斜体），该选项只对部分字体有效。图8-4所示为设置文本字体样式后的效果。

图 8-4　设置文本字体样式

◆ 字体大小：可以选择字体的大小，或者直接输入数值来进行调整。

◆ 消除锯齿的方法：可以为文字消除锯齿选择一种方法，Photoshop CC 2017会通过填充边缘像素来产生边缘平滑的文字，使文字的边缘混合到背景中而看不出锯齿。

◆ 文本对齐：设置文本的对齐方式，包括左对齐文本、居中对齐文本和右对齐文本。

◆ 文本颜色：单击色块，可以在弹出的"拾色器"对话框中设置文字的颜色。图8-5所示为设置文字颜色前后的效果。

图 8-5　设置文字的颜色

◆ 文本变形：单击该按钮，可以在打开的"变形文字"对话框中为文本添加变形样式，创建变形文字。

◆ 切换字符和段落面板：单击该按钮，可以显示或隐藏"字符"面板和"段落"面板。

8.2　输入文字

　　Photoshop CC 2017提供了4种文字输入工具，分别为横排文字工具、直排文字工具、横排文字蒙版工具和直排文字蒙版工具，选择不同的文字工具可以创建出不同类型的文字效果。本节主要向读者详细介绍输入文字的方法。

8.2.1　实战——输入横排文字　重点

　　输入横排文字的方法很简单，使用工具箱中的横排文字工具或横排文字蒙版工具，即可在图像编辑窗口中输入横排文字。

　　下面向读者详细介绍使用横排文字工具制作文字效果的操作方法。

素材位置	素材 > 第 8 章 > 图像 1.jpg
效果位置	效果 > 第 8 章 > 图像 1.psd
视频位置	视频 > 第 8 章 > 实战——输入横排文字 .mp4

Step 01 单击"文件"|"打开"命令，打开一幅素材图像，如图8-6所示。

图 8-6　打开素材图像

Step 02 选取工具箱中的横排文字工具，如图8-7所示。

图 8-7　选取横排文字工具

Step 03 在图像中单击，确定文字的插入点，在工具属性栏中设置"字体"为"华文行楷"，"字体大小"为10点，"颜色"为白色（RGB参数值为255、255、255），如图8-8所示。

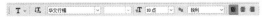

图 8-8　设置文字属性

Step 04 在图像中输入文字，单击工具属性栏右侧的"提交所有当前编辑"按钮 ✓，即可完成横排文字的输入操作。选取工具箱中的移动工具，将文字移至合适的位置，效果如图8-9所示。

图 8-9 最终效果

8.2.2 实战——输入直排文字

直排文字是垂直的文本，每行文本的长度随着文字的输入而不断增加，但是不会换行。

下面向读者详细介绍使用直排文字工具制作文字效果的操作方法。

素材位置	素材 > 第 8 章 > 图像 2.jpg
效果位置	效果 > 第 8 章 > 图像 2.psd
视频位置	视频 > 第 8 章 > 实战——输入直排文字 .mp4

Step 01 单击"文件"|"打开"命令，打开一幅素材图像，如图8-10所示。

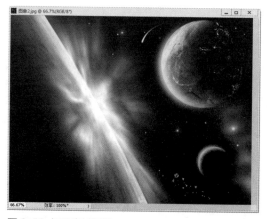

图 8-10 打开素材图像

Step 02 选取工具箱中的直排文字工具，如图8-11所示。

图 8-11 选取直排文字工具

Step 03 在图像中单击，确定文字的插入点，在工具属性栏中设置"字体"为"隶书"，"字体大小"为15点，"颜色"为纯青（RGB参数值为0、159、230），如图8-12所示。

图 8-12 设置文字属性

Step 04 在图像中输入文字，单击工具属性栏右侧的"提交所有当前编辑"按钮 ✓，即可完成直排文字的输入操作。选取工具箱中的移动工具，将文字移至合适位置，效果如图8-13所示。

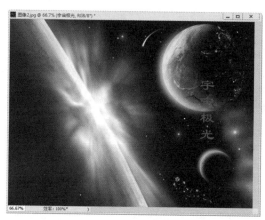

图 8-13 最终效果

8.2.3 实战——输入段落文字

在Photoshop CC 2017中，当用户改变段落文字定界框时，定界框中的文字会根据定界框的位置自动换行。

下面向读者详细介绍使用横排文字工具输入段落文字的操作方法。

素材位置	素材 > 第 8 章 > 图像 3.jpg
效果位置	效果 > 第 8 章 > 图像 3.psd
视频位置	视频 > 第 8 章 > 实战——输入段落文字 .mp4

Step 01 单击"文件"|"打开"命令，打开一幅素材图像，如图8-14所示。

图 8-14 打开素材图像

Step 02 选取工具箱中的横排文字工具，在图像窗口中的合适位置拖曳鼠标创建一个文本框，如图8-15所示。

图 8-15 创建文本框

Step 03 在工具属性栏中，设置"字体"为"方正粗倩简体"，"字体大小"为15点，"颜色"为黑色（RGB参数值为0、0、0），如图8-16所示。

图 8-16 设置文字属性

Step 04 在图像中输入文字，单击工具属性栏右侧的"提交所有当前编辑"按钮 ✓ ，即可完成段落文字的输入操作。选取工具箱中的移动工具，将文字移至合适位置，效果如图8-17所示。

图 8-17 最终效果

8.2.4 实战——输入选区文字 进阶

在一些广告上经常会看到特殊排列的文字，既新颖又实现了很好的视觉效果。

下面向读者详细介绍使用横排文字蒙版工具制作选区文字效果的操作方法。

素材位置	素材＞第 8 章＞图像 4.jpg
效果位置	效果＞第 8 章＞图像 4.psd
视频位置	视频＞第 8 章＞实战——输入选区文字 .mp4

Step 01 单击"文件"|"打开"命令，打开一幅素材图像，如图8-18所示。

图 8-18 打开素材图像

Step 02 选取工具箱中的横排文字蒙版工具 ，如图8-19所示。

图 8-19 选取横排文字蒙版工具

Step 03 在图像中单击，确认文本插入点，此时图像呈淡红色显示，如图8-20所示。

图 8-20 图像呈淡红色显示

Step 04 在文字工具属性栏中，设置"字体"为"方正舒体"，"字体大小"为15点，如图8-21所示。

图 8-21 设置文字属性

Step 05 输入"聆听春天的旋律"，此时输入的文字呈实体显示，如图8-22所示。

图 8-22 输入文字

Step 06 单击工具属性栏右侧的"提交所有当前编辑"按钮 ✓，即可创建文字选区，如图8-23所示。

图 8-23 创建文字选区

Step 07 新建"图层1"，设置前景色为白色（RGB各项参数值均为255），如图8-24所示。

图 8-24 设置前景色为绿色

Step 08 按【Alt＋Delete】组合键，为选区填充前景色，按【Ctrl＋D】组合键，取消选区，效果如图8-25所示。

图 8-25 最终效果

8.3 设置与编辑文字

下面将通过实例来介绍设置与编辑文字对象的方法。

8.3.1 实战——设置文字属性

设置文字的属性主要在"字符"面板中进行，在"字符"面板中可以设置字体、字体大小、字符间距及文字倾斜等属性。

下面向读者详细介绍设置文字属性的方法。

素材位置	素材＞第8章＞图像5.psd
效果位置	效果＞第8章＞图像5.psd
视频位置	视频＞第8章＞实战——设置文字属性.mp4

Step 01 单击"文件"|"打开"命令，打开一幅素材图像，如图8-26所示。

图 8-26 打开素材图像

Step 02 在"图层"面板中选择需要编辑的文字图层，如图8-27所示。

Step 03 单击"窗口"|"字符"命令，打开"字符"面板，如图8-28所示。

图 8-27 选择文字图层　　图 8-28 "字符"面板

Step 04 设置"字符间距"为300，按【Enter】键确认，效果如图8-29所示。

图 8-29 最终效果

8.3.2 实战——设置段落属性

设置段落的属性主要在"段落"面板中进行，使用"段落"面板可以改变或重新定义文字的排列方式、段落缩进及段落间距等。

下面向读者详细介绍设置段落属性的方法。

素材位置	素材 > 第 8 章 > 图像 6.psd
效果位置	效果 > 第 8 章 > 图像 6.psd
视频位置	视频 > 第 8 章 > 实战——设置段落属性 .mp4

Step 01 单击"文件"|"打开"命令，打开一幅素材图像，如图8-30所示。

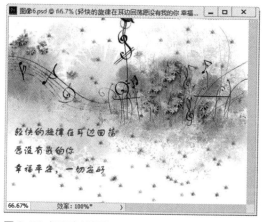

图 8-30 打开素材图像

Step 02 单击"窗口"|"段落"命令，打开"段落"面板，如图8-31所示。

图 8-31 打开"段落"面板

专家指点

在 Photoshop CC 2017 中，在英文输入法状态下，按【T】键，可以快速切换至横排文字工具，然后在图像编辑窗口中输入相应文本内容即可。如果输入的文字位置不能满足用户的需求，可以通过移动工具将文字移动到需要的位置。

Step 03 在"段落"面板中，单击"居中对齐文本"按钮，如图8-32所示，即可居中对齐文本，效果如图8-33所示。

 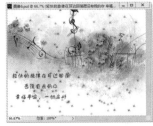

图 8-32 单击"居中对齐文本"按钮　　图 8-33 最终效果

8.3.3 实战——选择和移动文字　重点

选择文字是编辑文字的第一步，将文字移至图像中的合适位置，可以使图像整体更美观。

下面向读者详细介绍选择和移动文字操作方法。

素材位置	素材 > 第 8 章 > 图像 7.psd
效果位置	效果 > 第 8 章 > 图像 7.psd
视频位置	视频 > 第 8 章 > 实战——选择和移动文字 .mp4

Step 01 单击"文件"|"打开"命令，打开一幅素材图像，如图8-34所示。

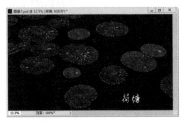

图 8-34 打开素材图像

Step 02 选取工具箱中的移动工具，将鼠标指针移至文字上，按住鼠标左键并拖曳，移动文字至图像中的合适位置，效果如图8-35所示。

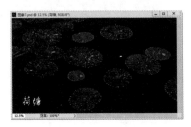

图 8-35 移动文字

8.3.4 更改文字排列方向

使用横排文字工具只能创建水平排列的文字，使用直排文字工具只能创建垂直排列的文字，但在需要时，用户可以转换这两种文本的排列方向。

在Photoshop CC 2017中，单击文字工具属性栏上的"更改文本方向"按钮，可以将输入完成的文字在水平排列与垂直排列间转换。图8-36所示为将垂直文字改为水平文字前后的对比效果。

图 8-36 将垂直文字改为水平文字前后的对比效果

8.3.5 切换点文本和段落文本

在Photoshop CC 2017中，点文本和段落文本可以相互转换，转换时可以单击"类型"|"转换为段落文本"或"转换为点文本"命令。

在"图层"面板中选择文字图层，单击"文字"|"转换为段落文本"命令，如图8-37所示。

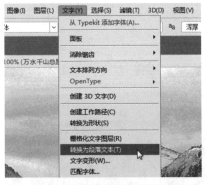

图 8-37 单击"转换为段落文本"命令

执行上述操作后，即可将点文本转换为段落文本，选取工具箱中的直排文字工具，在文字处单击，即可查看段落文本状态，如图8-38所示。

图 8-38 将点文本转换为段落文本

按【Ctrl+Enter】组合键确认，单击"文字"|"转换为点文本"命令，如图8-39所示。

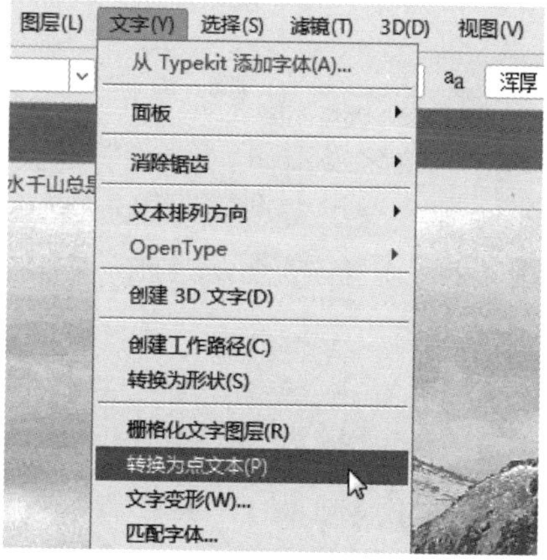

图 8-39 单击"转换为点文本"命令

执行上述操作后，即可将段落文本转换为点文本，选取工具箱中的直排文字工具，在文字处单击，即可查看点文本状态，如图8-40所示。

图 8-40 将段落文本转换为点文本

点文本的文本行是独立的，即文本的长度随文字的增加而变长，不会自动换行。如果在输入点文本时需要换行，则必须按【Enter】键。输入段落文本时，文本基于文本框的尺寸自动换行，用户可以输入多个段落，也可以进行段落调整。文本框的大小可以任意调整，以便重新排列文字。

8.3.6　文字拼写检查

使用"拼写检查"命令可以检查输入的文字是否有误，将对词典中没有的词进行询问，如果被询问的词拼写是正确的，可以将该词添加到拼写检查词典中；如果被询问的词拼写是错误的，可以将其改正。

在Photoshop CC 2017中，单击"编辑"|"拼写检查"命令，弹出"拼写检查"对话框，设置"更改为"为Summer，如图8-41所示。

图 8-41 设置"更改为"选项

单击"更改"按钮，弹出信息提示框，单击"确定"按钮，即可将拼写错误的英文更改正确，效果对比如图8-42所示。

图 8-42 效果对比

8.3.7　查找与替换文字　进阶

在图像中输入大量的文字后，如果出现相同错误的文字有很多，可以使用"查找和替换文本"功能对文字进行批量更改，以提高工作效率。

在Photoshop CC 2017中，选择文字图层，单击"编辑"|"查找和替换文本"命令，弹出"查找和替换文本"对话框，设置"查找内容"为"定放"，"更改为"为"绽放"，如图8-43所示。

图 8-43 设置各选项

单击"查找下一个"按钮，即可查找相应文本，如图8-44所示。

图 8-44 查找文本

单击"更改全部"按钮，弹出信息提示框，单击"确定"按钮，即可完成文本的替换，效果如图8-45所示。

图 8-45 最终效果

8.4 创建路径与变形文字

在许多作品中，文字呈连绵起伏的状态，沿路径排列文字就可以实现这样的效果。沿路径排列文字时可以先使用钢笔工具或形状工具创建直线或曲线路径，再进行文字的输入。本节主要向读者介绍制作路径文字的操作方法。

8.4.1 实战——沿路径排列文字

沿路径输入文字时，文字将沿着路径排列。如果在路径上输入横排文字，文字方向将与基线垂直；如果在路径上输入直排文字，文字方向将与基线平行。

下面向读者详细介绍沿路径排列文字的操作方法。

素材位置	素材 > 第 8 章 > 图像 8.jpg
效果位置	效果 > 第 8 章 > 图像 8.psd
视频位置	视频 > 第 8 章 > 实战——沿路径排列文字 .mp4

Step 01 单击"文件"|"打开"命令，打开一幅素材图像，如图8-46所示。

图 8-46 打开素材图像

Step 02 选取钢笔工具，在图像中创建一条曲线路径，如图8-47所示。

图 8-47　创建曲线路径

Step 03 选取工具箱中的横排文字工具，在工具属性栏中设置"字体"为"华文仿宋"，"字体大小"为12点，"颜色"为蓝色（RGB参数值为0、0、255），如图8-48所示。

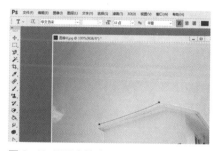

图 8-48　设置字符选项

Step 04 移动鼠标指针至曲线路径上，单击确定插入点并输入文字，按【Ctrl＋Enter】组合键确认，并隐藏路径，效果如图8-49所示。

图 8-49　最终效果

8.4.2　实战——调整文字排列位置

选取工具箱中的路径选择工具，移动鼠标指针至输入的文字上，拖曳鼠标即可调整文字在路径上的起始位置。

下面向读者介绍调整文字排列位置的操作方法。

素材位置	素材＞第8章＞图像9.psd
效果位置	效果＞第8章＞图像9.psd
视频位置	视频＞第8章＞实战——调整文字排列位置.mp4

Step 01 单击"文件"|"打开"命令，打开一幅素材图像，如图8-50所示。

图 8-50　打开素材图像

Step 02 选择文字图层，打开"路径"面板，选择文字路径，如图8-51所示。

图 8-51　选择文字路径

Step 03 选取工具箱中的路径选择工具，移动鼠标指针至图像中的文字路径上，按住鼠标左键并拖曳，即可调整文字排列的位置，将路径隐藏，效果如图8-52所示。

图 8-52 最终效果

8.4.3 实战——调整文字与路径距离 进阶

下面向读者介绍调整文字与路径距离的方法。

素材位置	素材 > 第 8 章 > 图像 10.psd
效果位置	效果 > 第 8 章 > 图像 10.psd
视频位置	视频 > 第 8 章 > 实战——调整文字与路径距离 .mp4

Step 01 单击"文件"|"打开"命令，打开一幅素材图像，如图8-53所示。

图 8-53 打开素材图像

Step 02 打开"路径"面板，选择"工作路径"，如图8-54所示。

图 8-54 选择"工作路径"

Step 03 选取工具箱中的移动工具，移动鼠标指针至图像中的文字上，按住鼠标左键并拖曳，即可调整文字与路径间的距离，如图8-55所示。

图 8-55 调整文字与路径间的距离

Step 04 执行上述操作后，在"路径"面板空白处单击，即可隐藏工作路径，效果如图8-56所示。

图 8-56 最终效果

8.4.4 实战——创建变形文字样式 进阶

在Photoshop CC 2017中，变形文字包括"扇形""上弧""下弧""拱形""凸起""贝壳"等样式，通过更改变形文字样式，可以使文字更美观、引人注目。

下面向读者介绍创建变形文字样式的操作方法。

素材位置	素材 > 第 8 章 > 图像 11.psd
效果位置	效果 > 第 8 章 > 图像 11.psd
视频位置	视频 > 第 8 章 > 实战——创建变形文字样式 .mp4

Step 01 单击"文件"|"打开"命令，打开一幅素材图像，如图8-57所示。

图 8-57　打开素材图像

Step 02 在"图层"面板中选择文字图层，单击"文字"|"文字变形"命令，弹出"变形文字"对话框，在"样式"下拉列表框中选择"扇形"选项，如图8-58所示。

图 8-58　选择"扇形"选项

Step 03 单击"确定"按钮，即可变形文字，选取工具箱中的移动工具，将文字移至合适的位置，效果如图8-59所示。

图 8-59　最终效果

8.4.5　实战——编辑变形文字效果

在Photoshop CC 2017中，用户可以对文字进行变形扭曲操作，以得到更好的视觉效果。下面向读者介绍编辑变形文字效果的操作方法。

素材位置	素材 > 第 8 章 > 图像 12.psd
效果位置	效果 > 第 8 章 > 图像 12.psd
视频位置	视频 > 第 8 章 > 实战——编辑变形文字效果 .mp4

Step 01 单击"文件"|"打开"命令，打开一幅素材图像，如图8-60所示。

图 8-60　打开素材图像

Step 02 在"图层"面板中选择文字图层，单击"文字"|"文字变形"命令，弹出"变形文字"对话框，设置"样式"为"波浪"，选中"垂直"单选按钮，设置"弯曲"为＋25％，"水平扭曲"为50％，如图8-61所示。

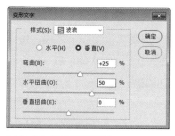

图 8-61　设置变形参数

Step 03 单击"确定"按钮，即可更改变形文字效果，如图8-62所示。

图 8-62　最终效果

8.5 转换文字对象

在Photoshop CC 2017中，将文字转换为路径、形状、图像、矢量智能对象后，可以进行调整文字的形状、添加描边、应用滤镜、叠加颜色或图案等操作。下面主要向读者介绍将文字转换为路径、将文字转换为形状及将文字转换为图像的操作。

8.5.1 将文字转换为路径

在Photoshop CC 2017中，可以直接将文字转换为路径，从而可以直接通过此路径进行描边、填充等操作，制作出特殊的文字效果。

选择文字图层，单击"文字"|"创建工作路径"命令，即可将文字转换为路径，隐藏文字图层，效果如图8-63所示。

图 8-63 最终效果

8.5.2 将文字转换为形状

文字图层可转换为有矢量蒙版的形状，转换后，原文字图层将不存在，取而代之的是一个形状图层，此时只能使用钢笔工具、添加锚点工具等路径编辑工具对其进行调整，而无法再为其设置文字属性。

选择文字图层，单击"文字"|"转换为形状"命令，即可将文字转换为形状，如图8-64所示。

图 8-64 将文字转换为形状

将文字转换为形状后，原文字图层也转换为形状图层，如图8-65所示。

图 8-65 转换为形状图层

8.5.3 将文字转换为图像

文字图层具有矢量特性，如果需要在文本图层中进行绘画、颜色调整或应用滤镜等操作，需要将文字图层转换为普通图层，以方便文字图像的编辑和处理。

选择文字图层，单击"文字"|"栅格化文字图层"命令，即可将文字转换为图像，如图8-66所示。

在"图层"面板中，文字图层将被转换为普通图层，如图8-67所示。

图 8-66 将文字转换为图像

图 8-67 文字图层转换为普通图层

8.6 习题

习题1 输入横排文字

素材位置	素材 > 第8章 > 课后习题 > 图像 1.jpg
效果位置	效果 > 第8章 > 课后习题 > 图像 1.psd
视频位置	视频 > 第8章 > 习题1: 输入横排文字 .mp4

本习题练习使用横排文字工具，在图像中输入横排文字，素材如图8-68所示，最终效果如图8-69所示。

图 8-68 素材图像

图 8-69 最终效果

习题2 设置段落属性

素材位置	素材＞第8章＞课后习题＞图像2.psd
效果位置	效果＞第8章＞课后习题＞图像2.psd
视频位置	视频＞第8章＞习题2：设置段落属性.mp4

本习题练习通过"段落"面板改变文字的排列方式，素材如图8-70所示，最终效果如图8-71所示。

图 8-70 素材图像

图 8-71 最终效果

习题3 更改文字排列方向

素材位置	素材＞第8章＞课后习题＞图像3.psd
效果位置	效果＞第8章＞课后习题＞图像3.psd
视频位置	视频＞第8章＞习题3：更改文字排列方向.mp4

本习题练习通过"更改文本方向"按钮更改文字排列方向，素材如图8-72所示，最终效果如图8-73所示。

图 8-72 素材图像

图 8-73 最终效果

习题4 调整文字排列位置

素材位置	素材＞第8章＞课后习题＞图像4.psd
效果位置	效果＞第8章＞课后习题＞图像4.psd
视频位置	视频＞第8章＞习题4：调整文字排列位置.mp4

本习题练习使用路径选择工具，调整文字在路径上的起始位置，素材如图8-74所示，最终效果如图8-75所示。

图 8-74 素材图像

图 8-75 最终效果

创建与管理图层对象

第 **09** 章

图层作为Photoshop的核心功能，其功能的强大自然不言而喻。管理图层时，可以更改图层的不透明度、混合模式，以及快速创建特殊效果的图层样式等，为图像的编辑操作带来了极大的便利。本章主要介绍创建与管理图层的各种操作方法。

课堂学习目标

- 掌握创建图层/图层组的方法
- 掌握设置图层混合模式的方法
- 掌握图层的基本操作方法
- 掌握应用图层样式的方法

9.1 图层概述

在Photoshop CC 2017中，图像都是基于图层来进行处理的，图层就是图像的层次，可以将一幅作品分解成多个元素，每一个元素都以图层的方式进行管理。本节主要向读者介绍图层的基本概念及"图层"面板等基础知识。

9.1.1 图层的概念 　　　　　**重点**

图层可以看作一张独立的透明胶片，每张胶片上都绘有图像，将所有的胶片自上而下进行叠加，上层的图像遮住下层同一位置的图像，而在其透明区域则可以看到下层的图像，最终通过叠加得到完整的图像，如图9-1所示。

图 9-1 图像的效果与图层

9.1.2 图层的类型

"图层"面板是进行图层编辑操作时必不可

少的工具。"图层"面板显示了当前图像的图层信息，从中可以调节图层叠放顺序、不透明度及混合模式等。

单击"窗口"|"图层"命令，即可调出"图层"面板，如图9-2所示。

图 9-2 "图层"面板

"图层"面板中主要选项的含义如下。

- 混合模式：在该下拉列表框中设置当前图层的混合模式。

- 锁定：该选项区主要包括锁定透明像素、锁定图像像素、锁定位置、防止在画板内外自动嵌套及锁定全部5个按钮，单击各个按钮，即可进行相应的锁定设置。

- "指示图层可见性"图标 👁 ：用来控制图层中图像的显示与隐藏状态。

◆ 不透明度：在该数值框中输入数值，可以控制当前图层的透明属性。数值越小，当前图层越透明。

◆ 填充：在数值框中输入数值，可以控制当前图层中非图层样式部分的透明度。

◆ "锁定"图标🔒：显示该图标时，表示图层处于锁定状态。

◆ 快捷按钮：图层操作的常用按钮，包括链接图层、添加图层样式、添加图层蒙版、创建新的填充或调整图层、创建新组、创建新图层及删除图层等按钮。

9.2 创建图层/图层组

下面主要向读者介绍创建图层及图层组的操作方法。

9.2.1 实战——创建普通图层 [重点]

普通图层是Photoshop CC 2017中最基本的图层，用户在创建和编辑图像时，使用最多的图层是普通图层。

下面向读者介绍创建普通图层的操作方法。

素材位置	素材 > 第 9 章 > 图像 1.jpg
效果位置	效果 > 第 9 章 > 图像 1.psd
视频位置	视频 > 第 9 章 > 实战——创建普通图层 .mp4

Step 01 单击"文件"|"打开"命令，打开一幅素材图像，如图9-3所示。

图 9-3 打开素材图像

Step 02 单击"图层"面板中的"创建新图层"按钮🔲，新建图层，如图9-4所示。

图 9-4 新建图层

9.2.2 实战——创建文字图层

使用工具箱中的文字工具在图像中输入文字后，系统将会自动生成一个文字图层。

下面向读者介绍创建文字图层的详细操作方法。

素材位置	素材 > 第 9 章 > 图像 2.jpg
效果位置	效果 > 第 9 章 > 图像 2.psd
视频位置	视频 > 第 9 章 > 实战——创建文字图层 .mp4

Step 01 单击"文件"|"打开"命令，打开一幅素材图像，如图9-5所示。

图 9-5 打开素材图像

Step 02 选取工具箱中的文字工具，在图像中输入文字，即可创建一个文字图层，如图9-6所示。

图 9-6 创建文字图层

9.2.3 实战——创建形状图层

使用工具箱中的形状工具在图像中创建图形后，"图层"面板中会自动创建一个新的形状图层。

下面向读者介绍创建形状图层的操作方法。

素材位置	素材＞第9章＞图像3.jpg
效果位置	效果＞第9章＞图像3.psd
视频位置	视频＞第9章＞实战——创建形状图层.mp4

Step 01 单击"文件"|"打开"命令，打开一幅素材图像，如图9-7所示。

图 9-7 打开素材图像

Step 02 选取工具箱中的形状工具，在工具属性栏中单击"选择工具模式"按钮，选择"形状"选项，在图像中按住鼠标左键并拖曳，即可创建一个形状图层，如图9-8所示。

图 9-8 创建形状图层

9.2.4 实战——创建调整图层 进阶

在Photoshop中，用户可以通过调整图层对图像进行颜色填充和色调调整，而不会永久修改图像中的像素，即颜色和色调更改位于调整图层内，这种图层像一层透明的膜一样，下层图像及调整后的效果可以透过它显示出来。

下面向读者详细介绍创建调整图层的操作方法。

素材位置	素材＞第9章＞图像4.jpg
效果位置	效果＞第9章＞图像4.psd
视频位置	视频＞第9章＞实战——创建调整图层.mp4

Step 01 单击"文件"|"打开"命令，打开一幅素材图像，如图9-9所示。

图 9-9 打开素材图像

Step 02 单击"图层"|"新建调整图层"|"亮度/对比度"命令，弹出"新建图层"对话框，如图9-10所示。

图 9-10 "新建图层"对话框

Step 03 单击"确定"按钮，即可创建调整图层，如图9-11所示。

Step 04 展开"亮度/对比度"属性面板，在其中设置"亮度"为40，"对比度"为-8，如图9-12所示。

图 9-11 创建调整图层　　　图 9-12 设置相应参数

　　　执行上述操作后，图像效果随之改变，效果如图9-13所示。

图 9-13 最终效果

9.2.5 实战——创建填充图层

　　　填充图层是指填充了纯色、渐变或图案的图层，通过调整图层的混合模式和不透明度使其与下层图层叠加，以产生特殊的效果。下面向读者详细介绍创建填充图层的操作方法。

素材位置	素材＞第9章＞图像 5.jpg
效果位置	效果＞第9章＞图像 5.psd
视频位置	视频＞第9章＞实战——创建填充图层 .mp4

Step 01 单击"文件"|"打开"命令，打开一幅素材图像，如图9-14所示。

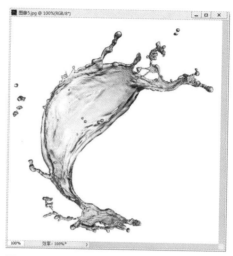

图 9-14 打开素材图像

Step 02 单击"图层"|"新建填充图层"|"纯色"命令，弹出"新建图层"对话框，设置"模式"为"滤色"，如图9-15所示。

图 9-15 设置"模式"为"滤色"

Step 03 单击"确定"按钮，弹出"拾色器（纯色）"对话框，设置RGB参数为14、86、233，如图9-16所示。

图 9-16 设置 RGB 参数

Step 04 单击"确定"按钮，即可创建填充图层，如图9-17所示。图像效果随之改变，效果如图9-18所示。

图 9-17 创建填充图层

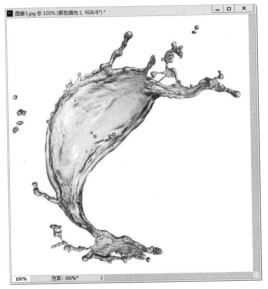

图 9-18 最终效果

9.2.6 实战——创建图层组

图层组类似于文件夹，用户可以将图层按照类别放在不同的组内。折叠图层组后，"图层"面板中只显示图层组的名称。

下面向读者介绍创建图层组的操作方法。

素材位置	素材＞第9章＞图像6.jpg
效果位置	效果＞第9章＞图像6.psd
视频位置	视频＞第9章＞实战——创建图层组.mp4

Step 01 单击"文件"|"打开"命令，打开一幅素材图像，如图9-19所示。

图 9-19 打开素材图像

Step 02 单击"图层"|"新建"|"组"命令，弹出"新建组"对话框，设置各选项，如图9-20所示。

图 9-20 设置各选项

Step 03 单击"确定"按钮，即可创建新图层组，如图9-21所示。

图 9-21 创建新图层组

9.3 图层基本操作

图层的基本操作是Photoshop中常用的操作，如选择图层、显示与隐藏图层、删除与重命名图层及调整图层顺序等。本节主要向读者介绍图层的基本操作。

9.3.1 选择图层

单击"图层"面板中的图层名称，即可选中该图层，它会成为当前图层，该方法是最基本的选择方法。

专家指点

除了上述方法外，还有 4 种选择图层的方法。

● 选择多个图层：如果要选择多个相邻的图层，可以单击第一个图层，然后按住【Shift】键并单击最后一个图层；如果要选择多个不相邻的图层，可以在按住【Ctrl】键的同时单击相应图层。

● 选择所有图层：单击"选择"|"所有图层"命令，即可选中"图层"面板中的所有图层。

● 选择相似图层：单击"选择"|"选择相似图层"命令，即可选中类型相似的图层。

● 选择链接图层：选择一个链接图层，单击"图层"|"选择链接图层"命令，可以选中与其链接的所有图层。

9.3.2 显示与隐藏图层

图层缩览图前面的"指示图层可见性"图标 👁 可以用来控制图层的可见性。有该图标的图层为可见图层，无该图标的图层为隐藏图层。单击图层前面的"指示图层可见性"图标，便可以隐藏该图层。如果要显示图层，在原图标处单击即可，如图9-22所示。

图 9-22 隐藏图层前后效果对比

9.3.3 删除与重命名图层 重点

在Photoshop CC 2017中，对于多余的图层，应该及时将其从图像中删除，以减小图像文件的大小。打开"图层"面板，将要删除的图层拖曳至面板底部的"删除图层"按钮 🗑 上，即可删除图层，如图9-23所示。

图 9-23 删除图层

在"图层"面板中，每个图层都有默认的名称，用户可以根据需要自定义图层的名称，以利于操作。选择要重命名的图层，双击图层名称激活文本框，输入新名称并按【Enter】键，即可重命名图层，如图9-24所示。

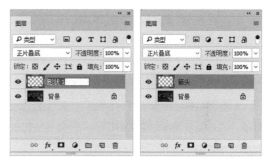

图 9-24 重命名图层

9.3.4 调整图层顺序

在Photoshop CC 2017的图像编辑窗口中，位于上方图层的图像会将下方图层同一位置的图像遮盖，用户可以通过调整各图层的顺序来改变整幅图像的显示效果，如图9-25所示。

图 9-25 调整图层顺序

9.3.5 合并图层对象 重点

在编辑图像文件时，为了减少其占用的磁盘空间，对于没必要分开的图层可以合并，以减少图像文件对磁盘空间的占用，同时也可以提高系统的处理速度。选择"图层1"与"图层2"，单击"图层"|"合并图层"命令，即可合并所选图层，如图9-26所示。

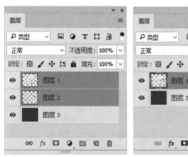

图 9-26 合并图层

9.3.6 对齐与分布图层

对齐图层是将图像文件中的图层按指定的方式对齐，分布图层是将图像文件中的几个图层按指定的方式平均分布。

1. 对齐图层

如果要将多个图层中的图像内容对齐，可以在"图层"面板中选择图层，单击"图层"|"对齐"命令，在弹出的子菜单中选择相应的对齐命令，对齐图层对象。

Photoshop CC 2017提供的对齐方式有以下6种。

◆ 顶边：所选图层对象将以最上方的对象为基准，进行顶部对齐。

◆ 垂直居中：所选图层对象将以位置居中的对象为基准，进行垂直居中对齐。

◆ 底边：所选图层对象将以最下方的对象为基准，进行底部对齐。

◆ 左边：所选图层对象将以最左侧的对象为基准，进行左对齐。

◆ 水平居中：所选图层对象将以中间的对象为基准，进行水平居中对齐。

◆ 右边：所选图层对象将以最右侧的对象为基准，进行右对齐。

2. 分布图层

如果要使3个或更多的图层采用一定的规律均匀分布，可以选择这些图层，单击"图层"|"分布"命令，在弹出的子菜单中选择相应的分布命令，分布图层对象。

Photoshop CC 2017提供的分布方式有以下6种。

◆ 顶边：可以均匀分布各链接图层或所选择的多个图层的位置，使各图层图像顶边间隔同样的距离。

◆ 垂直居中：使所选图层对象的水平中线间隔同样的距离。

◆ 底边：使所选图层对象底边间隔同样的距离。

◆ 左边：使所选图层对象左边间隔同样的距离。

◆ 水平居中：使所选图层对象的垂直中线间隔同样的距离。

◆ 右边：使所选图层对象右边间隔同样的距离。

9.4 设置图层混合模式

图层混合模式用于控制图层之间像素颜色相互融合的效果，不同的混合模式会得到不同的效果。由于混合模式用于控制上、下两个图层在叠加时所显示的总体效果，通常为上方的图层选择合适的混合模式。

9.4.1 实战——设置"正片叠底"模式

进阶

"正片叠底"模式是将图像的原有颜色与混合色复合，任何颜色与黑色复合产生黑色，与白色复合保持不变。

下面向读者介绍通过"正片叠底"模式调整图像特效的详细操作方法。

素材位置	素材 > 第 9 章 > 图像 7.psd
效果位置	效果 > 第 9 章 > 图像 7.psd
视频位置	视频 > 第 9 章 > 实战——设置"正片叠底"模式 .mp4

Step 01 单击"文件"|"打开"命令，打开一幅素材图像，如图9-27所示。

图 9-27 打开素材图像

Step 02 打开"图层"面板，选择"图层1"，如图9-28所示。

图 9-28 选择"图层 1"图层

Step 03 单击"设置图层的混合模式"下拉按钮，在弹出的下拉列表中选择"正片叠底"选项，如图9-29所示。执行操作后，图像呈"正片叠底"模式显示，效果如图9-30所示。

图 9-29 选择"正片叠底"选项

图 9-30 最终效果

专家指点

选择"正片叠底"模式后，Photoshop 会将上、下两个图层的颜色相乘再除以 255，最终得到的颜色比上、下两个图层的颜色都要暗一点。

9.4.2 实战——设置"线性加深"模式

"线性加深"模式用于查看每一个颜色通道的颜色信息，加暗所有通道的基色，并通过提高其他颜色的亮度来反映混合颜色。

下面向读者介绍通过"线性加深"模式调整图像特效的详细操作方法。

素材位置	素材 > 第 9 章 > 图像 8.psd
效果位置	效果 > 第 9 章 > 图像 8.psd
视频位置	视频 > 第 9 章 > 实战——设置"线性加深"模式 .mp4

Step 01 单击"文件"|"打开"命令，打开一幅素材图像，如图9-31所示。

图 9-31 打开素材图像

Step 02 打开"图层"面板，选择"形状1"图层，如图9-32所示。

图 9-32 选择"形状 1"图层

Step 03 设置"形状1"图层的混合模式为"线性加深"，如图9-33所示。执行操作后，图像呈"线性加深"模式显示，效果如图9-34所示。

图 9-33 选择"线性加深"选项

图 9-34 最终效果

9.4.3 实战——设置"颜色加深"模式

使用"颜色加深"模式可以降低颜色的亮度，将选择的图像根据颜色灰度而变暗，在与其他图像融合时降低所选图像的亮度。

下面向读者介绍通过"颜色加深"模式调整图像特效的详细操作方法。

素材位置	素材＞第 9 章＞图像 9.jpg
效果位置	效果＞第 9 章＞图像 9.psd
视频位置	视频＞第 9 章＞实战——设置"颜色加深"模式 .mp4

Step 01 单击"文件"|"打开"命令，打开一幅素材图像，如图9-35所示。

图 9-35 打开素材图像

Step 02 打开"图层"面板，选择"图层1"，如图9-36所示。

Step 03 设置"图层1"图层的混合模式为"颜色加深",如图9-37所示。执行操作后,图像呈"颜色加深"模式显示,效果如图9-38所示。

图 9-36 选择"图层1"

图 9-37 选择"颜色加深"选项

图 9-38 最终效果

9.4.4 实战——设置"滤色"模式 进阶

使用"滤色"模式可以将混合色的互补色与基色进行正片叠底,结果颜色将比原有颜色更淡。应用"滤色"模式除了能得到更亮的图像合成效果外,还可以获得使用其他调整命令无法得到的调整效果。

下面向读者介绍通过"滤色"模式调整图像特效的详细操作方法。

素材位置	素材 > 第 9 章 > 图像 10.jpg
效果位置	效果 > 第 9 章 > 图像 10.psd
视频位置	视频 > 第 9 章 > 实战——设置"滤色"模式 .mp4

Step 01 单击"文件"|"打开"命令,打开一幅素材图像,如图9-39所示。

图 9-39 打开素材图像

Step 02 打开"图层"面板,选择"图层1",如图9-40所示。

Step 03 设置"图层1"的混合模式为"滤色",如图9-41所示。执行操作后,图像呈"滤色"模式显示,效果如图9-42所示。

图 9-40 选择"图层1"

图 9-41 选择"滤色"选项

图 9-42 最终效果

9.4.5 实战——设置"强光"模式

"强光"模式产生的效果与耀眼的聚光灯照在图像上的效果相似,当前图层中比50%灰色亮的像素会变亮,比50%灰色暗的像素会变暗。

下面向读者介绍通过"强光"模式调整图像特效的详细操作方法。

素材位置	素材 > 第9章 > 图像11.jpg
效果位置	效果 > 第9章 > 图像11.psd
视频位置	视频 > 第9章 > 实战——设置"强光"模式 .mp4

Step 01 单击"文件"|"打开"命令,打开一幅素材图像,如图9-43所示。

图 9-43 打开素材图像

Step 02 打开"图层"面板,选择"图层1",如图9-44所示。

Step 03 设置"图层1"的混合模式为"强光",如图9-45所示。执行操作后,图像呈"强光"模式显示,效果如图9-46所示。

图 9-44 选择"图层1"

图 9-45 选择"强光"选项

图 9-46 最终效果

9.4.6 实战——设置"变暗"模式

选择"变暗"混合模式,Photoshop CC 2017将对上、下两层图像的像素进行比较,以上方图层中较暗的像素代替下方图层中与其相对应较亮的像素,且下方图层中的较暗的像素代替上方图层中较亮的像素,因此叠加后整体图像会变暗。

下面向读者介绍通过"变暗"模式调整图像特效的详细操作方法。

素材位置	素材 > 第9章 > 图像12.psd
效果位置	效果 > 第9章 > 图像12.psd
视频位置	视频 > 第9章 > 实战——设置"变暗"模式 .mp4

Step 01 单击"文件"|"打开"命令,打开一幅素材图像,如图9-47所示。

图 9-47 打开素材图像

Step 02 打开"图层"面板,选择"图层1",如图9-48所示。

Step 03 设置"图层1"的混合模式为"变暗",如图9-49所示。执行操作后,图像呈"变暗"模式显示,效果如图9-50所示。

图 9-48 选择"图层1"　　图 9-49 选择"变暗"选项

图 9-50 最终效果

9.5 应用图层样式

　　应用图层样式可为图层添加一些特殊效果,如投影、发光等。下面介绍应用图层样式的操作方法。

9.5.1 实战——应用"投影"样式 重点

　　应用"投影"图层样式可为图层中的对象制造一种阴影效果,阴影的透明度、边缘羽化和投影角度等都可以在"图层样式"对话框中进行设置。

　　下面向读者介绍使用"投影"样式给图像加投影的详细操作方法。

素材位置	素材 > 第9章 > 图像13.psd
效果位置	效果 > 第9章 > 图像13.psd
视频位置	视频 > 第9章 > 实战——应用"投影"样式.mp4

Step 01 单击"文件"|"打开"命令,打开一幅素材图像,如图9-51所示。

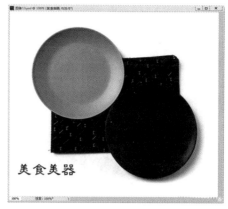

图 9-51 打开素材图像

Step 02 打开"图层"面板,选择文字图层,如图9-52所示。

图 9-52 选择文字图层

Step 03 单击"图层"|"图层样式"|"投影"命令,弹出"图层样式"对话框,设置"不透明度"为56%,"角度"为146度,"距离"为5像素,"扩展"为6%,"大小"为4像素,如图9-53所示。

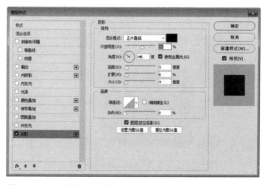

图 9-53 设置相应参数

Step 04 单击"确定"按钮，即可应用"投影"样式，效果如图9-54所示。

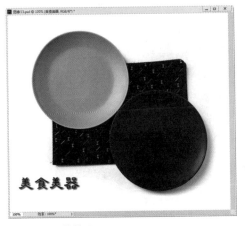

图 9-54 最终效果

9.5.2 实战——应用"内发光"样式

使用"内发光"图层样式可以为所选图层中的图像增加发光效果。

下面向读者介绍添加"内发光"样式的详细操作方法。

素材位置	素材 > 第 9 章 > 图像 14.psd
效果位置	效果 > 第 9 章 > 图像 14.psd
视频位置	视频 > 第 9 章 > 实战——应用"内发光"样式 .mp4

Step 01 单击"文件"|"打开"命令，打开一幅素材图像，如图9-55所示。

图 9-55 打开素材图像

Step 02 打开"图层"面板，选择文字图层，单击"图层"|"图层样式"|"内发光"命令，弹出"图层样式"对话框，设置"混合模式"为"正常"，"不透明度"为90%，"阻塞"为5%，"大小"为6像素，"范围"为1%，如图9-56所示。

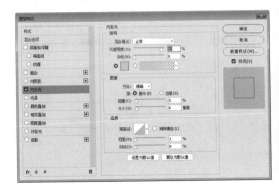

图 9-56 设置相应参数

Step 03 单击"确定"按钮，即可应用"内发光"样式，效果如图9-57所示。

图 9-57 最终效果

9.5.3 实战——应用"外发光"样式

使用"外发光"图层样式可以为所选图层中的图像外边缘增添发光效果。

下面向读者介绍添加"外发光"样式的详细操作方法。

素材位置	素材＞第9章＞图像 15.psd
效果位置	效果＞第9章＞图像 15.psd
视频位置	视频＞第9章＞实战——应用"外发光"样式 .mp4

Step 01 单击"文件"|"打开"命令，打开一幅素材图像，如图9-58所示。

图 9-58 打开素材图像

Step 02 打开"图层"面板，选择"图层1"，单击"图层"|"图层样式"|"外发光"命令，弹出"图层样式"对话框，设置"混合模式"为"滤色"，"不透明度"为52%，"杂色"为0%，"扩展"为8%，"大小"为100像素，"范围"为44%，如图9-59所示。

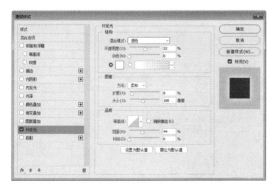

图 9-59 设置相应参数

Step 03 单击"确定"按钮，即可应用外发光样式，效果如图9-60所示。

图 9-60 最终效果

9.5.4 实战——应用"斜面和浮雕"样式

"斜面和浮雕"图层样式可以制作出各种凹陷和凸出的图像或文字，从而使图像具有一定的立体效果。

下面向读者介绍使用"斜面和浮雕"样式制作文字效果的详细操作方法。

素材位置	素材＞第9章＞图像 16.psd
效果位置	效果＞第9章＞图像 16.psd
视频位置	视频＞第9章＞实战——应用"斜面和浮雕"样式 .mp4

Step 01 单击"文件"|"打开"命令，打开一幅素材图像，如图9-61所示。

图 9-61 打开素材图像

Step 02 打开"图层"面板，选择文字图层，单击"图层"|"图层样式"|"斜面和浮雕"命令，弹出"图层样式"对话框，设置"样式"为"内斜面"，"方法"为"平滑"，"深度"为490%，"大小"为6像素，"角度"为30度，"高度"为30度，"高光模式"为"滤色"，"不透明度"为100%，"阴影模式"为"正片叠底"，"不透明度"为80%，如图9-62所示。

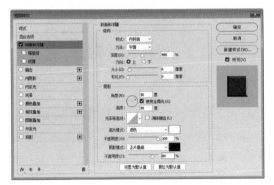

图 9-62 设置相应参数

Step 03 单击"确定"按钮，即可应用"斜面和浮雕"样式，效果如图9-63所示。

图 9-63 最终效果

9.6 习题

习题1 合并图层

素材位置	素材 > 第 9 章 > 课后习题 > 图像 1.psd
效果位置	效果 > 第 9 章 > 课后习题 > 图像 1.psd
视频位置	视频 > 第 9 章 > 习题 1：合并图层 .mp4

本习题练习通过【Ctrl+E】组合键合并图层。合并前如图9-64所示，合并后如图9-65所示。

图 9-64 合并前　　　　图 9-65 合并后

习题2 锁定图层对象

素材位置	素材 > 第 9 章 > 课后习题 > 图像 2.psd
效果位置	效果 > 第 9 章 > 课后习题 > 图像 2.psd
视频位置	视频 > 第 9 章 > 习题 2：锁定图层对象 .mp4

本习题练习通过"锁定透明像素"按钮锁定图层对象，锁定前如图9-66所示，锁定后如图9-67所示。

图 9-66 锁定前

图 9-67 锁定后

习题3 复制/粘贴图层样式

素材位置	素材 > 第 9 章 > 课后习题 > 图像 3.psd
效果位置	效果 > 第 9 章 > 课后习题 > 图像 3.psd
视频位置	视频 > 第 9 章 > 习题 3：复制、粘贴图层样式 .mp4

本习题练习通过快捷菜单将当前图层的样式效果复制到其他图层上，素材如图9-68所示，最终效果如图9-69所示。

本习题练习运用拖曳和"缩放效果"命令，移动图层样式和缩放图层样式中的效果，素材如图9-70所示，最终效果如图9-71所示。

图 9-68　素材图像

图 9-69　最终效果

习题4　移动/缩放图层样式

素材位置	素材 > 第 9 章 > 课后习题 > 图像 4.psd
效果位置	效果 > 第 9 章 > 课后习题 > 图像 4.psd
视频位置	视频 > 第 9 章 > 习题 4：移动、缩放图层样式 .mp4

图 9-70　素材图像

图 9-71　最终效果

第 **10** 章

应用通道和蒙版功能

在Photoshop中，通道是选区的一个载体，它将选区转换成为可见的黑白图像，从而更易于对其进行编辑，使用户能创建出更丰富的效果。使用图层蒙版可以很好地控制图层区域的显示或隐藏，可以在不破坏图像的情况下反复编辑图像，因此图层蒙版是进行图像合成常用的方法。本章主要介绍创建与应用通道和蒙版的操作方法。

课堂学习目标

- 认识通道
- 认识蒙版
- 掌握创建与合成通道的方法
- 掌握创建和管理蒙版的方法

10.1 认识通道

在Photoshop中，通道用来存放图像的颜色信息及自定义的选区，使用通道不仅可以得到非常特殊的选区，还可以用来调整图像的色调。无论是新建文件、打开文件或扫描文件，当一个图像文件调入Photoshop后，Photoshop都将为其创建图像文件固有的通道，即颜色通道（或称原色通道），原色通道的数目取决于图像的颜色模式。

10.1.1 通道的作用

通道是一种很重要的图像处理方法，它主要用来存储图像的色彩信息和图层中的选区信息。使用通道可以复原扫描失真严重的图像，从而创作出一些意想不到的效果。

不同的原色通道保存着图像的不同颜色信息，且这些信息包含着像素和像素颜色的深浅。正是由于原色通道的存在，当原色通道合成在一起时可以形成具有丰富色彩效果的图像。如果缺少了其中某一原色通道，则图像将出现偏色现象。

10.1.2 "通道"面板

"通道"面板是存储、创建和编辑通道的主要场所。在默认情况下，"通道"面板显示的均为原色通道。当图像的颜色模式为CMYK时，面板中将

有4个原色通道，即"青色"通道、"洋红"通道、"黄色"通道和"黑色"通道，以及一个合成通道CMYK，每个通道都包含着对应的颜色信息。当图像的颜色模式为RGB时，面板中将有3个原色通道，即"红"通道、"绿"通道、"蓝"通道，以及一个合成通道（即RGB通道）。

专家指点

在图像中创建选区后，单击"选择"|"存储选区"命令，在弹出的"存储选区"对话框中设置相应的选项，单击"确定"按钮，可将创建的选区存储为通道。

在Photoshop CC 2017中，单击"窗口"|"通道"命令，弹出图10-1所示的"通道"面板，该面板中列出了图像所有的通道。

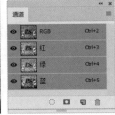

图10-1 "通道"面板

"通道"面板中主要选项的含义如下。

◆ 将通道作为选区载入 ○：单击该按钮，可以调出当前通道所保存的选区。

◆ 将选区存储为通道 ▣：单击该按钮，可以将当
前选区保存为Alpha通道。

◆ 创建新通道 ▯：单击该按钮，可以创建一个新
的Alpha通道。

◆ 删除当前通道 ▤：单击该按钮，可以删除当前
选择的通道。

10.2 创建与合成通道

"通道"面板用于创建和管理通道，通道的许
多操作都是在"通道"面板中进行的。下面主要向
读者介绍创建Alpha通道、复合通道、单色通道及专
色通道等的操作方法。

10.2.1 实战——创建Alpha通道

Photoshop提供了很多种用于创建Alpha通道
的方法，用户可以在设计工程中根据实际需要选择
一种合适的方法。

下面向读者详细介绍创建Alpha通道的操作
方法。

素材位置	素材 > 第 10 章 > 图像 1.jpg
效果位置	效果 > 第 10 章 > 图像 1.psd
视频位置	视频 > 第 10 章 > 实战——创建 Alpha 通道 .mp4

Step 01 单击"文件"|"打开"命令，打开一幅素材
图像，如图10-2所示。

图 10-2 打开素材图像

Step 02 单击"窗口"|"通道"命令，打开"通道"
面板，如图10-3所示。

Step 03 单击面板右上角的 ≡ 按钮，在弹出的面板菜
单中选择"新建通道"选项，如图10-4所示。

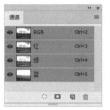 

图 10-3 "通道"面板　图 10-4 选择"新建通道"选项

Step 04 此时弹出"新建通道"对话框，如图10-5
所示。单击"确定"按钮，即可创建一个新的Alpha
通道。

Step 05 单击Alpha 1通道左侧的"指示通道可见
性"图标，如图10-6所示，即可显示Alpha 1通道，
图像编辑窗口中的图像效果也随之改变，效果如图
10-7所示。

图 10-5 "新建通道"对话框　图 10-6 单击"指示通道
可见性"图标

图 10-7 最终效果

10.2.2 实战——设置复合通道 重点

复合通道始终是以彩色显示图像的，是预览和

编辑图像颜色通道的一种快捷方式。单击"通道"面板中任意一个通道前的"指示通道可见性"图标以隐藏相应通道,即可复合显示的通道,得到不同的颜色显示。

下面向读者详细介绍设置复合通道的操作方法。

素材位置	素材 > 第 10 章 > 图像 2.jpg
效果位置	效果 > 第 10 章 > 图像 2.psd
视频位置	视频 > 第 10 章 > 实战——设置复合通道 .mp4

Step 01 单击"文件"|"打开"命令,打开一幅素材图像,如图10-8所示。

图 10-8 打开素材图像

Step 02 单击"窗口"|"通道"命令,打开"通道"面板,如图10-9所示。

Step 03 单击"通道"面板中"绿"通道左侧的指示通道可见性图标,隐藏"绿"通道,如图10-10所示。

图 10-9 "通道"面板   图 10-10 隐藏"绿"通道

执行上述操作后,"红""蓝"通道便成为复合通道,此时图像效果也随之改变,效果如图10-11所示。

图 10-11 最终效果

10.2.3 实战——删除通道 进阶

如果将某一种颜色通道删除,则合成通道及该颜色通道都将被删除,而图像将自动转换为单色通道模式。

下面向读者详细介绍删除通道的操作方法。

素材位置	素材 > 第 10 章 > 图像 3.jpg
效果位置	效果 > 第 10 章 > 图像 3.psd
视频位置	视频 > 第 10 章 > 实战——删除通道 .mp4

Step 01 单击"文件"|"打开"命令,打开一幅素材图像,如图10-12所示。

图 10-12 打开素材图像

Step 02 单击"窗口"|"通道"命令，打开"通道"面板，如图10-13所示。

Step 03 选择"红"通道，单击鼠标右键，在弹出快捷菜单中选择"删除通道"选项，如图10-14所示。

图 10-13 "通道"面板　　图 10-14 选择"删除通道"选项

　　执行操作后，即可删除通道，此时图像编辑窗口中的图像效果也随之改变，效果如图10-15所示。

图 10-15 最终效果

10.2.4 实战——创建专色通道 `进阶`

　　专色通道用于印刷，在印刷时每种专色油墨都要采用专用的印版，以便单独输出。

　　下面向读者详细介绍创建专色通道的操作方法。

素材位置	素材＞第 10 章＞图像 4.jpg
效果位置	效果＞第 10 章＞图像 4.psd
视频位置	视频＞第 10 章＞实战——创建专色通道 .mp4

Step 01 单击"文件"|"打开"命令，打开一幅素材图像，如图10-16所示。

图 10-16 打开素材图像

Step 02 选取工具箱中的魔棒工具，创建一个选区，如图10-17所示。

图 10-17 创建选区

Step 03 单击"窗口"|"通道"命令，打开"通道"面板，如图10-18所示。

Step 04 单击面板右上角的 ≡ 按钮，在弹出的面板菜单中选择"新建专色通道"选项，如图10-19所示。

图 10-18 "通道"面板　　图 10-19 选择"新建专色通道"选项

Step 05 弹出"新建专色通道"对话框,设置"颜色"为柠檬黄(RGB参数为255、255、0),如图10-20所示。

图 10-20 设置"颜色"为柠檬黄

Step 06 单击"确定"按钮,"通道"面板中便会生成一个专色通道,图像效果也随之改变,效果如图10-21所示。

图 10-21 最终效果

10.2.5 实战——保存选区至通道 重点

在编辑图像时,将选区保存到通道中,可以方便对图像进行多次编辑和修改。

下面向读者详细介绍保存选区至通道的操作方法。

素材位置	素材 > 第 10 章 > 图像 5.jpg
效果位置	效果 > 第 10 章 > 图像 5.psd
视频位置	视频 > 第 10 章 > 实战——保存选区至通道 .mp4

Step 01 单击"文件"|"打开"命令,打开一幅素材图像,如图10-22所示。

Step 02 选取工具箱中的磁性套索工具,创建一个选区,如图10-23所示。

图 10-22 打开素材图像

图 10-23 创建选区

Step 03 单击"窗口"|"通道"命令,打开"通道"面板,单击面板底部的"将选区存储为通道"按钮,如图10-24所示。

图 10-24 单击"将选区存储为通道"按钮

Step 04 执行操作后,即可保存选区到通道,单击Alpha 1通道左侧的"指示通道可见性"图标,显示Alpha 1通道,如图10-25所示。

图 10-25　最终效果

10.2.6 实战——使用"应用图像"命令合成图像

使用"应用图像"命令可以将所选图像中的一个或多个图层、通道与其他相同尺寸图像的图层和通道进行合成，以产生特殊的合成效果。

因为"应用图像"命令是基于像素来处理通道的，所以只有两幅图像的长和宽（以像素为单位）都相等时才能执行"应用图像"命令。

下面向读者详细介绍使用"应用图像"命令合成图像的操作方法。

素材位置	素材 > 第 10 章 > 图像 6.jpg、图像 7.jpg
效果位置	效果 > 第 10 章 > 图像 6.psd
视频位置	视频 > 第 10 章 > 实战——使用"应用图像"命令合成图像 .mp4

Step 01　单击"文件"|"打开"命令，打开两幅素材图像，如图10-26所示。

图 10-26　打开素材图像

Step 02　确认"图像6"编辑窗口为当前窗口，单击"图像"|"应用图像"命令，弹出"应用图像"对话框，设置"源"为"图像7.jpg"，"图层"为"背景"，"通道"为RGB，"混合"为"滤色"，"不透明度"为100%，如图10-27所示。

图 10-27　设置各选项

Step 03　单击"确定"按钮，即可合成图像，效果如图10-28所示。

图 10-28　最终效果

10.2.7 实战——使用"计算"命令合成图像

"计算"命令的工作原理与"应用图像"命令相同，它可以混合两个来自一个或多个源图像的单个通道。使用该命令可以创建新的通道和选区，也可以生成新的黑白图像。

下面向读者详细介绍使用"计算"命令合成图像的操作方法。

素材位置	素材 > 第 10 章 > 图像 8.jpg、图像 9.jpg
效果位置	效果 > 第 10 章 > 图像 9.psd
视频位置	视频 > 第 10 章 > 实战——使用"计算"命令合成图像 .mp4

Step 01 单击"文件"|"打开"命令，打开两幅素材图像，如图10-29所示。

图 10-29 打开素材图像

Step 02 确认"图像8"编辑窗口为当前窗口，单击"图像"|"计算"命令，弹出"计算"对话框，设置"源1"为"图像9.jpg"，"图层"为"背景"，"通道"为"红"，"源2"为"图像8.jpg"，"图层"为"背景"，"通道"为"红"，"混合"为"正片叠底"，"不透明度"为80%，如图10-30所示。

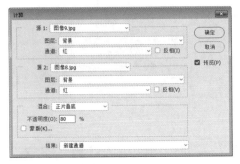

图 10-30 设置各选项

"计算"对话框中主要选项的含义如下。

◆ 源1：用于选择要计算的第1个源图像。

◆ 图层：用于选择图像的图层。

◆ 通道：用于选择进行计算的通道。

◆ 源2：用于选择计算的第2个源图像。

◆ 混合：用于选择两个通道进行计算所应用的混合模式，并设置"不透明度"值。

◆ 蒙版：选中该复选框，可以通过蒙版应用混合效果。

◆ 结果：用于选择计算后通道的显示方式。如果选择"新文档"选项，将生成一个仅有一个通道的多通道模式图像；如果选择"新建通道"选项，将在当前图像文件中生成一个新通道；如果选择"选区"选项，则生成一个选区。

Step 03 单击"确定"按钮，即可使用"计算"命令合成图像，效果如图10-31所示。

图 10-31 最终效果

10.2.8 实战——制作放射图像 进阶

在Photoshop CC 2017中，利用通道可以制作出放射图像效果。

下面向读者详细介绍制作放射图像的操作方法。

素材位置	素材 > 第 10 章 > 图像 10.jpg
效果位置	效果 > 第 10 章 > 图像 10.psd
视频位置	视频 > 第 10 章 > 实战——制作放射图像 .mp4

Step 01 单击"文件"|"打开"命令，打开一幅素材图像，如图10-32所示。

图 10-32 打开素材图像

Step 02 打开"通道"面板，选择"红"通道，复制此通道，得到"红 拷贝"通道，如图10-33所示。

图 10-33 复制"红"通道

Step 03 选取画笔工具，设置前景色为黑色，涂抹阳光直射部分以外的图像，如图10-34所示。

图 10-34 涂抹图像

Step 04 单击"滤镜"|"模糊"|"径向模糊"命令，弹出"径向模糊"对话框，设置"数量"为100，"模糊方法"为"缩放"，如图10-35所示。

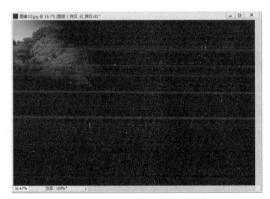

图 10-35 设置各选项

Step 05 单击"确定"按钮，然后连续3次单击"滤镜"|"模糊"|"径向模糊"命令，效果如图10-36所示。

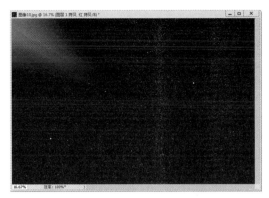

图 10-36 模糊图像

Step 06 按住【Ctrl】键的同时单击"红 拷贝"通道的缩览图，将其载入选区，如图10-37所示。

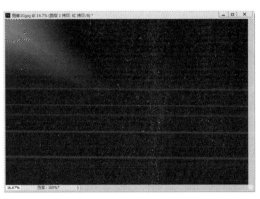

图 10-37 载入选区

Step 07 切换至"图层"面板，并新建"图层1"，设置前景色为白色，选取油漆桶工具填充选区两次，效果如图10-38所示。

图 10-38 填充选区

Step 08 按【Ctrl+D】组合键取消选区，设置"图层1"的混合模式为"叠加"，得到的效果如图10-39所示。

图10-39 最终效果

10.3 认识蒙版

在Photoshop中,"图层"面板提供了用于图层蒙版及矢量蒙版的多种控制选项,不仅可以轻松更改图像不透明度和边缘化程度,还可以方便地增加或删减蒙版,设置反相蒙版及调整蒙版边缘。有些初学者容易将选区与蒙版混淆,认为两者都起到了限制的作用,但实际上两者之间有本质的区别。选区用于限制操作范围,使操作仅发生在选区的内部。而蒙版起到屏蔽的作用,非蒙版区域也可以进行编辑与处理。

10.3.1 蒙版的类型

在Photoshop中有4种类型的蒙版,下面将分别进行介绍。

1. 剪贴蒙版

这是一类控制图层中图像显示区域与显示效果的蒙版,能够实现一对一或一对多的屏蔽效果。

2. 快速蒙版

快速蒙版的意义是制作选区,通过屏蔽图像的某一部分并显示另一部分,来达到制作精确选区的目的。

3. 图层蒙版

图层蒙版是使用较为频繁的一类蒙版,绝大多数图像合成作品都需要使用图层蒙版。

4. 矢量蒙版

矢量蒙版是图层蒙版的另一种类型,可以用矢量图形屏蔽图像。

10.3.2 蒙版的作用

蒙版的突出作用就是屏蔽,无论是什么样的蒙版,都需要对图像的某些区域起到屏蔽作用,这是蒙版的基本功能。

1. 剪贴蒙版

对于剪贴蒙版而言,基层图层中的像素分布将影响剪贴蒙版的整体效果,基层图层中的像素不透明度越高则分布范围越大,而整个剪贴蒙版产生的效果也越不明显,反之则越明显。

2. 快速蒙版

快速蒙版可以用来更加准确地创建和编辑选区。选择快速蒙版编辑模式后,图像中的选区部分会显示为原色,而非选区部分则会以半透明的红色显示。

3. 图层蒙版

图层蒙版依靠蒙版中像素的亮度,使图层显示出被屏蔽的效果,亮度越高,图层蒙版的屏蔽作用越小;反之,图层蒙版中像素的亮度越低,则屏蔽效果越明显。

4. 矢量蒙版

矢量蒙版依靠矢量路径的形状与位置,使图像产生被屏蔽的效果。

10.4 创建和管理蒙版

图层蒙版可以很好地控制图层区域的显示或隐藏,可以在不破坏图像的情况下反复编辑图像,直至得到所需要的效果,使修改图像和创建复杂选区变得更加方便。

10.4.1 实战——创建图层蒙版 **重点**

图层蒙版是通道的另一种表现形式,可用于为图像添加遮盖效果,灵活运用蒙版与选区可以制作出丰富多彩的图像效果。

下面向读者详细介绍创建图层蒙版的操作方法。

素材位置	素材＞第 10 章＞图像 11.jpg、图像 12.jpg
效果位置	效果＞第 10 章＞图像 12.psd
视频位置	视频＞第 10 章＞实战——创建图层蒙版 .mp4

Step 01 单击"文件"|"打开"命令，打开两幅素材图像，如图10-40所示。

图 10-40　打开素材图像

Step 02 选取移动工具，切换到"图像11"编辑窗口，将该图像拖曳至"图像12"编辑窗口，效果如图10-41所示。

图 10-41　拖曳图像

Step 03 按【Ctrl＋T】组合键，调出变换控制框，将鼠标指针移至控制柄上，按住鼠标左键并拖曳，将图像缩放至合适大小，按【Enter】键，确认缩放，如图10-42所示。

图 10-42　缩放图像

Step 04 在"图层"面板中选择"图层1"，单击"图层"面板底部的"添加图层蒙版"按钮，为该图层添加蒙版，如图10-43所示。

图 10-43　添加图层蒙版

Step 05 设置前景色为黑色，选取工具箱中的画笔工具，在工具属性栏中设置"模式"为正常，"大小"为50像素，"不透明度"为90%，如图10-44所示。

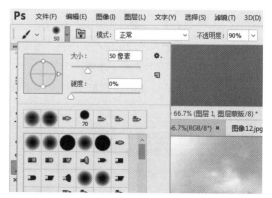

图 10-44　设置各选项

Step 06 在图像编辑窗口中的图像上涂抹，隐藏部分图像，如图10-45所示。

图 10-45 隐藏部分图像

Step 07 用同样的方法，涂抹图像中的其他部位，隐藏部分图像，效果如图10-46所示。

图 10-46 最终效果

10.4.2 实战——创建剪贴蒙版 `重点`

剪贴蒙版可以用一个图层中包含像素的区域来限制它上层图像的显示范围。它的最大优点是可以通过一个图层来控制多个图层的可见内容，而图层蒙版和矢量蒙版都只能控制一个图层。

下面向读者详细介绍创建剪贴蒙版的操作方法。

素材位置	素材 > 第 10 章 > 图像 13.psd、图像 14.psd
效果位置	效果 > 第 10 章 > 图像 14.psd
视频位置	视频 > 第 10 章 > 实战——创建剪贴蒙版 .mp4

Step 01 单击"文件"|"打开"命令，打开两幅素材图像，如图10-47所示。

图 10-47 打开素材图像

Step 02 选择"图像13"编辑窗口，在"图层"面板中选择"图层1"，按【Ctrl + A】组合键全选图像，如图10-48所示。

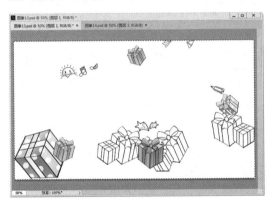

图 10-48 全选图像

Step 03 按【Ctrl + C】组合键复制图像，切换至"图像14"编辑窗口，按【Ctrl + V】组合键粘贴图像，如图10-49所示。

图 10-49 粘贴图像

Step 04 单击"图层"|"创建剪贴蒙版"命令,即可创建剪贴蒙版,效果如图10-50所示。

图 10-50 最终效果

10.4.3 实战——快速蒙版 重点

快速蒙版是一种手动间接创建选区的方法,其特点是与绘图工具结合起来创建选区,比较适合用于对选择要求不太高的情况。

下面向读者详细介绍快速蒙版的操作方法。

素材位置	素材 > 第 10 章 > 图像 15.jpg
效果位置	效果 > 第 10 章 > 图像 15.psd
视频位置	视频 > 第 10 章 > 实战——快速蒙版 .mp4

Step 01 单击"文件"|"打开"命令,打开一幅素材图像,如图10-51所示。

图 10-51 打开素材图像

Step 02 选取工具箱中的磁性套索工具,设置"羽化"为10像素,创建一个选区,如图10-52所示。

图 10-52 创建选区

Step 03 单击工具箱底部的"以快速蒙版模式编辑"按钮,如图10-53所示。执行操作后,即可以快速蒙版模式编辑选区,"通道"面板中会生成"快速蒙版"通道,效果如图10-54所示。

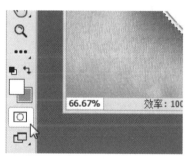

图 10-53 单击"以快速蒙版模式编辑"按钮

图 10-54 最终效果

10.4.4 实战——创建矢量蒙版 重点

矢量蒙版是由钢笔工具、自定形状工具等矢量工具创建的蒙版(图层蒙版和剪贴蒙版都是基于像素的蒙版)。矢量蒙版与分辨率无关,常用来制作Logo、按钮或其他Web设计元素。无论图像自身的分辨率是多少，只要使用了矢量蒙版，都可以得到平滑的轮廓。

下面向读者详细介绍创建矢量蒙版的操作方法。

素材位置	素材 > 第 10 章 > 图像 16.psd
效果位置	效果 > 第 10 章 > 图像 16.psd
视频位置	视频 > 第 10 章 > 实战——创建矢量蒙版 .mp4

Step 01 单击"文件"|"打开"命令，打开一幅素材图像，如图10-55所示。

图 10-55 打开素材图像

专家指点

与图层蒙版非常相似，矢量蒙版也是一种控制图层中图像显示与隐藏的方法，不同的是，矢量蒙版是依靠路径来限制图像的显示与隐藏的，因此都是具有规则边缘的蒙版。

Step 02 选取工具箱中的自定形状工具，在工具属性栏中单击"选择工具模式"按钮，在弹出的下拉列表中选择"路径"选项，设置"形状"为"网格"，在图像编辑窗口中的合适位置绘制一个网格路径，如图10-56所示。

图 10-56 绘制网格路径

Step 03 单击"图层"|"矢量蒙版"|"当前路径"命令，即可创建矢量蒙版，并隐藏路径，效果如图10-57所示。

图 10-57 隐藏路径后的效果

Step 04 在"图层"面板中可以看到基于当前路径创建的矢量蒙版，如图10-58所示。

图 10-58 矢量蒙版

10.4.5 实战——停用/启用图层蒙版 进阶

在图像中添加蒙版后，如果后面的操作不再需要蒙版，可以将蒙版关闭，以节省系统资源。

下面向读者详细介绍停用/启用蒙版的操作方法。

素材位置	素材 > 第 10 章 > 图像 17.psd
效果位置	效果 > 第 10 章 > 图像 17.psd
视频位置	视频 > 第 10 章 > 实战——停用、启用图层蒙版 .mp4

Step 01 单击"文件"|"打开"命令，打开一幅素材图像，如图10-59所示。

Step 02 在"图层"面板中选择"图层1"，在该图层的矢量蒙版缩览图上单击鼠标右键，在弹出的快捷菜单中选择"停用矢量蒙版"选项，如图10-60所示。执行操作后，即可停用矢量蒙版，且矢量蒙

版缩览图上显示了一个红色的叉形标记，如图10-61
所示。

图10 59　打开素材图像

图 10-60　选择"停用矢量蒙版"选项

图 10-61　停用矢量蒙版

Step 03 在"图层1"矢量蒙版的缩览图上单击鼠标
右键，在弹出的快捷菜单中选择"启用矢量蒙版"
选项，如图10-62所示。执行操作后，即可启用矢
量蒙版，如图10-63所示。图像编辑窗口中的图像
效果随之改变，效果如图10-64所示。

图 10-62 选择"启用矢量　　图 10-63 启用矢量蒙版
蒙版"选项

图 10-64　最终效果

10.4.6　实战——删除图层蒙版

如果不再需要图层蒙版可以将其删除，图像即
还原为添加蒙版之前的效果。

下面向读者详细介绍删除图层蒙版的操作
方法。

素材位置	素材 > 第 10 章 > 图像 18.psd
效果位置	效果 > 第 10 章 > 图像 18.psd
视频位置	视频 > 第 10 章 > 实战——删除图层蒙版 .mp4

Step 01 单击"文件" | "打开"命令，打开一幅素材
图像，如图10-65所示。

图 10-65　打开素材图像

Step 02 打开"图层"面板，如图10-66所示。

Step 03 在"图层1"的蒙版缩览图上单击鼠标右键，在弹出的快捷菜单中选择"删除图层蒙版"选项，如图10-67所示。执行操作后，即可删除图层蒙版，效果如图10-68所示。

图 10-66 "图层"面板　图 10-67 选择"删除图层蒙版"选项

图 10-68 最终效果

还有两种方法也可以删除图层蒙版：单击"图层"|"图层蒙版"|"删除"命令；选中要删除的蒙版并将其拖曳至"图层"面板底部的"删除图层"按钮上，在弹出的信息提示对话框中单击"删除"按钮。

10.4.7 应用图层蒙版

正如前面所述，图层蒙版仅仅是起到显示及隐藏图像的作用，并非真正删除了图像。如果某些图层蒙版效果已不需要再进行改动，可以应用图层蒙版，删除被隐藏的图像，从而减小图像文件大小。

打开"图层"面板，在"图层1"的蒙版缩览图

上单击鼠标右键，在弹出的快捷菜单中选择"应用图层蒙版"选项，如图10-69所示。

执行上述操作后，即可应用图层蒙版，如图10-70所示。

图 10-69 选择"应用图层蒙版"选项　图 10-70 最终效果

在 Photoshop CC 2017 中应用图层蒙版效果后，图层蒙版中的白色区域对应的图层图像会被保留，而蒙版中黑色区域对应的图层图像会被删除，灰色过度区域所对应的图层图像中的部分像素被删除。

10.5 习题

习题1 复制与删除通道

素材位置	素材 > 第 10 章 > 课后习题 > 图像 1.jpg
效果位置	无
视频位置	视频 > 第 10 章 > 习题 1：复制与删除通道 .mp4

本习题练习对某一通道进行复制与删除操作，素材如图10-71所示，复制通道后的效果如图10-72所示。

图 10-71 素材图像

图 10-72 复制通道后的效果

习题2 分离和合并通道

素材位置	素材 > 第 10 章 > 课后习题 > 图像 >2.jpg
效果位置	效果 > 第 10 章 > 课后习题 > 图像 >2.psd
视频位置	视频 > 第 10 章 > 习题 2：分离和合并通道 .mp4

本习题练习通过"通道"面板分离和合并通道的操作，素材如图10-73所示，最终效果如图10-74所示。

图 10-73 素材图像

图 10-74 最终效果

习题3 删除图层蒙版

素材位置	素材 > 第 10 章 > 课后习题 > 图像 3.psd
效果位置	效果 > 第 10 章 > 课后习题 > 图像 3.psd
视频位置	视频 > 第 10 章 > 习题 3：删除图层蒙版 .mp4

本习题练习将创建的蒙版删除，把图像还原为设置蒙版之前的效果，素材如图10-75所示，最终效果如图10-76所示。

图 10-75 素材图像

图 10-76 最终效果

习题4 应用图层蒙版

素材位置	素材 > 第 10 章 > 课后习题 > 图像 4.psd
效果位置	效果 > 第 10 章 > 课后习题 > 图像 4.psd
视频位置	视频 > 第 10 章 > 习题 4：应用图层蒙版 .mp4

本习题练习应用图层蒙版，以删除被隐藏的图像，从而减小图像文件大小，应用前如图10-77所示，应用后如图10-78所示。

图 10-77 应用蒙版前　　图 10-78 应用蒙版后

第11章

应用神奇的滤镜特效

滤镜能够对图像中的像素进行操作，可以模拟一些特殊的光照效果或带有装饰性的纹理效果。Photoshop CC 2017提供了多种滤镜，使用这些滤镜，用户不需要耗费大量的时间和精力就可以快速制作出云彩、马赛克、模糊、素描、光照及各种扭曲效果。

课堂学习目标

- 认识滤镜
- 掌握特殊滤镜效果的应用
- 掌握运用智能滤镜的方法
- 掌握常用滤镜效果的应用

11.1 初识滤镜

滤镜是Photoshop的重要组成部分，它就像是一个魔术师。如果没有滤镜，Photoshop就不会成为图像处理领域的优秀软件，因此滤镜对于每一个Photoshop用户都具有很重要的意义。滤镜可以是作品的"润色剂"，也可以是作品的"腐蚀剂"，到底扮演什么角色，取决于操作者如何使用滤镜。

11.1.1 滤镜的种类

Photoshop中的滤镜划分为以下两类。

1. 特殊滤镜

由于此类滤镜功能强大、使用频繁，加上在"滤镜"菜单中位置特殊，因此被称为特殊滤镜，其中包括"液化""镜头校正""消失点"和"滤镜库"等命令。

2. 普通滤镜

此类滤镜是自Photoshop 4.0发布以来始终都存在的一类滤镜，有上百个之多，被广泛应用于纹理制作、图像效果的修整、文字效果制作、图像处理等方面。

11.1.2 滤镜的作用

虽然许多读者知道滤镜使用方便，灵活使用滤镜能够创造出精美的图像效果，但这种认识还是相当模糊的，为了使读者对滤镜的作用有更加清晰的认识，下面将向读者介绍几种滤镜的实际用途。

专家指点

使用"液化"滤镜可以逼真地模拟液体流动的效果，使用该命令可以非常方便地制作变形、湍流、扭曲、褶皱、膨胀和对称等效果，但是该命令不能在索引模式、位图模式或多通道颜色模式的图像中使用。

1. 创建艺术化效果

在Photoshop中，用户可以使用多种方法处理图像，从而得到艺术化的图像效果。图11-1所示为"镜头光晕"滤镜效果。

图 11-1 "镜头光晕"滤镜效果

2. 将滤镜应用于单个通道

可将滤镜应用于单个通道，对每个颜色通道可以应用不同的效果或具有不同设置的同一滤镜，从而创建特殊的图像效果。

3．创建绘画效果

综合使用滤镜能够将图像处理成为具有油画、素描效果的图像，如图11-2所示。

图11-2 "水彩画纸"滤镜效果

4．创建背景

将滤镜应用于纯色或灰度的图层可以得到各种背景和纹理。有些滤镜在应用于纯色时效果不明显，而有些滤镜却可以产生奇特的效果。图11-3所示为应用"染色玻璃"滤镜得到的染色玻璃纹理效果。

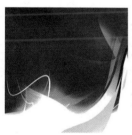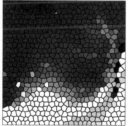

图11-3 "染色玻璃"滤镜效果

5．修饰图像

Photoshop CC 2017为用户提供了几种用于修饰数码相片的滤镜，使用这些滤镜能够去除图像的杂点，如"去除杂色"滤镜、"去斑"滤镜等，另外，为使图像更加清晰，可以使用"智能锐化"滤镜。

11.1.3　内置滤镜的共性　　重点

内置滤镜是Photoshop中使用最多的滤镜，掌握这些滤镜在使用时的共性，有助于更加准确、有效地运用这些滤镜。滤镜的处理效果是以像素为单位的，因此滤镜的处理与图像的分辨率有关。正因如此，使用相同的滤镜参数处理不同分辨率的图

像，得到的效果也不相同。当读者在学习本书及其他与Photoshop有关的教程时，应注意文件的尺寸是否与讲解中的尺寸一致。

11.2　使用智能滤镜

智能滤镜是Photoshop中一个强大功能。以前，要对智能对象图层应用滤镜，就必须将该智能对象图层栅格化，然后才可以应用滤镜效果，但是智能对象将转换为普通对象。智能滤镜功能就是为了解决这一难题而产生的。同时，智能滤镜还可以反复修改。

11.2.1　创建智能滤镜　　重点

智能对象图层主要是由智能蒙版和智能滤镜列表构成的，其中智能蒙版主要用于隐藏智能滤镜对图像的处理效果，而智能滤镜列表则显示了当前智能滤镜图层中所应用的滤镜名称。

> **专家指点**
>
> 如果用户选择的是没有参数的滤镜（如查找边缘、云彩等），则可以直接对智能对象图层中的图像进行处理，并创建对应的智能滤镜。

在Photoshop CC 2017中，选择图层，如"图层1"，单击鼠标右键，在弹出的快捷菜单中选择"转换为智能对象"选项，可将图层转换为智能对象图层，如图11-4所示。

图11-4 转换为智能对象

单击"滤镜"|"扭曲"|"波纹"命令，弹出"波纹"对话框，设置"数量"为-300%，"大小"为"中"，如图11-5所示。

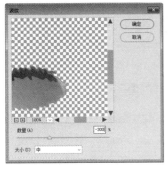

图 11-5 "波纹"对话框

单击"确定"按钮，生成一个智能滤镜图层，图像效果也随之改变，如图11-6所示。

图 11-6 最终效果

11.2.2 编辑智能滤镜

在Photoshop CC 2017中，用户可以根据需要，通过"智能滤镜"命令调整图像特效。双击"图层"面板中的"球面化"智能滤镜，弹出"球面化"对话框，即可设置相应参数，如图11-7所示。

图 11-7 编辑智能滤镜

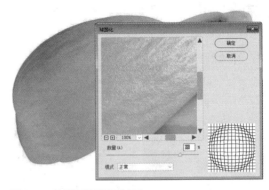

图 11-7 编辑智能滤镜（续）

11.2.3 停用/启用智能滤镜

停用/启用智能滤镜可以分为两种操作，即对所有的智能滤镜操作和对单个智能滤镜操作。在Photoshop CC 2017中，单击"图层"面板中智能滤镜左侧的"切换单个智能滤镜可见性"图标，即可停用/启用该智能滤镜。图11-8所示为启用智能滤镜前后效果对比。

图 11-8 启用智能滤镜前后效果对比

要停用所有智能滤镜，可以在所属的智能对象图层右侧的"指示滤镜效果"按钮上单击鼠标右键，在弹出的快捷菜单中选择"停用智能滤镜"选项，即可隐藏所有智能滤镜生成的图像效果。再次在该位置上单击鼠标右键，在弹出的快捷菜单中选择"启用智能滤镜"选项，将显示所有智能滤镜。

11.2.4 删除智能滤镜

如果要删除一个智能滤镜，可以直接在该滤镜名称上单击鼠标右键，在弹出的快捷菜单中选择"删除智能滤镜"命令，如图11-9所示；或者直接将要删除的滤镜拖至"图层"面板底部的"删除图层"按钮上。

图 11-9 删除智能滤镜前后的对比效果

11.3 常用滤镜效果的应用

Photoshop中有很多常用的滤镜，如"风格化"滤镜、"模糊"滤镜、"杂色"滤镜等。本节将向读者介绍常用滤镜效果的应用。

11.3.1 实战——应用"液化"滤镜 进阶

"液化"滤镜可以用于推、拉、旋转、反射、折叠和膨胀图像的任意区域，但是该滤镜不能在索引模式、位图模式或多通道模式的图像中使用。"液化"对话框如图11-10所示。

图 11-10 "液化"对话框

"液化"对话框中主要选项的含义如下。

◆ 向前变形工具 ：可以向前推动像素。

◆ 重建工具 ：用来恢复图像，在变形的区域单击或拖曳，可以使变形区域的图像恢复为原来的效果。

◆ 顺时针旋转扭曲工具 ：在图像中单击或拖曳鼠标可以顺时针旋转扭曲像素，按住【Alt】键的同时单击或拖曳鼠标则可以逆时针旋转扭曲像素。

◆ 褶皱工具 ：使用该工具可以使像素向画笔区域的中心移动，使图像产生向内收缩效果。

◆ 膨胀工具 ：可以使像素向画笔区域中心以外的方向移动，使图像产生向外膨胀的效果。

◆ 左推工具 ：垂直向上拖曳鼠标，像素向左移动；垂直向下拖曳鼠标，像素向右移动；按住

【Alt】键的同时向上拖曳鼠标，像素向右移动；按住【Alt】键的同时向下拖曳鼠标，像素向左移动。

◆ 冻结蒙版工具 ✔️：如果要对一些区域进行处理，而又不希望影响其他区域，可以使用该工具在图像上绘制出冻结区域，即要保护的区域。

◆ 解冻蒙版工具 ✗️：涂抹冻结区域可以解除冻结。

◆ 抓手工具 ✋：用于移动图像，放大图像后可以方便查看图像的各个区域。

◆ 缩放工具 🔍：用于放大、缩小图像。

◆ 工具选项：该选项区中有"大小""浓度""压力""速率""固定边缘""光笔压力"等选项，用于设置所选工具的参数。

◆ 重建选项：在该选项区中单击"重建"按钮，可以应用重建效果；单击"恢复全部"按钮，可以取消所有扭曲效果（当前图像中被冻结的区域也不例外）。

◆ 蒙版选项：该选项区中有"替换选区" ◐、"添加到选区" ◑、"从选区中减去" ◖、"在选区交叉" ◑及"反相选区" ◐等按钮。单击"无"按钮，可以解冻所有区域；单击"全部蒙住"按钮，可以使图像全部冻结；单击"全部反相"按钮，可以使冻结和解冻区域反相。

◆ 视图选项：该选项区中有"显示图像""显示网格""显示蒙版""显示背景"等复选框。

下面向读者详细介绍运用"液化"滤镜制作图像效果的操作方法。

素材位置	素材 > 第 11 章 > 图像 1.jpg
效果位置	效果 > 第 11 章 > 图像 1.jpg
视频位置	视频 > 第 11 章 > 实战——应用"液化"滤镜 .mp4

Step 01 单击"文件"|"打开"命令，打开一幅素材图像，如图11-11所示。

Step 02 单击"滤镜"|"液化"命令，弹出"液化"对话框，如图11-12所示。

图 11-11 打开素材图像

图 11-12 "液化"对话框

Step 03 选取顺时针旋转扭曲工具 🔄，将鼠标指针移至图像预览框的合适位置，按住鼠标左键并拖曳，对图像进行涂抹，使图像变形，如图11-13所示。

图 11-13 扭曲图像

Step 04 单击"确定"按钮，即可将预览窗口中的液化变形应用到图像上，效果如图11-14所示。

图 11-14　最终效果

11.3.2 实战——应用"消失点"滤镜

在Photoshop中，"消失点"滤镜可以自定义透视参考框，从而将图像复制、转换或移动到透视结构上。用户可以根据需要，在图像中指定编辑位置，并进行绘画、仿制、拷贝、粘贴及变换等编辑操作。"消失点"对话框如图11-15所示。

图 11-15 "消失点"对话框

"消失点"对话框中主要选项的含义如下。

◆ 编辑平面工具 ▶：用来选择、编辑、移动平面的节点，以及调整平面的大小。

◆ 创建平面工具 ▦：用来定义透视平面的4个角节点，然后可以移动、缩放平面或重新确定其形状。按住【Ctrl】键并拖曳平面的边节点可以拉出一个垂直平面，再定义透视平面。在定义透视平面的节点时，如果节点的位置不正确，可以按【Backspace】键将该节点删除。

◆ 选框工具 □：在平面上拖曳鼠标可以选择平面上的图像。选择图像后，将鼠标指针放在选区内，按住【Alt】键拖曳可以复制图像；按住【Ctrl】键拖曳选区，则可以用源图像填充该区域。

◆ 图章工具 ▲：使用该工具时，按住【Alt】键的同时在图像中单击，可以为仿制设置取样点；在其他区域拖曳鼠标可复制图像；按住【Shift】键的同时单击，可以将描边扩展到上一次单击处。

◆ 画笔工具 ✎：可以在图像上绘制选定的颜色。

◆ 变换工具 ▨：使用该工具时，可以通过移动边界框的控制柄来缩放、旋转和移动选区，相当于对矩形选区应用"自由变换"的命令。

◆ 吸管工具 ✐：可以吸取图像中的颜色作为画笔工具的绘画颜色。

◆ 测量工具 ▭：可以在透视平面中测量项目的距离和角度。

下面向读者详细介绍使用"消失点"滤镜制作图像效果的操作方法。

素材位置	素材 > 第 11 章 > 图像 2.jpg
效果位置	效果 > 第 11 章 > 图像 2.jpg
视频位置	视频 > 第 11 章 > 实战——应用"消失点"滤镜 .mp4

Step 01 单击"文件"|"打开"命令，打开一幅素材图像，如图11-16所示。

图 11-16　打开素材图像

Step 02 单击"滤镜"|"消失点"命令，弹出"消失点"对话框，单击"创建平面工具"按钮，创建一个透视矩形框，并适当调整透视矩形框的位置和大小，如图11-17所示。

图 11-17 创建透视矩形框

Step 03 单击"选框工具"按钮，在透视矩形框中创建选区，按住【Alt】键的同时拖曳鼠标，可以移动选区，复制图像，效果如图11-18所示。

图 11-18 向下拖曳选区

Step 04 单击"确定"按钮，效果如图11-19所示。

图 11-19 最终效果

11.3.3 实战——应用"风格化"滤镜

"风格化"滤镜可以对选区中的图像像素进行移动，并提高像素的对比度，从而产生印象派等特殊风格的图像效果。

下面向读者详细介绍使用"风格化"滤镜制作图像效果的操作方法。

素材位置	素材 > 第 11 章 > 图像 3.jpg
效果位置	效果 > 第 11 章 > 图像 3.jpg
视频位置	视频 > 第 11 章 > 实战——应用"风格化"滤镜 .mp4

Step 01 单击"文件"|"打开"命令，打开一幅素材图像，如图11-20所示。

图 11-20 打开素材图像

Step 02 单击"滤镜"|"风格化"|"拼贴"命令，弹出"拼贴"对话框，保持默认参数，如图11-21所示。

图 11-21 "拼贴"对话框

Step 03 单击"确定"按钮，图像效果随之改变，效果如图11-22所示。

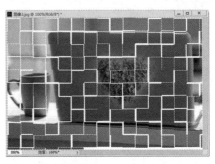

图 11-22 最终效果

11.3.4　实战——应用"模糊"滤镜

应用"模糊"滤镜，可以使图像中清晰或对比度较强烈的区域产生模糊的效果。

下面向读者详细介绍使用"模糊"滤镜制作图像效果的操作方法。

素材位置	素材＞第 11 章＞图像 4.jpg
效果位置	效果＞第 11 章＞图像 4.jpg
视频位置	视频＞第 11 章＞实战——应用"模糊"滤镜 .mp4

Step 01 单击"文件"｜"打开"命令，打开一幅素材图像，如图11-23所示。

图 11-23　打开素材图像

Step 02 选取工具箱中的磁性套索工具，设置"羽化"为10像素，创建选区，单击"选择"｜"反选"命令，反选选区，如图11-24所示。

图 11-24　反选选区

Step 03 单击"滤镜"｜"模糊"｜"径向模糊"命令，弹出"径向模糊"对话框，设置"数量"为50，"模糊方法"为"缩放"，"品质"为"最好"，如图11-25所示。

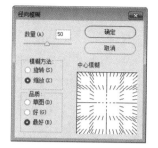

图 11-25　设置各选项

"径向模糊"对话框中各选项的含义如下。

◆ 数量：用来设置模糊的强度，该值越大，模糊效果越强烈。

◆ 模糊方法：选中"旋转"单选按钮，则沿同心圆环进行模糊；选中"缩放"单选按钮，则沿径向线进行模糊，类似于放大或缩小图像的效果。

◆ 品质：选择"草图"单选按钮，处理速度最快，但会产生颗粒状效果；选择"好"或"最好"单选按钮都可以产生较为平滑的效果，但除非在较大的图像上，否则看不出这两种品质的区别。

◆ 中心模糊：拖曳"中心模糊"框中的图案，可以指定模糊的原点。

Step 04 单击"确定"按钮，并取消选区，即可将"径向模糊"滤镜应用于图像，效果如图11-26所示。

图 11-26　最终效果

11.3.5 实战——应用"扭曲"滤镜

"扭曲"滤镜可以对图像进行几何扭曲，以创建波纹、球面化、波浪等三维或变形效果，适用于制作水面波纹或破坏图像形状。

下面向读者详细介绍使用"扭曲"滤镜制作图像效果的操作方法。

素材位置	素材 > 第 11 章 > 图像 5.jpg
效果位置	效果 > 第 11 章 > 图像 5.jpg
视频位置	视频 > 第 11 章 > 实战——应用"扭曲"滤镜 .mp4

Step 01 单击"文件"|"打开"命令，打开一幅素材图像，如图11-27所示。

Step 02 选取工具箱中的椭圆选框工具，创建一个椭圆形选区，如图11-28所示。

图 11-27 打开素材图像　　图 11-28 创建选区

Step 03 单击"滤镜"|"扭曲"|"水波"命令，弹出"水波"对话框，设置"数量"为80，"起伏"为5，"样式"为"水池波纹"，如图11-29所示。

图 11-29 设置各选项

Step 04 单击"确定"按钮，即可将"水波"滤镜应用于图像，取消选区，效果如图11-30所示。

图 11-30 最终效果

11.3.6 实战——应用"素描"滤镜

在"素描"滤镜组中，除了"水彩画纸"滤镜是以色彩为标准之外，其他滤镜都是以黑、白、灰来替换图像中的色彩，从而产生多种绘画效果。

下面向读者详细介绍使用"素描"滤镜制作图像效果的操作方法。

素材位置	素材 > 第 11 章 > 图像 6.jpg
效果位置	效果 > 第 11 章 > 图像 6.jpg
视频位置	视频 > 第 11 章 > 实战——应用"素描"滤镜 .mp4

Step 01 单击"文件"|"打开"命令，打开一幅素材图像，如图11-31所示。

图 11-31 打开素材图像

Step 02 单击"滤镜"|"滤镜库"命令，在弹出的"滤镜库"对话框中选择"素描"|"影印"滤镜，设置"细节"为7，"暗度"为8，如图11-32所示。

图 11-32　设置各选项

Step 03 单击"确定"按钮，即可将"影印"滤镜应用于图像，效果如图11-33所示。

图 11-33　最终效果

11.3.7　实战——应用"纹理"滤镜

使用"纹理"滤镜可以为图像添加各式各样的纹理图案，通过设置各个选项的参数值，可以制作出不同的深度或材质的纹理效果。

下面向读者详细介绍使用"纹理"滤镜制作图像效果的操作方法。

素材位置	素材 > 第 11 章 > 图像 7.jpg
效果位置	效果 > 第 11 章 > 图像 7.jpg
视频位置	视频 > 第 11 章 > 实战——应用"纹理"滤镜 .mp4

Step 01 单击"文件"|"打开"命令，打开一幅素材图像，如图11-34所示。

Step 02 选取工具箱中的磁性套索工具，创建选区并

羽化10像素，单击"选择"|"反选"命令，反选选区，如图11-35所示。

图 11-34　打开素材图像

图 11-35　反选选区

Step 03 单击"滤镜"|"滤镜库"命令，在"滤镜库"对话框中选择"纹理"|"龟裂缝"滤镜，保持默认设置，如图11-36所示。

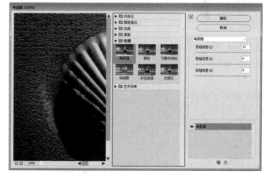

图 11-36　"龟裂缝"对话框

Step 04 单击"确定"按钮，即可将"龟裂缝"滤镜应用于图像，取消选区，效果如图11-37所示。

图 11-37 最终效果

11.3.8 实战——应用"像素化"滤镜

"像素化"滤镜主要用来为图像平均分配色度，通过使单元格中颜色相近的像素结块来清晰地定义一个选区，从而使图像产生点状、马赛克及碎片等效果。

下面向读者详细介绍使用"像素化"滤镜制作图像效果的操作方法。

素材位置	素材 > 第 11 章 > 图像 8.jpg
效果位置	效果 > 第 11 章 > 图像 8.jpg
视频位置	视频 > 第 11 章 > 实战——应用"像素化"滤镜 .mp4

Step 01 单击"文件"|"打开"命令，打开一幅素材图像，如图11-38所示。

图 11-38 打开素材图像

Step 02 单击"滤镜"|"像素化"|"彩色半调"命令，弹出"彩色半调"对话框，保持默认设置，如图11-39所示。

图 11-39 "彩色半调"对话框

Step 03 单击"确定"按钮，即可将"彩色半调"滤镜应用于图像，效果如图11-40所示。

图 11-40 最终效果

11.3.9 实战——应用"渲染"滤镜

"渲染"滤镜可以在图像中产生照明效果，常用于创建3D形状、云彩图案和折射图案等，它还可以模拟光的效果，同时产生不同的光源效果和夜景效果等。

下面向读者详细介绍使用"渲染"滤镜制作图像效果的操作方法。

素材位置	素材 > 第 11 章 > 图像 9.jpg
效果位置	效果 > 第 11 章 > 图像 9.jpg
视频位置	视频 > 第 11 章 > 实战——应用"渲染"滤镜 .mp4

Step 01 单击"文件"|"打开"命令，打开一幅素材图像，如图11-41所示。

Step 02 单击"滤镜"|"渲染"|"镜头光晕"命令，弹出"镜头光晕"对话框，设置"亮度"为

173%，"镜头类型"为"50-300毫米变焦"，如图11-42所示。

图 11-41 打开素材图像

图 11-42 设置各选项

Step 03 单击"确定"按钮，即可添加光晕效果，效果如图11-43所示。

图 11-43 最终效果

11.3.10 实战——应用"艺术效果"滤镜 　进阶

"艺术效果"滤镜通过模拟彩色铅笔、蜡笔画、油画及木刻作品的特殊效果，为商业项目制作绘画效果，使图像产生不同风格的艺术效果。

下面向读者详细介绍使用"艺术效果"滤镜制作图像效果的操作方法。

素材位置	素材 > 第 11 章 > 图像 10.jpg
效果位置	效果 > 第 11 章 > 图像 10.jpg
视频位置	视频 > 第 11 章 > 实战——应用"艺术效果"滤镜 .mp4

Step 01 单击"文件"|"打开"命令，打开一幅素材图像，如图11-44所示。

图 11-44 打开素材图像

Step 02 单击"滤镜"|"滤镜库"命令，在"滤镜库"对话框中选择"艺术效果"|"绘画涂抹"滤镜，如图11-45所示。

图 11-45 "绘画涂抹"对话框

Step 03 设置"画笔大小"为5，"锐化程度"为30，如图11-46所示。

图 11-46 设置各选项

通过"绘画涂抹"滤镜可以选取各种大小（1~50）和类型的画笔来创建绘画效果。画笔类型包括简单、未处理光照、暗光、宽锐化、宽模糊和火花。

Step 04 单击"确定"按钮，即可应用绘画涂抹滤镜，效果如图11-47所示。

图 11-47 最终效果

11.3.11 实战——应用"杂色"滤镜

使用"杂色"滤镜组下的命令可以在图像中添加杂色或移去图像中的杂色及带有随机分布色阶的像素，适用于去除图像中的杂点和划痕等操作。

下面向读者详细介绍使用"杂色"滤镜制作图像效果的操作方法。

素材位置	素材 > 第 11 章 > 图像 11.jpg
效果位置	效果 > 第 11 章 > 图像 11.jpg
视频位置	视频 > 第 11 章 > 实战——应用"杂色"滤镜 .mp4

Step 01 单击"文件"|"打开"命令，打开一幅素材图像，如图11-48所示。

图 11-48 打开素材图像

Step 02 单击"滤镜"|"杂色"|"添加杂色"命令，弹出"添加杂色"对话框，保持默认设置，如图11-49所示。

图 11-49 "添加杂色"对话框

Step 03 单击"确定"按钮，即可应用"添加杂色"滤镜，效果如图11-50所示。

图 11-50 最终效果

11.3.12　实战——应用"画笔描边"滤镜

"画笔描边"滤镜组中的各命令均用于模拟绘画时各种笔触技法，以不同的画笔和颜料生成一些精美的绘画艺术效果。

下面向读者详细介绍使用"画笔描边"滤镜制作图像效果的操作方法。

素材位置	素材 > 第 11 章 > 图像 12.jpg
效果位置	效果 > 第 11 章 > 图像 12.jpg
视频位置	视频 > 第 11 章 > 实战——应用"画笔描边"滤镜 .mp4

Step 01 单击"文件"|"打开"命令，打开一幅素材图像，如图11-51所示。

图 11-51　打开素材图像

Step 02 单击"滤镜"|"滤镜库"命令，在"滤镜库"对话框中选择"画笔描边"|"喷溅"滤镜，设置"喷色半径"为8，"平滑度"为6，如图11-52所示。

图 11-52　设置相应参数

"喷溅"对话框中各选项的含义如下。

◆ "喷色半径"选项：用于调整喷溅的范围大小。

◆ "平滑度"选项：用于调整喷溅边缘的平滑度。

Step 03 单击"确定"按钮，即可添加喷溅效果，如图11-53所示。

Step 04 按【Ctrl＋Alt+F】组合键，重复应用滤镜效果，如图11-54所示。

图 11-53　喷溅效果　　　　图 11-54　最终效果

11.4　习题

习题1　创建智能滤镜

素材位置	素材 > 第 11 章 > 课后习题 > 图像 1.jpg
效果位置	效果 > 第 11 章 > 课后习题 > 图像 1.psd
视频位置	视频 > 第 11 章 > 习题 1: 创建智能滤镜 .mp4

本习题练习智能滤镜的创建，素材如图11-55所示，最终效果如图11-56所示。

图 11-55　素材图像

图 11-56 最终效果

习题2 滤镜库

素材位置	素材 > 第 11 章 > 课后习题 > 图像 2.jpg
效果位置	效果 > 第 11 章 > 课后习题 > 图像 2.jpg
视频位置	视频 > 第 11 章 > 习题 2：滤镜库 .mp4

本习题练习应用滤镜库中的滤镜制作艺术效果，素材如图11-57所示，最终效果如图11-58所示。

图 11-57 素材图像

图 11-58 最终效果

习题3 "扭曲"滤镜

素材位置	素材 > 第 11 章 > 课后习题 > 图像 3.jpg
效果位置	效果 > 第 11 章 > 课后习题 > 图像 3.jpg
视频位置	视频 > 第 11 章 > 习题 3："扭曲"滤镜 .mp4

本习题练习通过"扭曲"滤镜，扭曲图像形状，素材如图11-59所示，最终效果如图11-60所示。

图 11-59 素材图像

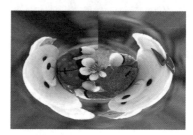

图 11-60 最终效果

习题4 径向滤镜

素材位置	素材 > 第 11 章 > 课后习题 > 图像 4.jpg
效果位置	效果 > 第 11 章 > 课后习题 > 图像 4.jpg
视频位置	视频 > 第 11 章 > 习题 4：径向滤镜 .mp4

本习题练习运用"径向"滤镜使图像的某一部分变得更加突出，素材如图11-61所示，最终效果如图11-62所示。

图 11-61 素材图像

图 11-62 最终效果

创建与编辑3D模型

第12章

Photoshop CC 2017添加了用于创建和编辑3D模型及基于动画内容的突破性工具。用户可以直接创建，也可以从外部导入3D模型数据，还可以将3D模型与2D图像互换。本章主要向读者介绍3D面板的基础知识及渲染3D模型等内容。

课堂学习目标

- 认识3D面板
- 掌握编辑3D图层的方法
- 掌握编辑3D模型的方法
- 了解3D材料

12.1 初识3D

Photoshop CC 2017可以打开并使用由3D Studio、Collada、Flash 3D、Google Earth 4、U 3D等软件生成的3D文件。

12.1.1 3D的基本概念

3D也叫作三维，图形内容除了有水平的x轴向与垂直的y轴向外，还有进深的z轴向，区别在于三维图形可以包含360°的信息，能从各个角度去表现。从理论上看，三维图形的立体感、光影效果要比二维平面图形好得多，因为三维图形光线、阴影都是真实存在的。图12-1所示为Photoshop处理后的三维图形。

图 12-1 三维图像

12.1.2 3D的作用

3D技术被嵌入了现代工业与文化创意产业的整个流程，包括工业设计、工程设计、模具设计、数控编程、仿真分析、虚拟现实、展览展示、影视动漫及教育训练等，是各国争夺行业制高点的竞争焦点。

经过多年的快速发展与广泛应用，3D技术逐渐变得成熟与普遍。以3D取代2D，"立体"取代"平面"，"虚拟"模拟"现实"的3D浪潮正在各个领域迅猛掀起。

12.1.3 3D的特性

人眼有一个特性就是看景物时近大远小，就会形成立体感。计算机屏幕是二维的，我们之所以能欣赏到如实物般的三维图像，是因为计算机屏幕上色彩灰度的不同使人眼产生视觉上的错觉，从而将二维的计算机屏幕上的画面感知为三维图像。基于色彩学的有关知识，三维物体边缘的凸出部分一般显示高亮度色，而凹下去的部分由于光线被遮挡而显示暗色，这一认识被广泛应用于网页或其他应用中对按钮、3D线条的绘制。如绘制3D文字，原始位置显示高亮度颜色，而左下或右上等位置用低亮度颜色勾勒出其轮廓，这样在视觉上便会产生3D文字的效果。具体实现时，可以用完全一样的字体在不同的位置分别绘制两个不同颜色的2D文字，只要是两个文字的坐标合适，就可以在视觉上产生不同的3D文字效果。

12.1.4 3D性能设置

自从Photoshop CS4开始使用OpenGL绘制工作区（也叫作视口），显卡的性能开始变得重要了。从CS4版本开始，Photoshop对显卡的需求与支持情况都略有不同，如CS5版本去掉了色彩精度对称选项，而CC 2017版本去掉了垂直同步的选项，每一次版本升级都在改进。Photoshop CC 2017的改进非常大，明确支持了GPU运算，而且将GPU加速和OpenCL支持分别提出。单击"编辑"|"首选项"|"性能"命令，弹出"首选项"对话框，如图12-2所示。

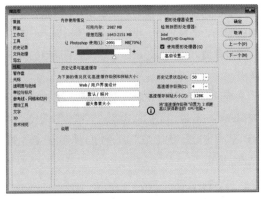

图 12-2 "首选项"对话

"性能"选项下主要选项含义如下。

◆ 内存使用情况：分配给Photoshop的内存容量，在"让Photoshop使用"文本框中输入要分配给Photoshop的内存容量，也可以拖曳滑块设置。

◆ 历史记录与高速缓存：指定"历史记录"面板中显示的历史记录的最大数量。为图像数据指定高速缓存级别和拼贴大小。

◆ 图形处理器设置：使用图形处理器可以激活某些功能和界面增强。

如果系统中存在OpenGL，则可以在"首选项"对话框中启用OpenGL。在"首选项"对话框的"图形处理器设置"选项区中单击"高级设置"按钮，在弹出的对话框中选中"使用OpenGL"复选框，单击"确定"按钮。

启用OpenGL绘图功能后，即可设置3D选项，在"首选项"对话框中切换至3D参数选项区，如图12-3所示。在其中对3D功能进行设置即可。

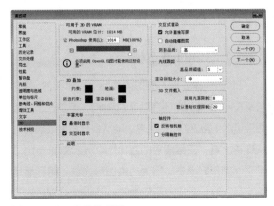

图 12-3 3D 参数选项区

12.1.5 3D对象工具

选择3D图层时，3D对象工具会变成使用状态，使用3D对象工具可以改变3D模型的位置或缩放大小。图12-4所示为3D对象工具属性栏。

图 12-4 3D 对象工具属性栏

3D对象工具属性栏中各按钮含义如下。

◆ 旋转3D对象 ：按住鼠标左键并上下拖曳可将

模型绕着其x轴旋转，按住鼠标左键并左右拖曳则可将模型绕着y轴旋转。

◆ 滚动3D对象◎：按住鼠标左键并左右拖曳可以将模型绕着z轴旋转。

◆ 拖动3D对象❖：按住鼠标左键并左右拖曳，可以水平移动模型；按住鼠标左键并上下拖曳，则可以垂直移动模型。

◆ 滑动3D对象❖：按住鼠标左键并左右拖曳可以水平移动模型；按住鼠标左键并上下拖曳则可拉远或拉近模型。

◆ 缩放3D对象◄：按住鼠标左键并上下拖曳可以放大或缩小模型。

值得一提的是，Photoshop CC 2017的3D功能有所增强，是该功能自引入以来变动幅度最大的一次，共有两处变动。油漆桶工具组中新增3D材质拖放工具，如图12-5所示。吸管工具组中增加3D材质吸管工具，如图12-6所示。

图 12-5　3D 材质拖放工具　　图 12-6　3D 材质吸管工具

12.1.6　3D轴

如果用户的系统支持OpenGL，则可以使用3D轴来操作3D模型。3D轴会在3D空间内显示3D模型目前的x轴、y轴和z轴方向，如图12-7所示。它会在用户选取3D图层和3D工具之后出现。用户可以将3D轴当作3D位置工具的替代工具，可以在对象空间内移动、旋转或重新调整3D模型的尺寸。

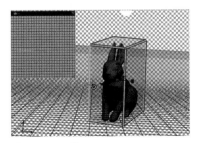

图 12-7　3D 轴

3D轴相关操作技巧如下。

◆ 若要使用3D轴，可将鼠标指针移动到轴组件上，即可使用3D轴进行编辑。

◆ 若要沿着x轴、y轴或z轴移动模型，可以在任何轴的锥形尖端，沿着3D轴往任意方向拖曳。

◆ 若要旋转模型，单击弯曲的旋转区域（位于轴尖端的内部），此时会出现一个黄色的圆形，显示旋转平面，以顺时针或逆时针方向环绕着3D轴中心拖曳。若要使旋转幅度更细微，可背向3D轴的中心向外拖曳鼠标。

◆ 若要重新调整模型的尺寸，可将3D轴的中央立方体上下拖曳。

◆ 若要沿着轴来压缩或拉长模型，可将任意彩色变形立方体往中央立方体的方向拖曳，或是往反方向拖曳。

◆ 若要强制对象平面的动作，将鼠标指针移动到两轴相交并靠近中央立方体的区域，两轴之间就会出现一个黄色的平面图示，将其往任何方向拖曳；或者将指针移动到中央立方体的下方，以启动平面图示。

12.2　认识3D面板

选择3D图层时，3D面板会显示其关联3D文件的组件。3D面板的顶部会列出场景、网格、材质和光源；面板的底部会显示在顶部所选取的3D组件的设置和选项。

12.2.1　3D场景

使用3D场景，可以更改演算模式、选取要绘图的纹理或建立横截面。若要更改场景设置，可单击3D面板中的"滤镜：整个场景"按钮▦，再选择"场景"项目，即可选择场景，如图12-8所示。

在图像中的不同对象上单击鼠标右键，即可弹出该对象的"背景"面板，如图12-9所示。

图 12-8 3D 场景

图 12-9 "背景"面板

"背景"面板中主要选项含义如下。

◆ 视图：在该下拉列表框中可以选择图像中要查看的3D图形。

◆ 视角：用于设置物体投影到屏幕的方式是透视投影还是正交投影。

◆ 景深：景深是指在摄影机镜头或其他成像器前沿着能够取得清晰图像的成像景深相机轴线所测定的物体距离范围。

12.2.2 3D网格

网格可以提供3D模型的底层结构。网格的可视化外观通常是线框，是由数以千计的多边形所建立的骨干结构。一般3D模型至少含有一个网格，可能会组合数个网格，用户可以在各种演算模式中检视网格，也可以独立操作各个网格。虽然在网格中无法更改实际的多边形，但是可以更改其方向，并沿着不同的轴缩放，使多边形变形。另外，也可以使用预先提供的形状或转换现有的2D图层，以建立自己的3D网格，如图12-10所示。

图 12-10 3D 网格

12.2.3 3D材质

材质网格可以有一或多个与其关联的材质，用以控制所有或部分网格的外观。每个材质会依赖称为纹理对应的子组件，而这些子组件的累计效果会建立材质的外观。纹理对应本身是2D影像文件，如颜色、图样、反光或凹凸。Photoshop材质可以使用9种不同的纹理对应类型，来定义其整体外观。图12-11所示为3D材质。

图 12-11 3D 材质

12.2.4 3D光源

光源类型包括"无限光""聚光灯"和"点光"。用户可以移动和调整现有光源的颜色与强度，以及为3D场景增加新光源。在Photoshop中打开的3D文件会保持其纹理、演算和光源信息。图12-12所示为3D光源。

图 12-12 3D 光源

3D 光源会从不同角度照射模型，增加实际的深度和阴影。Photoshop 提供 3 种类型的光源，每种都有唯一的选项。

● "点光"会向各个方向发光，就像灯泡一样。

● "聚光灯"会以圆锥体形状发光，可以对其进行调整。

● "无限光"会从某方向平面发光，就像阳光一样。

如果要定位以上任意光源，可以使用用于 3D 模型的类似工具。

12.3 编辑3D模型

使用3D图层可以很轻松地将三维立体模型引入当前操作的Photoshop图像中，从而为平面图像增加三维元素。

12.3.1 实战——导入3D模型 进阶

在Photoshop CC 2017中可以通过"打开"命令，直接将三维模型导入当前操作的图像编辑窗口中。

下面向读者介绍导入3D模型的操作方法。

素材位置	素材 > 第 12 章 > 图像 1.dae
效果位置	效果 > 第 12 章 > 图像 1.psd
视频位置	视频 > 第 12 章 > 实战——导入 3D 模型 .mp4

Step 01 单击"文件"|"打开"命令，选择"图像1"素材图像，如图12-13所示。

图 12-13 选择素材模型

Step 02 弹出"新建"对话框，设置宽度为15厘米，单击"确定"按钮，即可导入三维模型，显示效果如图12-14所示。

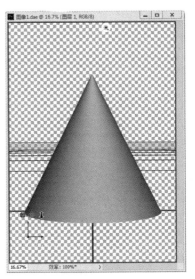

图 12-14 导入三维模型

12.3.2 实战——移动、旋转与缩放模型 进阶

在Photoshop CC 2017中，用户可以使用3D对象工具来旋转、缩放模型或调整模型位置。

下面详细向读者介绍移动、旋转与缩放3D模型的操作方法。

素材位置	素材 > 第 12 章 > 图像 2.3ds
效果位置	效果 > 第 12 章 > 图像 2.psd
视频位置	视频 > 第 12 章 > 实战——移动、旋转与缩放模型 .mp4

Step 01 单击"文件"|"打开"命令，打开一幅素材图像，如图12-15所示。

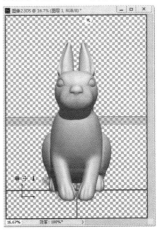

图 12-15 打开素材图像

Step 02 选取工具属性栏中的环绕移动3D相机工具，将鼠标指针移至图像编辑窗口中，按住鼠标左键并上下拖曳，即可使模型围绕其 x 轴旋转，如图12-16所示。

Step 03 选取工具属性栏中的滚动3D相机工具，按住鼠标左键并左右拖曳，即可使模型围绕其 y 轴旋转，如图12-17所示。

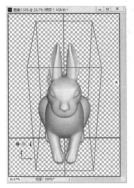 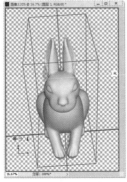

图 12-16 围绕 x 轴旋转　　图 12-17 围绕 y 轴旋转

Step 04 选取工具属性栏中的平移3D相机工具，在两侧拖曳鼠标即可将模型沿垂直方向移动，如图12-18所示。

Step 05 选取工具属性栏中的滑动3D相机工具，在两侧拖曳鼠标即可将模型沿水平方向移动，如图12-19所示。

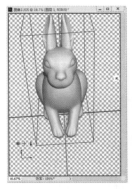 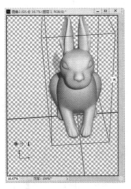

图 12-18 沿垂直方向移动　　图 12-19 沿水平方向移动

Step 06 选取工具属性栏中的变焦3D相机工具，上下拖曳鼠标即可放大或缩小模型，如图12-20所示。

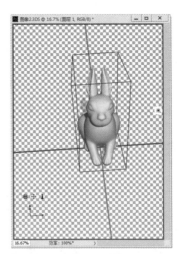

图 12-20 调整大小后的图像

专家指点

按住【Shift】键的同时拖曳鼠标，可将环绕移动、平移、滑动或变焦工具限制为沿单一方向运动。

12.3.3　实战——存储3D文件　[重点]

在Photoshop CC 2017中，用户可以对3D文件进行存储。

下面向读者介绍存储3D模型的操作方法。

素材位置	素材 > 第 12 章 > 图像 3.dae
效果位置	效果 > 第 12 章 > 图像 3.dae
视频位置	视频 > 第 12 章 > 实战——存储 3D 文件 .mp4

Step 01 单击"文件"|"打开"命令，打开一幅素材图像，如图12-21所示。

图 12-21 打开素材图像

Step 02 单击"3D"|"导出3D图层"命令，弹出"导出属性"对话框，如图12-22所示。

图 12-22 "导出属性"对话框

Step 03 单击"确定"按钮，弹出"另存为"对话框，如图12-23所示。单击"保存"按钮，即可保存3D模型。

图 12-23 弹出"另存为"对话框

12.3.4　实战——渲染导出3D视频

在Photoshop CC 2017中编辑完成3D图层后，可以通过"导出"命令将其导出。

下面向读者介绍渲染导出3D视频的操作方法。

素材位置	素材＞第12章＞图像4.dae
效果位置	效果＞第12章＞图像4.mp4
视频位置	视频＞第12章＞实战——渲染导出 3D 视频 .mp4

Step 01 单击"文件"|"打开"命令，打开一幅素材图像，如图12-24所示。

Step 02 单击"文件"|"导出"|"渲染视频"命令，弹出"渲染视频"对话框，保持默认设置，如图12-25所示。单击"渲染"按钮，即可渲染导出3D视频。

图 12-24 打开素材图像

图 12-25 "渲染视频"对话框

12.3.5　实战——从图层新建3D形状　　　　　进阶

在Photoshop CC 2017中可以新建3D形状。下面向读者介绍新建3D形状的操作方法。

素材位置	素材＞第12章＞图像5.jpg
效果位置	效果＞第12章＞图像5.jpg
视频位置	视频＞第12章＞实战——从图层新建 3D 形状 .mp4

Step 01 单击"文件"|"打开"命令，打开一幅素材图像，如图12-26所示。

图 12-26 打开素材图像

Step 02 单击"3D"|"从图层新建网格"|"网格预设"|"酒瓶"命令，如图12-27所示。

图 12-27 单击"酒瓶"命令

执行上述操作后，即可新建3D形状，效果如图12-28所示。

图 12-28 最终效果

专家指点

在"网格预设"子菜单中还可以选择创建锥形、帽子、环形等3D形状。

12.4 编辑3D图层

使用3D图层功能，设计师能够很轻松地将三维立体模型引入Photoshop图像中，从而为平面图像增加三维元素。

专家指点

注意，不能从3D面板打开或关闭材质显示。要显示或隐藏材质，可以在"图层"面板中更改与其关联的纹理的可见性设置。使用3D场景设置可以更改渲染模式，选择要在其上绘制的纹理或创建横截面。

12.4.1 实战——隐藏与显示3D场景

在Photoshop CC 2017中，无论是导入还是创建3D模型，都会得到包含3D模型的3D图层。

下面向读者介绍隐藏与显示3D场景的操作方法。

素材位置	素材 > 第 12 章 > 图像 6.psd
效果位置	无
视频位置	视频 > 第 12 章 > 实战——隐藏与显示 3D 场景 .mp4

Step 01 单击"文件"|"打开"命令，打开一幅素材图像，如图12-29所示。

图 12-29 打开素材图像

Step 02 单击3D面板中的"滤镜：整个场景"按钮，单击相应场景图层左侧的"指示图层可见性"图标，所选图层即被隐藏，如图12-30所示。

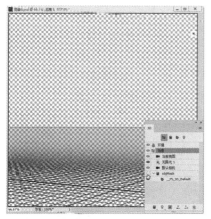

图 12-30　隐藏场景图层

Step 03 再次单击相应场景图层左侧的"指示图层可见性"图标，即可显示图层，如图12-31所示。

图 12-31　显示场景图层

12.4.2　实战——渲染3D图层

Photoshop CC 2017提供了多种模型的渲染效果设置选项，用来帮助用户渲染出不同效果的三维模型。下面向读者介绍渲染图像的操作方法。

素材位置	素材 > 第 12 章 > 图像 7.dae
效果位置	效果 > 第 12 章 > 图像 7.dae
视频位置	视频 > 第 12 章 > 实战——渲染 3D 图层 .mp4

Step 01 单击"文件"|"打开"命令，打开一幅素材图像，单击"视图"|"显示额外内容"命令，取消显示额外内容，如图12-32所示。

Step 02 单击"3D"|"渲染3D图层"命令，即可开始渲染图像，如图12-33所示，等待渲染完成即可。

图 12-32　取消显示额外内容　图 12-33　渲染图像

12.4.3　实战——光源设置

塑造对象光照除了利用所导入的三维模型自带的光照系统进行照明控制外，还可以利用Photoshop中内置的若干种光照选项，用来改变当前三维模型的光照效果。

下面向读者介绍改变3D模型光照效果的操作方法。

素材位置	素材 > 第 12 章 > 图像 8.3ds
效果位置	效果 > 第 12 章 > 图像 8.jpg
视频位置	视频 > 第 12 章 > 实战——光源设置 .mp4

Step 01 单击"文件"|"打开"命令，打开一幅素材图像，如图12-34所示。

Step 02 展开"3D光源"属性面板，设置"预设"为"晨曦"，如图12-35所示，即可更改3D图层的光照效果。

图 12-34　打开素材图像　图 12-35　设置"预设"选项

Step 03 单击"颜色"色块，弹出"拾色器（光照颜色）"对话框，设置"颜色"为暗黄色（RGB参数值为137、135、76），效果如图12-36所示。

Step 04 单击"确定"按钮，即可更改3D图层的光照效果，效果如图12-37所示。

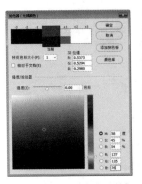 

图 12-36 设置颜色为暗黄色　图 12-37 最终效果

12.4.4 实战——2D和3D转换 进阶

在Photoshop CC 2017中，用户可以根据需要，将2D图像转换为3D效果。

下面向读者介绍2D图像转换为3D的操作方法。

素材位置	素材 > 第 12 章 > 图像 9.jpg
效果位置	效果 > 第 12 章 > 图像 9.psd
视频位置	视频 > 第 12 章 > 实战——2D 和 3D 转换 .mp4

Step 01 单击"文件"|"打开"命令，打开一幅素材图像，如图12-38所示。

Step 02 选取工具箱中的直排文字工具，在工具属性栏中设置"字体"为"黑体"，"大小"为13点，颜色为浅黄绿（RGB参数值为149、193、110），在图像编辑窗口中输入文字，并栅格化图层，如图12-39所示。

图 12-38 打开素材图像　图 12-39 栅格化图层

Step 03 单击"3D"|"从所选图层新建3D模型"命令，即可使文字产生立体效果，如图12-40所示。

Step 04 单击"视图"|"显示额外内容"命令，取消显示额外内容，效果如图12-41所示。

图 12-40 文字立体效果　图 12-41 最终效果

12.5 认识3D材质

在Photoshop CC 2017中，一个3D物体可以具有一个或多个材质属性，材质属性将控制3D物体的整体或局部外观。

12.5.1 了解3D材质

通常，由Photoshop CC 2017创建的基本3D模型都具有默认材质，这些材质已经被赋予3D模型的对应部分。例如，由Photoshop CC 2017创建的一个圆锥体具有两种材质，其中"底部材质"被赋予"底部"网格物体，"锥形材质"被赋予"锥形"网格物体，这一点可以从3D面板中清晰地看出来，如图12-42所示。

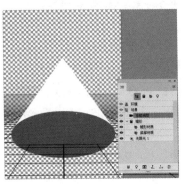

图 12-42 圆锥体

实际上，这些材质就是3D面板下方各种纹理映射属性的总称，当纹理映射属性参数发生变化时，材质的外观就会发生变化，从而使3D模型的外观发生变化。

> **专家指点**
>
> 3D面板中列出了在3D文件中使用的材质，可以使用一种或多种材质来创建模型的整体外观。如果模型包含多个网格，则每个网格可能会有与其关联的特定材质。模型也可能是通过一个网格构建的，但在模型的不同区域使用了不同的材质。

12.5.2 查看3D模型的材质特性

如果导入的是由其他三维软件生成的3D模型，并在创建时已经为不同的部分设置了贴图，则3D面板中的材质组件中会显示这些材质，如图12-43所示。

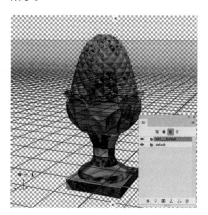

图 12-43 由其他三维软件生成的模型

12.5.3 替换材质

替换材质是指用定义好的材质文件（该文件包括所有纹理映射属性的设置参数）替换当前选中的材质，通过替换材质的方法，可以快速将材质所具有的各种映射纹理属性及映射纹理贴图赋予一个3D物体，而不必再次调整相关参数。

选中一个3D图层，在3D面板中单击 按钮，以显示当前的3D图层中3D物体的材质。选中某一种材质，单击 按钮，在弹出的面板菜单中选择"替换材质"命令，在弹出的对话框中选择一种材质文件即可。

12.6 习题

习题1 隐藏与显示3D场景

素材位置	素材＞第12章＞课后习题＞图像1.psd
效果位置	无
视频位置	视频＞第12章＞习题1：隐藏与显示3D场景.mp4

本习题练习通过3D面板隐藏与显示3D场景，素材如图12-44所示，隐藏效果如图12-45所示。

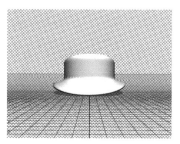

图 12-44 素材图像

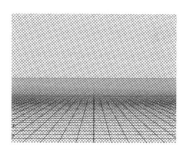

图 12-45 隐藏效果

习题2 2D和3D转换

素材位置	素材＞第12章＞课后习题＞图像2.psd
效果位置	效果＞第12章＞课后习题＞图像2.psd
视频位置	视频＞第12章＞习题2：2D和3D转换.mp4

本习题练习栅格化图层，并实现2D和3D转换，素材如图12-46所示，最终效果如图12-47所示。

图 12-46 素材图像

图 12-47 最终效果

创建网页切片和视频

第13章

随着互联网技术的飞速发展，网页动画特效制作已经成为图像软件的一个重要应用领域，Photoshop CC 2017向用户提供了非常强大的图像制作功能，可以直接对网页图像进行优化操作。视频泛指将一系列静态影像用电信号方式加以捕捉、记录、处理、存储、传送及重现的各种技术。本章主要向读者介绍创建动画切片特效与创建、导入视频的操作方法。

课堂学习目标
- 掌握创建和管理切片的方法
- 掌握导入视频图层的方法
- 掌握创建与编辑视频的方法
- 掌握动画的应用技巧

13.1 创建和管理切片

切片主要用于定义一幅图像的划分区域，定义切片后，这些图像区域可以用于模拟动画和其他的图像效果。本节主要向读者介绍切片种类、创建切片和创建自动切片的操作方法。

13.1.1 了解切片

在Image Ready中，切片被分为3种类型，即用户切片、自动切片和子切片，如图13-1所示。

图13-1 了解切片

各种切片的主要含义如下。

- 用户切片：表示用户使用切片工具创建的切片。

- 自动切片：使用切片工具创建用户切片区域后，用户切片区域之外的区域将生成自动切片，每次添加或编辑用户切片时都重新生成自动切片。

- 子切片：它是自动切片的一种类型。当用户切片发生重叠时，重叠部分会生成新的切片，这种切片称为子切片，子切片不能脱离切片独立选择或编辑。

13.1.2 实战——创建用户切片 重点

从图层创建切片时，切片区域将包含图层中的所有像素数据，如果移动该图像或编辑其内容，切片区域将自动调整以包含改变后图层的新像素。

下面向读者介绍创建用户切片的操作方法。

素材位置	素材＞第13章＞图像1.jpg
效果位置	效果＞第13章＞图像1.psd
视频位置	视频＞第13章＞实战——创建用户切片.mp4

Step 01 单击"文件"|"打开"命令，打开一幅素材图像，如图13-2所示。

Step 02 选取工具箱中的切片工具，在图像的左上方按住鼠标左键并向右下方拖曳，创建一个用户切片，同时生成自动切片，如图13-3所示。

图 13-2　打开素材图像

图 13-3　创建用户切片

专家指点

在 Photoshop 和 Image Ready 中都可以使用切片工具定义切片或将图层转换为切片，也可以通过参考线来创建切片。此外，Image Ready 还可以将选区转化为定义精确的切片。在要创建切片的区域按住【Shift】键并拖曳鼠标，可以将切片限制为正方形。

13.1.3　实战——划分切片

通过Photoshop中的"划分切片"工具可以自动创建多个指定大小的切片。下面向读者详细介绍划分切片的操作方法。

素材位置	素材 > 第 13 章 > 图像 2.jpg
效果位置	效果 > 第 13 章 > 图像 2.jpg
视频位置	视频 > 第 13 章 > 实战——划分切片 .mp4

Step 01 单击"文件"|"打开"命令，打开一幅素材图像，如图13-4所示。

图 13-4　打开素材图像

Step 02 选取工具箱中的切片选择工具，在图像上单击鼠标右键，在弹出的快捷菜单中选择"划分切片"选项，如图13-5所示。

图 13-5　选择"划分切片"选项

Step 03 弹出"划分切片"对话框，选中"垂直划分为"复选框，设置横向切片数量为3，如图13-6所示。

图 13-6　设置划分切片选项

Step 04 单击"确定"按钮，即可自动生成3个均匀分隔的横向切片，如图13-7所示。

图 13-7　自动生成切片

13.1.4 实战——选择、移动与调整切片 `进阶`

在Photoshop CC 2017中，创建切片后，可以使用切片选择工具移动与调整切片。

下面向读者详细介绍选择、移动与调整切片的操作方法。

素材位置	素材＞第 13 章＞图像 3.jpg
效果位置	效果＞第 13 章＞图像 3.psd
视频位置	视频＞第 13 章＞实战——选择、移动与调整切片 .mp4

`Step 01` 单击"文件"|"打开"命令，打开一幅素材图像，如图13-8所示。

图 13-8 打开素材图像

`Step 02` 选取工具箱中的切片工具，在图像上创建用户切片，如图13-9所示。

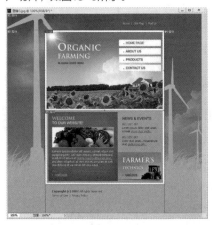

图 13-9 创建用户切片

`Step 03` 选取工具箱中的切片选择工具，如图13-10所示。

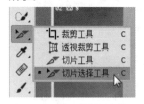

图 13-10 选取切片选择工具

`Step 04` 在控制框内按住鼠标左键并向下拖曳，即可移动切片，效果如图13-11所示。

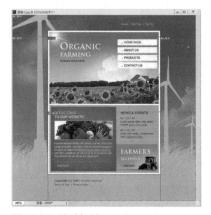

图 13-11 移动切片

`Step 05` 单击切片，调出变换控制框，如图13-12所示。

图 13-12 调出变换控制框

`Step 06` 将鼠标指针移至变换控制框下方的控制柄上，此时鼠标指针呈双向箭头形状，按住鼠标左键并向上方拖曳，即可调整切片大小，如图13-13所示。

图 13-13 调整切片大小

13.1.5 实战——转换与锁定切片

在Photoshop CC 2017中，创建用户切片后，用户切片与自动切片之间可以相互转换。使用切片选择工具 ✎ 选定要转换的自动切片，单击工具属性栏上的"提升"按钮，可以转换为用户切片。使用锁定切片可以防止在编辑操作中重新调整切片的尺寸、移动切片甚至变更切片。

下面向读者详细介绍转换与锁定切片的操作方法。

素材位置	素材 > 第 13 章 > 图像 4.jpg
效果位置	效果 > 第 13 章 > 图像 4.psd
视频位置	视频 > 第 13 章 > 实战——转换与锁定切片 .mp4

`Step 01` 单击"文件"|"打开"命令，打开一幅素材图像，如图13-14所示。

图 13-14 打开素材图像

`Step 02` 选取工具箱中的切片工具，在图像中的合适位置按住鼠标左键并拖曳，创建切片，如图13-15所示。

图 13-15 创建切片

`Step 03` 选取工具箱中的切片选择工具，在自动切片内单击鼠标右键，在弹出的快捷菜单中选择"提升到用户切片"选项，如图13-16所示。执行操作后，即可将其转换为用户切片，效果如图13-17所示。

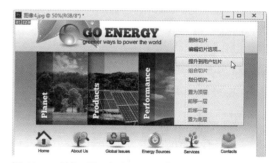

图 13-16 选择"提升到用户切片"选项

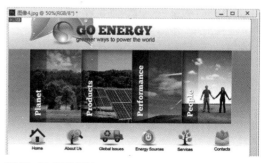

图 13-17 转换切片

Step 04 单击"视图"|"锁定切片"命令,如图13-18所示,即可锁定切片,效果如图13-19所示。

图 13-18 单击"锁定切片"命令　图 13-19 锁定切片

13.1.6 实战——组合与删除切片 进阶

在Photoshop CC 2017中,可以将两个或多个切片组合为一个单独的切片。组合切片的尺寸和位置由组合切片的外边缘形成的矩形决定。

下面向读者详细介绍组合与删除切片的操作方法。

素材位置	素材 > 第 13 章 > 图像 5.jpg
效果位置	效果 > 第 13 章 > 图像 5.psd
视频位置	视频 > 第 13 章 > 实战——组合与删除切片 .mp4

Step 01 单击"文件"|"打开"命令,打开一幅素材图像,如图13-20所示。

图 13-20 打开素材图像

Step 02 选取工具箱中的切片工具,在图像中的合适位置按住鼠标左键并拖曳,创建两个用户切片,如图13-21所示。

图 13-21 创建用户切片

Step 03 选取工具箱中的切片选择工具,在用户切片内单击,按住【Shift】键的同时单击另一个用户切片,即可选择两个切片,如图13-22所示。

图 13-22 选择两个切片

Step 04 选择切片后,单击鼠标右键,在弹出的快捷菜单中选择"组合切片"选项,如图13-23所示。

图 13-23 选择"组合切片"选项

执行上述操作后,即可组合所选择的切片,如图13-24所示。

图 13-24 组合切片

Step 05 在用户切片内单击鼠标右键，在弹出的快捷菜单中选择"删除切片"选项，如图13-25所示，即可删除用户切片，如图13-26所示。

图 13-25 选择"删除切片"选项

图 13-26 删除用户切片

13.1.7 设置切片选项

使用切片选择工具双击切片，弹出"切片选项"对话框，如图13-27所示。

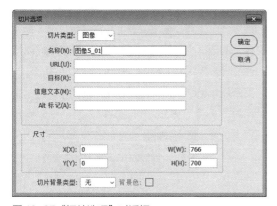

图 13-27 "切片选项"对话框

"切片选项"对话框中各选项含义如下。

◆ "切片类型"选项："图像"切片包含图像数据，是默认的类型；"无图像"切片允许用户创建可在其中填充文本或纯色的空表单元格。

◆ "名称"文本框：默认情况下，用户切片是根据"输出设置"对话框中的设置来命名的（对于"无图像"切片，"名称"文本框不可用）。

◆ URL文本框：为切片指定URL可使整个切片区域成为所生成Web页中的链接。当用户单击链接时，Web浏览器会导航到指定的URL和目标框架（该选项只可用于"图像"切片）。

◆ "目标"文本框：在"目标"文本框中可以输入目标框架的名称，_blank表示在新窗口中显示链接文件，同时保持原始浏览器窗口为打开状态；_self表示在原始文件的同一框架中显示链接文件；_parent表示在原始父框架组中显示链接文件；_top表示用链接的文件替换整个浏览器窗口，移去当前所有帧。

◆ "信息文本"文本框：为选定的一个或多个切片更改浏览器状态区域中的默认消息。默认情况下，将显示切片的URL（如果有）。

◆ "Alt标记"文本框：Alt标记文本用于取代非图形浏览器中的切片图像。

◆ 尺寸：用于设置切片的大小。

◆ 切片背景类型：可以选择一种背景色来填充透明区域（适用于"图像"切片）或整个区域（适用于"无图像"切片），必须在浏览器中预览图像才能查看选择背景色的效果。

专家指点

> Photoshop 不会在文档窗口中显示 HTML 文本，必须使用 Web 浏览器来预览文本。可在不同的操作系统上使用不同的浏览器，利用不同的浏览器设置预览HTML 文本，以确认文本可在网页上正确显示。

13.2 创建与编辑视频

Photoshop可以编辑视频的各个帧和图像序列文件。除了使用工具箱中的任意工具在视频上进行编辑和绘制之外，还可以应用滤镜、蒙版、变换、图层样式和混合模式。

13.2.1 视频图层

编辑视频后，可以将文档存储为PSD文件（该文件可以在其他类似于Premiere Pro和After Effects这样的Adobe应用程序中播放，或在其他应用程序中作为静态文件访问），也可以将文档作为QuickTime影片或图像序列进行渲染。

在Photoshop中打开视频文件或图像序列时，帧将包含在视频图层中。在"图层"面板中，用连环缩览幻灯胶片图标标识视频图层。视频图层允许用户使用画笔工具和仿制图章工具在各个帧上进行绘制和仿制。与使用常规图层类似，可以创建选区或应用蒙版以限定对帧的特定区域进行编辑。使用"时间轴"面板中的时间轴模式可浏览多个帧。

13.2.2 "时间轴"面板

在Photoshop CC 2017中，"时间轴"面板以帧模式出现，显示动画中的每个帧的缩略图。使用面板底部的工具可浏览各个帧，设置循环选项，添加和删除帧及预览动画。

打开"时间轴"面板，如果面板为时间帧模式，则如图13-28所示。

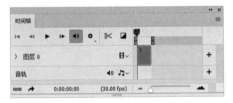

图13-28 "时间轴"面板

可以单击"转换为帧动画"按钮，将其切换为帧模式，如图13-29所示。

图13-29 帧模式的"时间轴"面板

"时间轴"面板中各选项含义如下。

◆ 转到第一帧 ▮◀：可以转到序列中的第一帧作为当前帧。

◆ 播放 ▶：可以在窗口中播放动画，再次单击则停止播放。

◆ 过渡动画帧 ↘：用于在两个现有帧之间添加一系列帧，使新帧之间的图层属性变得均匀。

◆ 删除选定的帧 🗑：可以删除选择的帧。

◆ 面板菜单 ≡：包含影响关键帧、图层、面板外观、洋葱皮和文档设置的功能。

◆ 音频：可以启用音频播放。

◆ 渲染视频 ↗：单击时间轴上的"渲染视频"按钮，播放头的左右出现渲染的起始点和终止点，位于渲染之间的帧在工作区中由深入浅显示出来，当前帧的颜色最深。

◆ 缩小 ▲：可以缩小帧预览图。

◆ 缩放滑块：可以缩小或者放大帧预览图。

◆ 放大 ▲：可以放大帧预览图。

◆ 转到上一帧 ◀▮：可以转到当前帧的前一帧。

◆ 转到下一帧 ▮▶：可以转到当前帧的下一帧。

◆ 复制选定的帧 🗐：可以向面板中添加选定的帧。

◆ 转换为时间帧 ≟：将其切换为时间帧模式。

13.2.3 创建视频图像

Photoshop CC 2017可以创建具有各种长宽比的图像，以便能在输出设备上正常显示。在"新建文档"对话框中，可以选择特定的视频选项，以便对最终图像合并到视频中时进行的缩放提供补偿。

在Photoshop CC 2017中，单击"文件" | "新建"命令，弹出"新建文档"对话框，设置"预设"为"胶片和视频"，如图13-30所示。

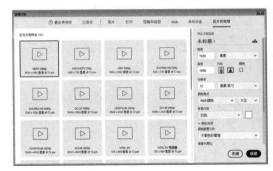

图13-30 设置"预设"选项

单击"创建"按钮，即可创建一个新的视频图像，效果如图13-31所示。

图 13-31　创建视频图像

13.2.4　实战——导入视频文件

当导入包含序列图像文件的文件夹时，每个图像都会变成视频图层中的帧，应确保图像文件位于一个文件夹中并按顺序命名，此文件夹应只包含要用作帧的图像。如果所有文件具有相同的像素尺寸，则可以成功地创建动画。

下面向读者详细介绍导入视频帧的操作方法。

素材位置	素材 > 第 13 章 > 视频 1.mp4
效果位置	无
视频位置	视频 > 第 13 章 > 实战——导入视频文件 .mp4

Step 01 单击"文件"|"打开"命令，弹出"打开"对话框，选择相应的视频素材文件，如图13-32所示。

图 13-32　选择视频素材

Step 02 单击"打开"按钮，即可在图像编辑窗口中显示视频，并在视频图层中引用图像帧，如图13-33所示。

图 13-33　打开视频文件

13.2.5　实战——将视频帧导入图层

除了导入视频文件作为动画素材，还可将视频中的帧导入为图层。

下面向读者详细介绍导入视频图层的操作方法。

素材位置	素材 > 第 13 章 > 视频 2.mp4
效果位置	无
视频位置	视频 > 第 13 章 > 实战——将视频帧导入图层 .mp4

Step 01 单击"文件"|"导入"|"视频帧到图层"命令，弹出"打开"对话框，将本书资源文件中的"素材\第13章\视频2.mp4"视频文件导入，如图13-34所示。

图 13-34　选择需要导入的视频文件

Step 02 单击"打开"按钮，弹出"将视频导入图层"对话框，如图13-35所示。

图13-35 "将视频导入图层"对话框

Step 03 单击"确定"按钮，即可将视频中的帧导入图层，效果如图13-36所示。

图13-36 将视频帧导入图层

专家指点

如果要在将视频或图像序列导入文档时进行变换，可以使用"置入"命令。一旦置入，视频帧就会包含在智能对象中。当视频包含在智能对象中时，可以使用"时间轴"面板浏览各帧，也可以应用智能滤镜。

不能在智能对象中包含的视频帧上直接绘制或仿制，但可以在智能对象的上方添加空白视频图层，并在空白帧上绘制。也可以使用仿制图章工具结合"对所有图层取样"选项在空白帧上绘制，这样可以使用智能对象中的视频作为仿源。

13.2.6 调整像素长宽比

像素长宽比用于描述帧中的单一像素的宽度与高度的比例，不同的视频标准使用不同的像素长宽比。计算机上的图像是由方形像素组成的，而视频编码设备则为非方形像素，这就导致在两者之间交

换图像时会由于像素的不一致而造成图像的扭曲。例如，圆形会扭曲成椭圆形。不过，当在广播级显示器上显示图像时，这些图像会以正确的比例出现，因为广播级显示器使用的是方形像素。

单击"视图"|"像素长宽比校正"命令，即可校正图像在计算机显示器（方形像素）上的显示。图13-37所示为调整像素长宽比前后对比效果。

图13-37 调整像素长宽比前后对比效果

13.2.7 解释视频素材

在Photoshop CC 2017中，可以指定如何解释已打开或导入的视频的Alpha通道和帧速率。

单击"文件"|"打开"命令，打开一个视频素材，在"时间轴"面板中选择要解释的视频图层，如图13-38所示。

图13-38 选择视频图层

单击"图层"|"视频图层"|"解释素材"命令，弹出"解释素材"对话框，即可解释视频素材，如图13-39所示。

图13-39 "解释素材"对话框

"解释素材"对话框中主要选项的含义如下。

◆ "Alpha通道"选项：指定解释视频图层中的Alpha通道的方式，如果已选择"预先正片叠加-杂边"选项，则可以指定对通道进行预先正片叠底所使用的杂边颜色。

◆ 帧速率：用于指定每秒播放的帧数。

◆ 颜色配置文件：对视频图层中的帧或图像进行色彩管理。

专家指点

带有 Alpha 通道的视频和图像序列可以是直接的或预先正片叠底的。如果使用包含 Alpha 通道的视频或图像序列，则一定要指定如何解释 Alpha 通道以获得所需要的结果。当预先正片叠底的视频或图像位于带有某些背景色的文档中时，可能会产生不需要的重影或光晕。可以指定杂边颜色，以便半透明像素与背景混合（正片叠底），而不会产生光晕。

13.2.8 视频的插入、复制和删除　进阶

Photoshop可以在各个视频帧上进行编辑或绘制，以创建动画、添加内容或移去不需要的细节。除了使用任何一种画笔工具之外，还可以使用仿制图章工具、图案图章工具、修复画笔工具或污点修复画笔工具进行绘制，也可以使用修补工具编辑视频帧。

在Photoshop CC 2017中，单击"图层"|"视频图层"|"新建空白视频图层"命令，即可创建一个空白视频图层，如图13-40所示。

图13-40　创建空白视频图层

在新建的空白视频图层上选择相应的帧，单击"图层"|"视频图层"|"插入空白帧"命令，即可在空白视频图层中插入一个关键帧。

在新建的空白视频图层上选择相应的帧，单击"图层"|"视频图层"|"删除帧"命令，即可删除该关键帧。

13.2.9 预览视频

在Photoshop CC 2017中，可以在文档窗口中预览视频或动画。Photoshop会使用内存在编辑会话期间预览视频或动画。当播放帧或拖曳以预览帧时，将自动对这些帧进行高速缓存，以便在下一次播放它们时能够更快地回放。"时间轴"面板中的绿条指示高速缓存的帧。

高速缓存的帧的数目取决于Photoshop可用的内存容量。单击"时间轴"面板中的"播放"按钮或使用【Space】键播放和暂停动画，动画即显示在文档窗口中。如果要停止动画，单击"停止"按钮即可；如果要倒回动画，单击"转到第一帧"按钮即可。

要查看更准确的动画预览和计时，应在Web浏览器中预览动画，如图13-41所示。在Photoshop CC 2017中打开"存储为Web和设备所用格式"对话框，然后单击"在浏览器中预览"按钮即可。

图 13-41　在 Web 浏览器中预览动画

13.2.10 保存并导出视频

在Photoshop中，可以将动画存储为GIF文件以便在网络上观看，也可以将视频和动画存储为QuickTime影片或PSD文件。如果没有渲

染视频，则最好将文件存储为PSD文件，因为它将保留所做的编辑，并用Adobe数字视频应用程序和许多视频编辑应用程序支持的格式存储文件。

单击"文件"｜"导出"｜"渲染视频"命令，弹出"渲染视频"对话框，如图13-42所示。

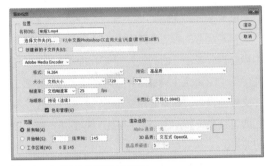

图13-42 "渲染视频"对话框

"渲染视频"对话框中主要选项的含义如下。

◆ 名称：输入视频或图像序列的名称。

◆ 选择文件夹：单击"选择文件夹"按钮，并浏览用于导出文件的位置。要创建一个文件夹以包含导出的文件，可选中"创建新的子文件夹"复选框，并输入该子文件夹的名称。

◆ Adobe Media Encoder选项区：在"格式"下拉列表框中可以设置渲染文件的格式，包含QuickTime或图像序列。另外，还可以设置图像序列的起始编号及导出文件的像素大小等。

◆ 所有帧：渲染Photoshop文档中的所有帧。

◆ 开始帧/结束帧：指定渲染的开始帧和结束帧。

◆ Alpha通道：指定Alpha通道的渲染方式（此选项仅适用于支持Alpha通道的格式，如PSD或TIFF）。

◆ 3D品质：在该下拉列表框中可以选择交互、光线跟踪草图、光线跟踪最终效果，用户可以根据需要选择。

◆ 渲染：单击"渲染"按钮即可导出视频文件。

保持默认设置，单击"渲染"按钮，弹出"进程"提示框，显示渲染进度，如图13-43所示。

图13-43 显示渲染进程

13.3 动画的应用

动画是在一段时间内显示的一系列图像或帧，当每一帧较前一帧都有轻微的变化时，连续、快速地显示这些帧就会产生运动或其他变化的视觉效果。

13.3.1 实战——创建过渡动画 进阶

在Photoshop中，除了可以逐帧修改图像以创建动画外，也可以使用"过渡"命令使系统自动在两帧之间产生位置、不透明度或图层效果的变化动画。

下面向读者详细介绍创建过渡动画的操作方法。

素材位置	素材＞第13章＞图像6.psd
效果位置	效果＞第13章＞图像6.psd
视频位置	视频＞第13章＞实战——创建过渡动画.mp4

Step 01 单击"文件"｜"打开"命令，打开一幅素材图像，如图13-44所示。单击"窗口"｜"时间轴"命令，打开"时间轴"面板。

图13-44 打开素材图像

Step 02 在"图层"面板中隐藏"图层2"，单击"时间轴"面板底部的"复制所选帧"按钮，隐藏"图层1"，并显示"图层2"，如图13-45所示。

图 13-45　显示"图层 2"

Step 03 执行操作后，按住【Ctrl】键并选择第1帧和第2帧，单击"时间轴"面板底部的"过渡动画帧"按钮，弹出"过渡"对话框，设置"要添加的帧数"为3，如图13-46所示。

图 13-46　设置"要添加的帧数"选项

Step 04 执行操作后，单击"确定"按钮，设置所有的帧延迟时间为0.2秒，如图13-47所示，单击"播放"按钮，即可浏览过渡动画的效果。

图 13-47　"时间轴"面板

13.3.2 实战——制作动画效果 `重点`

动画的工作原理与电影放映十分相似，都是将一些静止的、表现连续动作的画面以较快的速度播放出来，利用图像在人眼中具有暂留现象的原理产

生连续的播放效果。

下面向读者详细介绍制作动画效果的操作方法。

素材位置	素材 > 第 13 章 > 图像 7.psd
效果位置	效果 > 第 13 章 > 图像 7.psd
视频位置	视频 > 第 13 章 > 实战——制作动画效果 .mp4

Step 01 单击"文件"|"打开"命令，打开一幅素材图像，如图13-48所示。单击"窗口"|"时间轴"命令，打开"时间轴"面板。

图 13-48　打开素材图像

Step 02 在"图层"面板中隐藏"图层1"，单击"时间轴"面板底部的"复制所选帧"按钮，显示"图层1"，隐藏"图层2"，如图13-49所示。

图 13-49　隐藏"图层 2"

Step 03 按住【Ctrl】键的同时，选择第1帧和第2帧，设置两个帧的延迟时间均为0.2秒，如图13-50所示。

图 13-50 设置帧的延迟时间

Step 04 在"时间轴"面板中单击"选择循环选项"按钮，在弹出的下拉菜单中选择"永远"选项，如图13-51所示。单击"播放"按钮，即可浏览动画效果。

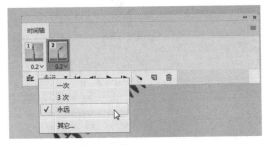

图 13-51 选择"永远"选项

13.3.3 实战——创建文字变形动画

在浏览网页时，会看到各式各样的图像动画，如摇摆的Q版人物、滚动的画面、旋转的小球、跳动的按钮等。动画为网页添加了动感和趣味。

专家指点

根据格式的不同，网页中的动画大致可以分为两大类，一类是GIF动画，另一类是Flash动画。
● Flash动画为矢量动画，因而可以任意放大缩小而不失真，同时文件较小，可带有同步音频，具有良好的交互特性，可用于制作教学课件、MTV及动画片。
● GIF动画为像素动画，动画的每一帧都是一幅位图图片。

下面向读者详细介绍创建文字变形动画的操作方法。

素材位置	素材＞第13章＞图像8.psd
效果位置	效果＞第13章＞图像8.psd
视频位置	视频＞第13章＞实战——创建文字变形动画.mp4

Step 01 单击"文件"|"打开"命令，打开一幅素材图像，如图13-52所示。单击"窗口"|"时间轴"命令，打开"时间轴"面板。

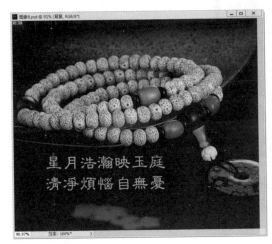

图 13-52 打开素材图像

Step 02 在"图层"面板中复制"文字1"图层，得到"文字1拷贝"图层。选取横排文字工具，在工具属性栏中单击"创建文字变形"按钮，弹出"变形文字"对话框，设置"样式"为"旗帜"，单击"确定"按钮，即可变形文字，效果如图13-53所示。

图 13-53 变形文字

Step 03 在"图层"面板中隐藏"文字1拷贝"图层，单击"时间轴"面板底部的"复制所选帧"按钮，隐藏"文字1"图层，显示"文字1拷贝"图层，第2帧效果如图13-54所示。

图 13-54　第 2 帧效果

Step 04 执行操作后，按住【Ctrl】键并选择第1帧和
第2帧，单击"时间轴"面板底部的"过渡帧"按
钮，弹出"过渡"对话框，设置"要添加的帧数"
为7，单击"确定"按钮，设置所有的帧延迟时间均
为0.2秒，如图13-55所示。单击"播放"按钮，即
可浏览制作的文字变形动画效果。

图 13-55　设置所有的帧延迟时间

13.3.4 实战——创建照片切换效果

下面向读者详细介绍创建照片切换效果的操作
方法。

素材位置	素材 > 第 13 章 > 图像 9.psd
效果位置	效果 > 第 13 章 > 图像 9.psd
视频位置	视频 > 第 13 章 > 实战——创建照片切换效果 .mp4

Step 01 单击"文件"|"打开"命令，打开一幅素材
图像，如图13-56所示。单击"窗口"|"时间轴"
命令，打开"时间轴"面板。

图 13-56　打开素材图像

Step 02 在"图层"面板中隐藏"图层1"和"图层
2"两个图层，效果如图13-57所示。

图 13-57　隐藏相应图层效果

Step 03 单击"时间轴"面板底部的"复制所选帧"
按钮，隐藏"图层3"并显示"图层2"，再次单击
"时间轴"面板底部的"复制所选帧"按钮，隐藏
"图层2"并显示"图层1"，得到动画的3个帧，如
图13-58所示。

Step 04 按住【Ctrl】键的同时选择第1帧和第2帧，
单击"时间轴"面板底部的"过渡动画帧"按钮，
弹出"过渡"对话框，设置"要添加的帧数"为1，
如图13-59所示。

图 13-58 得到动画的 3 个帧

图 13-59 设置"要添加的帧数"选项

Step 05 单击"确定"按钮，运用相同的方法，在第3帧和第4帧之间创建一个过渡动画帧，如图13-60所示。设置所有帧的延迟时间均为0.5秒，单击"播放"按钮，即可浏览制作的照片切换效果。

图 13-60 创建过渡动画

13.4 习题

习题1 导入视频图层

素材位置	素材 > 第 13 章 > 课后习题 > 图像 1.mp4
效果位置	无
视频位置	视频 > 第 13 章 > 习题 1：导入视频图层 .mp4

本习题练习通过"视频帧到图层"命令导入视频图层，素材与效果如图13-61所示。

图 13-61 素材与效果

习题2 解释视频素材

素材位置	素材 > 第 13 章 > 课后习题 > 图像 2.mp4
效果位置	无
视频位置	视频 > 第 13 章 > 习题 2：解释视频素材 .mp4

本习题练习通过"解释素材"命令，实现解释视频素材的操作方法，素材与效果如图13-62所示。

图 13-62 素材与效果

第 **14** 章

应用动作和自动化功能

在使用Photoshop CC 2017处理图像的过程中，有时需要对许多图像进行相同的效果处理，重复操作将会浪费大量的时间。为了提高操作效率，用户可以通过Photoshop CC 2017提供的自动化功能，将编辑图像的许多步骤简化为一个动作。

课堂学习目标

- 认识动作
- 掌握创建与编辑动作的方法
- 掌握自动化处理图像的方法
- 掌握预设动作的应用方法

14.1 初识动作

在Photoshop使用中，设计师们不断追求更高的工作效率，动作的出现完全实现了这一要求。使用动作可以减少许多操作，大大降低了工作的重复度。例如，在转换上百幅图像的格式时，用户不需要一一进行操作，只需要对这些图像文件应用一个已设置好的动作，即可一次性完成对所有图像文件的相同操作。

14.1.1 动作概述

Photoshop提供了许多现成的动作以提高用户的工作效率，但在大多数情况下，用户仍然需要自己录制新的动作，以适应不同的工作情况。

1. 将常用操作录制成动作

用户根据自己的习惯将常用操作的动作记录下来，使设计工作变得更加方便、快捷。

2. 与"批处理"结合使用

单独使用动作不足以充分显示动作的优点，如果将动作与"批处理"命令结合起来，则能够成倍放大动作的作用。

14.1.2 动作与自动化命令的关系

自动化命令是Photoshop预置的自动处理

图像的命令。在Photoshop中，单击"文件" | "自动"命令，可以展开"自动"子菜单。自动化命令包括"批处理""创建快捷批处理""裁剪并修齐图像""Photomerge""合并到HDR Pro""镜头校正""条件模式更改""限制图像"命令。

14.1.3 动作的基本功能

动作实际上是一组命令，其基本功能具体体现在以下两个方面。

- ◆ 将常用的两个或多个命令及其他操作组合为一个动作，在执行相同操作时直接执行该动作即可。
- ◆ 对于Photoshop CC 2017中最精彩的滤镜，如果对其使用动作功能，可以将多个滤镜操作录制成一个单独的动作，执行该动作就像执行一个滤镜操作一样，可以对图像快速执行多种滤镜的处理。

14.1.4 "动作"面板

"动作"面板是建立、编辑和执行动作的主要场所，在该面板中可以记录、播放、编辑或删除单个动作，也可以存储和载入动作文件。

"动作"面板具有标准模式和按钮模式，如图14-1和图14-2所示。

图 14-1 标准模式　　　图 14-2 按钮模式

标准模式"动作"面板中各选项的含义如下。

◆ "切换对话开/关"图标 ▣：当出现这个图标时，动作执行到该步时将暂停。

◆ "切换项目开/关"图标 ✔：可以设置允许/禁止执行动作组中的动作、选定的部分动作或动作中的命令。

◆ "展开/折叠"图标 ∨：单击该图标可以展开/折叠动作组。

◆ "创建新动作"按钮 ▤：单击该按钮，可以创建一个新的动作。

◆ "创建新组"按钮 ▭：单击该按钮，可以创建一个新的动作组。

◆ "开始记录"按钮 ●：单击该按钮，可以开始录制动作。

◆ "播放选定的动作"按钮 ▶：单击该按钮，可以播放当前选择的动作。

◆ "停止播放/记录"按钮 ▪：该按钮只有在记录动作或播放动作时才可以使用，单击该按钮可以停止当前的记录或播放操作。

14.2 色彩和色调的特殊调整

使用"动作"面板可以对动作进行记录，在记录完成之后，还可以执行插入等编辑操作。下面主要向读者介绍创建动作、录制动作、播放动作、重新排列命令顺序、新增动作组、插入停止及插入菜单选项等操作方法。

14.2.1 实战——创建与录制动作 进阶

在Photoshop中，用户在使用动作之前，需要对动作进行创建。

下面向读者详细介绍创建与录制动作的操作方法。

素材位置	素材 > 第 14 章 > 图像 1.jpg
效果位置	效果 > 第 14 章 > 图像 1.psd
视频位置	视频 > 第 14 章 > 实战——创建与录制动作 .mp4

Step 01 单击"文件"|"打开"命令，打开一幅素材图像，如图14-3所示。

Step 02 单击"窗口" | "动作"命令，弹出"动作"面板，单击"动作"面板底部的"创建新动作"按钮 ▤，如图14-4所示。

图 14-3 打开素材图像　　图 14-4 单击"创建新动作"按钮

Step 03 执行操作后，弹出"新建动作"对话框，如图14-5所示，单击"记录"按钮，即可开始录制动作。

Step 04 单击"滤镜" | "模糊" | "径向模糊"命令，弹出"径向模糊"对话框，在其中设置"数量"为15，选中"旋转"和"最好"单选按钮，如图14-6所示。

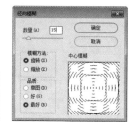

图 14-5 弹出"新建动作"　　图 14-6 设置各选项
对话框

Step 05 单击"确定"按钮，即可径向模糊图像，此时图像编辑窗口中的图像效果也随之改变，效果如图14-7所示。

图 14-7 图像效果

Step 06 单击"动作"面板底部的"停止播放/记录"按钮 ■，如图14-8所示，即可完成新动作的录制。

图 14-8 单击"停止播放 / 记录"按钮

专家指点

在录制状态下应该尽量避免执行无用的操作，在执行某个命令后虽然可以按【Ctrl+Z】组合键撤销此操作，但操作过程会被记录下来，将来执行动作时，也会执行此操作。

14.2.2 实战——插入停止

在动作录制过程中，并不是所有操作都可以记录，当某些操作无法被录制且需要执行时，可以插入一个"停止"提示，以提示手动操作。下面向读者详细介绍插入停止的操作方法。

素材位置	素材 > 第 14 章 > 图像 2.jpg
效果位置	效果 > 第 14 章 > 图像 2.psd
视频位置	视频 > 第 14 章 > 实战——插入停止 .mp4

Step 01 单击"文件"|"打开"命令，打开一幅素材图像，如图14-9所示。

图 14-9 打开素材图像

Step 02 单击"窗口" | "动作"命令，打开"动作"面板，选择"木质画框-50像素"选项，单击面板右上角的 ≡ 按钮，在弹出的面板菜单中选择"插入停止"选项，如图14-10所示。

图 14-10 选择"插入停止"选项

Step 03 执行操作后，弹出"记录停止"对话框，选中"允许继续"复选框，如图14-11所示。

图 14-11 选中"允许继续"复选框

Step 04 单击"确定"按钮，即可在"动作"面板的"设置选区"动作下方插入"停止"动作，如图14-12所示。

图 14-12 插入"停止"动作

Step 05 选择"木质画框-50像素"动作，单击面板底部的"播放选定的动作"按钮▶，弹出信息提示框，如图14-13所示，单击"继续"按钮。

Step 06 继续播放动作，再次弹出信息提示框，如图14-14所示，单击"继续"按钮。

图 14-13 信息提示框 1　　图 14-14 信息提示框 2

Step 07 继续播放动作，此时图像效果也随之改变，效果如图14-15所示。

图 14-15 最终效果

14.2.3 实战——复制和删除动作

进行动作操作时，有些动作是相同的，可以将其复制，以提高工作效率。在编辑动作时，用户可以删除不需要的动作。

下面向读者详细介绍复制和删除动作的操作方法。

素材位置	无
效果位置	无
视频位置	视频 > 第 14 章 > 实战——复制和删除动作 .mp4

Step 01 单击"窗口"｜"动作"命令，打开"动作"面板，选择"水中倒影（文字）"动作，单击面板右上角的▤按钮，在弹出的面板菜单中选择"复制"选项，如图14-16所示。

图 14-16 选择"复制"选项

Step 02 执行上述操作后，即可复制"水中倒影（文字）"动作，得到"水中倒影（文字）拷贝"动作，单击"动作"面板右上角的三按钮，在弹出的面板菜单中选择"删除"选项，如图14-17所示。

图 14-17 删除"水中倒影（文字）"动作

Step 03 执行上述操作后，弹出信息提示框，如图14-18所示。单击"确定"按钮，即可删除动作。

图 14-18 信息提示框

专家指点

要复制动作，也可以按住【Alt】键将要复制的命令或动作拖曳至"动作"面板中的新位置，或者将动作拖曳至"动作"面板底部的"创建新动作"按钮上。

14.2.4 实战——新增动作组

"动作"面板在默认状态下只显示"默认动作"组，单击面板右上角的面板菜单按钮，选择"载入动作"选项，可以载入Photoshop中预设的或其他动作组。

下面向读者介绍新增动作组的操作方法。

素材位置	无
效果位置	无
视频位置	视频＞第14章＞实战——新增动作组 .mp4

Step 01 单击"窗口"｜"动作"命令，在"动作"面板中单击面板菜单按钮，选择"图像效果"选项，如图14-19所示。

Step 02 执行操作后，即可新增"图像效果"动作组，如图14-20所示。

图 14-19 选择"图像效果"　　图 14-20 新增"图像
选项　　　　　　　　　　　　效果"动作组

14.2.5 实战——保存和加载动作 进阶

在"动作"面板中创建动作后，可以将其保存起来，以便重复使用。

下面向读者详细介绍复制和删除动作的操作方法。

素材位置	无
效果位置	无
视频位置	视频＞第14章＞实战——保存和加载动作 .mp4

Step 01 打开"动作"面板，选择"图像效果"动作组，单击面板右上角的三按钮，在弹出的面板菜单中选择"存储动作"选项，如图14-21所示。

图 14-21 选择"存储动作"选项

Step 02 执行操作后，弹出"另存为"对话框，设置需要保存动作组的路径和文件名，如图14-22所示。单击"保存"按钮，即可存储动作组。

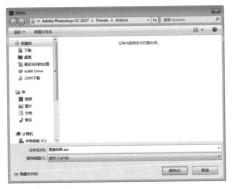

图 14-22 "另存为"对话框

Step 03 在"动作"面板中单击面板菜单按钮，选择"载入动作"选项，弹出"载入"对话框，选择"图像效果"文件，如图14-23所示。

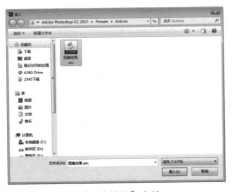

图 14-23 选择"图像效果"文件

Step 04 单击"载入"按钮，即可在"动作"面板中载入"图像效果"动作组，如图14-24所示。

图 14-24 载入动作

14.2.6 实战——插入菜单选项 `进阶`

由于动作并不能记录所有的命令操作，此时就需要用户插入菜单命令，以在播放动作时正确地执行所插入的动作。

下面向读者介绍插入菜单选项的操作方法。

素材位置	无
效果位置	无
视频位置	视频 > 第 14 章 > 实战——插入菜单选项 .mp4

Step 01 单击"窗口"|"动作"命令，打开"动作"面板，选择"投影（文字）"动作，单击面板菜单按钮，选择"插入菜单项目"选项，弹出"插入菜单项目"对话框，如图14-25所示。

图 14-25 "插入菜单项目"对话框

Step 02 单击"滤镜"|"模糊"|"径向模糊"命令，即可插入"径向模糊"选项，如图14-26所示。单击"确定"按钮。

图 14-26 插入"径向模糊"选项

14.2.7 实战——重新排列命令顺序

与调整图层顺序相同，要改变动作中的命令顺序，只需要拖曳此命令至新位置，当出现深色横线时释放鼠标即可。

专家指点

> 需要注意的是，某些命令有预定的先后顺序，即只有执行前一个命令后才可以执行当前命令，因此在移动前应该充分考虑此因素。

下面向读者介绍重新排列命令顺序的操作方法。

素材位置	无
效果位置	无
视频位置	视频 > 第 14 章 > 实战——重新排列命令顺序 .mp4

Step 01 单击"窗口"|"动作"命令，打开"动作"面板，选择"投影（文字）"动作，按住鼠标左键并向下拖曳，如图14-27所示。

Step 02 拖曳至相应位置后，释放鼠标左键，即可改变"投影（文字）"动作命令的顺序，如图14-28所示。

图 14-27 向下拖曳动作　　图 14-28 改变相应动作的顺序

14.2.8 播放动作

Photoshop预设了一系列的动作，用户可以选择任意一种动作进行播放。例如，在"动作"面板中选择"渐变映射"动作，单击面板底部的"播放选定的动作"按钮，即可播放动作。图14-29所示为播放"渐变映射"动作前后的对比效果。

图 14-29 播放"渐变映射"动作前后的对比效果

14.2.9 替换动作

使用"替换动作"功能，可以将当前所有动作替换为从硬盘中装载的动作文件。在"动作"面板中单击面板菜单按钮，选择"替换动作"选项，弹出"载入"对话框，选择"图像效果"文件，如图14-30所示。

单击"载入"按钮，即可在"动作"面板中用"图像效果"动作组替换"默认动作"动作组，如图14-31所示。

图 14-30 选择"图像效果"文件　　图 14-31 替换动作

14.2.10 复位动作

在Photoshop CC 2017中，动作复位将使用安装时的默认动作代替当前"动作"面板中的所有动作。单击"动作"面板右上角的■按钮，在弹出的菜单面板中选择"复位动作"选项，弹出信息提示框，如图14-32所示。

单击"确定"按钮，即可复位动作，如图14-33所示。

图 14-32 信息提示框　　图 14-33 复位动作

专家指点

选择"复位动作"命令后，在弹出的信息提示框中单击"追加"按钮，可在默认动作的基础上载入其他动作。

14.3 自动化处理图像

在进行图像编辑过程中，经常会用到批处理命令，用户应熟练掌握其操作方法。

14.3.1 实战——批处理图像 重点

批处理就是将一个指定的动作应用于多个图像，需要进行批处理操作的图像必须保存于同一个文件夹中或全部打开，执行的动作也需要提前载入"动作"面板。

下面向读者介绍批处理图像的操作方法。

素材位置	素材 > 第 14 章 > 文件 1
效果位置	效果 > 第 14 章 > 效果 1
视频位置	视频 > 第 14 章 > 实战——批处理图像 .mp4

Step 01 单击"文件"|"自动"|"批处理"命令，弹出"批处理"对话框，单击"选择"按钮，选择本书资源文件中的"文件1"文件夹，并设置"动作"为"淡出效果（选区）"，如图14-34所示。

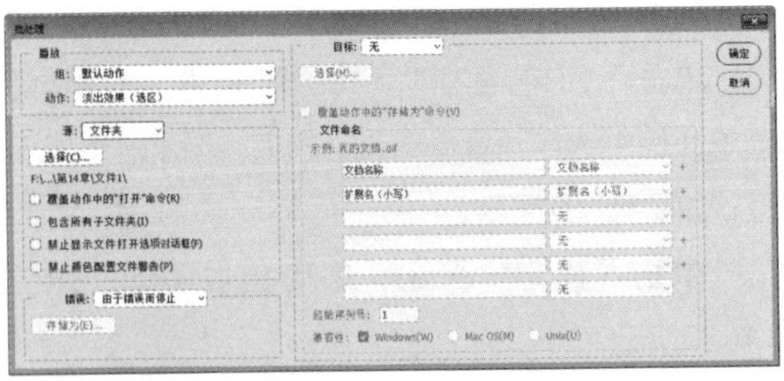

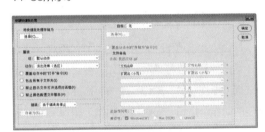

图 14-34 设置各选项

Step 02 单击"确定"按钮，弹出警示提示框，单击"继续"按钮，即可批处理同文件夹内的图像。单击"窗口"|"排列"|"平铺"命令，查看图像处理效果，如图14-35所示。

图 14-35 批处理图像效果

"批处理"命令是以一个动作为依据，对指定位置的图像进行批量处理的智能化命令。使用"批处理"命令，可以对多个图像执行相同的动作，从而实现图像处理的自动化。

14.3.2 实战——创建快捷批处理 重点

快捷批处理可以看作批处理动作的一个快捷方式。动作是创建快捷批处理的基础，在创建快捷批处理之前，必须在"动作"面板中创建所需要的动作。

下面向读者介绍创建快捷批处理的操作方法。

素材位置	无
效果位置	效果 > 第 14 章 > 快捷批处理 .exe
视频位置	视频 > 第 14 章 > 实战——创建快捷批处理 .mp4

Step 01 单击"文件"|"自动"|"创建快捷批处理"命令，弹出"创建快捷批处理"对话框，如图14-36所示。

图 14-36 "创建快捷批处理"对话框

Step 02 单击"选择"按钮，弹出"另存为"对话框，保持默认设置即可，如图14-37所示。单击"保存"按钮，即可保存快捷批处理。

图 14-37 保持默认设置

14.3.3 实战——裁剪并修齐照片 进阶

在扫描图片时，如果同时扫描了多个图像，可以通过"裁剪并修齐"命令将扫描的图片从大的图像中分割出来，并生成单独的图像文件。

下面向读者介绍裁剪并修齐图片的操作方法。

素材位置	素材 > 第 14 章 > 图像 3.jpg
效果位置	效果 > 第 14 章 > 图像 3.jpg
视频位置	视频 > 第 14 章 > 实战——裁剪并修齐照片 .mp4

Step 01 单击"文件"|"打开"命令，打开一幅素材图像，如图14-38所示。

图 14-38 打开素材图像

Step 02 单击"文件"|"自动"|"裁剪并修齐照片"命令，即可自动裁剪并修齐图像，效果如图14-39所示。

图 14-39 最终效果

14.3.4 实战——条件模式更改 进阶

利用"条件模式更改"命令可以将图像原来的模式更改为指定的模式。

下面向读者详细介绍条件模式更改的操作方法。

素材位置	素材 > 第 14 章 > 图像 4.jpg
效果位置	效果 > 第 14 章 > 图像 4.jpg
视频位置	视频 > 第 14 章 > 实战——条件模式更改 .mp4

Step 01 单击"文件"|"打开"命令，打开一幅素材图像，如图14-40所示。

图 14-40 打开素材图像

Step 02 单击"文件"|"自动"|"条件模式更改"命令，弹出"条件模式更改"对话框，选中所有复选框，设置"模式"为"灰度"，如图14-41所示。

Step 03 执行操作后，单击"确定"按钮，弹出信息提示框，如图14-42所示。

图 14-41 设置"模式"选项　图 14-42 信息提示框

Step 04 单击"扔掉"按钮，即可更改图像的颜色模式，效果如图14-43所示。

图 14-43 最终效果

14.3.5 PDF演示文稿

PDF格式是一种跨平台的文件格式，Illustrator和Photoshop都可以直接将文件存储为PDF格式。

在Photoshop CC 2017中，单击"文件"|"自动"|"PDF演示文稿"命令，弹出"PDF演示文稿"对话框，如图14-44所示。

图 14-44 "PDF 演示文稿"对话框

单击"浏览"按钮，弹出"打开"对话框，选择相应文件，如图14-45所示。

图 14-45 选择相应文件

单击"打开"按钮，在"源文件"列表框中添加相应文件，单击"存储"按钮，弹出"另存为"对话框，设置保存路径和名称，如图14-46所示，单击"保存"按钮。

图 14-46 设置保存路径和名称

弹出"存储Adobe PDF"对话框，单击"存储PDF"按钮，即可将文件存储为PDF格式，在相应的软件中可以查看该PDF文件，如图14-47所示。

图 14-47 查看 PDF 文件

14.3.6 合并生成全景图像

Photoshop提供了一系列可以自动处理照片的命令，通过这些命令可以合并全景照片、裁剪照片、限制图像的尺寸、自动对齐图层等。

单击"文件"|"自动"|"Photomerge"命令，弹出"Photomerge"对话框，如图14-48所示。

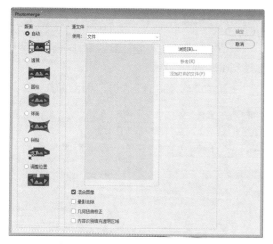

图 14-48 "Photomerge"对话框

单击"浏览"按钮,打开要合并的图像,在
"Photomerge"对话框中选中"调整位置"单选按
钮,单击"确定"按钮,合并全景图像,效果如图
14-49所示。

图 14-49 合并全景图像效果

14.3.7　合并为HDR图像

HDR图像是通过合成多幅以不同曝光度拍摄的
同一场景或同一人物的照片而创建的高动态范围图
片,主要用于影片、特殊效果、3D作品及某些高端
图片。

单击"文件"|"自动"|"合并到HDR
Pro"命令,弹出"合并到 HDR Pro"对话框,单
击"浏览"按钮,选择要合并的图片,并手动设置
曝光值,返回"合并到HDR Pro"对话框,如图
14-50所示。

设置相应的"模式"参数后,单击"确定"按
钮,即可将3幅曝光度不同的图像合成,效果如图
14-51所示。

图 14-50 "合并到 HDR Pro"对话框

图 14-51 图像合成效果

14.4　预设动作应用

Photoshop CC 2017提供了大量预设动作,利
用这些动作可以快速得到各种字体、纹理、边框等
效果。本节主要向读者介绍快速制作木质相框、仿
旧照片的操作方法。

14.4.1　实战——快速制作木质相框

在Photoshop CC 2017中,用户可以应用动作
快速制作木质相框。

下面向读者介绍快速制作木质相框的操作方法。

素材位置	素材 > 第 14 章 > 图像 5.jpg
效果位置	效果 > 第 14 章 > 图像 5.psd
视频位置	视频 > 第 14 章 > 实战——快速制作木质相框 .mp4

Step 01 单击"文件"|"打开"命令,打开一幅素材
图像,如图14-52所示。

图 14-52 打开素材图像

Step 02 单击"窗口"｜"动作"命令，打开"动作"面板，单击右上角的 ≡ 按钮，在弹出的面板菜单中选择"画框"选项，即可新增"画框"动作组，如图14-53所示。

Step 03 在"画框"动作组中选择"木质画框-50像素"选项，单击面板底部的"播放选定的动作"按钮，弹出信息提示框，如图14-54所示。

图 14-53 "画框"动作组　图 14-54 信息提示框

Step 04 单击"继续"按钮，即可制作出木质相框，效果如图14-55所示。

图 14-55 最终效果

14.4.2 实战——快速制作仿旧照片

在Photoshop CC 2017中，用户可以应用动作快速制作仿旧照片效果。

下面向读者介绍快速制作仿旧照片的操作方法。

素材位置	素材＞第14章＞图像 6.jpg
效果位置	效果＞第14章＞图像 6.psd
视频位置	视频＞第14章＞实战——快速制作仿旧照片 .mp4

Step 01 单击"文件"｜"打开"命令，打开一幅素材图像，如图14-56所示。

图 14-56 打开素材图像

Step 02 打开"动作"面板，在"图像效果"动作组中选择"仿旧照片"选项，单击面板底部的"播放选定的动作"按钮，效果如图14-57所示。

图 14-57 最终效果

14.4.3 实战——快速制作细雨效果

在Photoshop CC 2017中，用户可以应用动作快速制作细雨效果。

下面向读者介绍快速制作细雨效果的操作方法。

素材位置	素材＞第 14 章＞图像 7.jpg
效果位置	效果＞第 14 章＞图像 7.psd
视频位置	视频＞第 14 章＞实战——快速制作细雨效果 .mp4

Step 01 单击"文件"|"打开"命令，打开一幅素材图像，如图14-58所示。

图 14-58 打开素材图像

Step 02 打开"动作"面板，在"图像效果"动作组中选择"细雨"选项，单击面板底部的"播放选定的动作"按钮，如图14-59所示，效果如图14-60所示。

图 14-59 单击"播放选定的动作"按钮

图 14-60 执行"细雨"动作

Step 03 打开"图层"面板，将"填充"调整为50％，如图14-61所示，最终效果如图14-62所示。

图 14-61 调整填充度

图 14-62 最终效果

专家指点

应用动作，能够使 Photoshop CC 2017 按预定的顺序执行已经设置的数个甚至数十个操作步骤，可以帮助用户大幅度提高工作效率。

14.5 习题

习题1 播放动作

素材位置	素材＞第 14 章＞课后习题＞图像 1.jpg
效果位置	效果＞第 14 章＞课后习题＞图像 1.psd
视频位置	视频＞第 14 章＞习题 1：播放动作 .mp4

本习题练习通过"动作"面板中自带的动作，快速处理图像，素材如图14-63所示，效果如图14-64所示。

图 14-63 素材图像

图 14-64 最终效果

本习题练习通过"条件模式更改"命令，将图像原来的模式更改为指定的模式，素材如图14-65所示，最终效果如图14-66所示。

图 14-65 素材图像

习题2 条件模式更改

素材位置	素材 > 第 14 章 > 课后习题 > 图像 2.jpg
效果位置	效果 > 第 14 章 > 课后习题 > 图像 2.jpg
视频位置	视频 > 第 14 章 > 习题 2：条件模式更改 .mp4

图 14-66 最终效果

打印与输出图像文件

第15章

在Photoshop CC 2017中，制作好图像效果后，有时需要以印刷品的形式输出图像。在对图像进行打印输出之前，可以根据需要设置不同的打印参数，以更加合适的方式打印输出图像。本章主要向读者介绍优化图像选项以及图像印前处理准备工作等。

课堂学习目标

- 掌握安装与设置打印机的方法
- 掌握设置输出属性的方法
- 了解图像印刷流程
- 掌握输出作品的方法

15.1 印刷图像前的准备工作

为了获得高质量、高水准的作品，除了进行精心设计与制作外，还应该了解一些关于打印的基本知识，这样才能使打印工作更顺利地完成。

15.1.1 选择图像存储格式 【重点】

作品制作完成后，根据需要将图像存储为相应的格式。例如，用于观看的图像，可将其存储为JPEG格式；用于印刷的图像，则可将其存储为TIFF格式。单击"文件"|"存储为"命令，弹出"另存为"对话框，设置存储路径，在"保存类型"下拉列表框中选择TIFF格式，如图15-1所示。

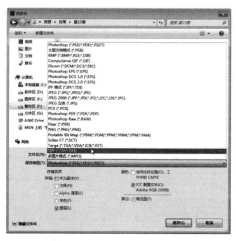

图 15-1 选择 TIFF 格式

单击"保存"按钮，弹出"TIFF选项"对话框，如图15-2所示。单击"确定"按钮，即可保存文件。

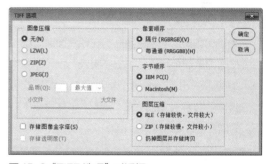

图 15-2 "TIFF 选项"对话框

专家指点

TIFF 格式是印刷行业的标准图像格式，通用性很强，几乎所有的图像处理软件和排版软件都对该格式提供了很好的支持，因此该格式广泛用于程序之间和计算机平台之间进行图像数据交换。

15.1.2 选择图像颜色模式 【重点】

用户在设计图像之前要考虑作品的用途和输出方式，不同的输出要求所对应的颜色模式也不同。例如，输出至电视设备中供观看的图像，必须经过"NTSC颜色"滤镜等颜色较正工具进行校正后，才能在电视上正常显示。

在设计制作过程中，可根据需要更改图像的颜色模式。例如，单击"图像"｜"模式"｜"CMYK颜色"命令，弹出信息提示框，单击"确定"按钮，即可将RGB模式的图像转换成CMYK模式。图15-3所示为RGB模式图像转换成CMYK模式前后的对比效果，由于RGB模式与CMYK模式的色域不同，转换后的图像颜色会有细微变化。

图 15-3 RGB 模式转换成 CMYK 模式前后效果对比

> **专家指点**
>
> 用户在打印前还需要注意图像分辨率应不低于 300 点 / 英寸。

15.1.3 选择图像分辨率

为确保印刷出的图像清晰，在印刷图像之前，需要检查图像的分辨率。单击"图像"｜"图像大小"命令，弹出"图像大小"对话框，即可查看"分辨率"参数，如图15-4所示。如果图像不清晰，则需要设置高分辨率。

图 15-4 查看"分辨率"参数

15.1.4 识别图像色域范围

色域范围是指颜色系统可以显示或打印的颜色范围，用户可以在将图像转换为CMYK模式之前，识别图像中的溢色或手动进行校正，使用"色域警告"命令来高亮显示溢色。单击"视图"｜"色域警告"命令，即可识别图像色域范围外的色调，效果

对比如图15-5所示。

图 15-5 效果对比

15.2 安装与设置打印机

制作图像效果之后，有时需要以印刷品的形式输出图像，需要将其打印输出。在对图像进行打印输出之前，需要对打印选项做一些基本的设置。

15.2.1 实战——安装打印机 　进阶

在日常工作中，打印机是必不可少的办公设备。打印机在计算机的配合下，可以实现文档、图纸、照片、报表等多种图文内容的输出。

安装打印机驱动程序是使用打印机前必须执行的操作，无论用户使用的是网络打印机还是本地打印机，都需要安装打印机驱动程序。

下面向读者详细介绍安装打印机驱动程序的操作方法。

素材位置	无
效果位置	无
视频位置	视频 > 第 15 章 > 实战——安装打印机 .mp4

Step 01 打开"打印机驱动程序HP1020"文件夹，找到SETUP.EXE文件，单击鼠标右键，在弹出的快捷菜单中选择"打开"选项，如图15-6所示。

图 15-6 选择"打开"选项

Step 02 弹出"欢迎"对话框，如图15-7所示。单击
"下一步"按钮，弹出"最终用户许可协议"对话框，
用户需要仔细阅读许可协议内容，如图15-8所示。

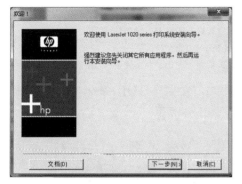

图 15-7 "欢迎"对话框

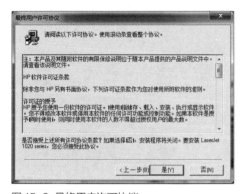

图 15-8 最终用户许可协议

Step 03 单击"是"按钮，弹出"型号"对话框，选
择打印机的型号，如图15-9所示。

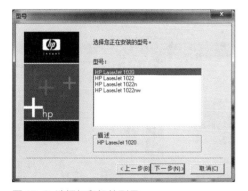

图 15-9 选择打印机的型号

Step 04 单击"下一步"按钮，弹出"开始复制文
件"对话框，"当前设置"列表框中显示了当前打
印机的相关设置，如图15-10所示。

图 15-10 显示当前打印机的相关设置

Step 05 单击"下一步"按钮，开始复制系统文件，
并显示复制进度，如图15-11所示。

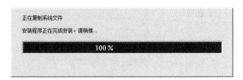

图 15-11 显示复制进度

Step 06 稍等片刻，弹出"安装完成"对话框，选中
"打印测试页"复选框，如图15-12所示。

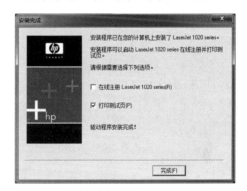

图 15-12 选中相应复选框

Step 07 单击"完成"按钮，如果成功打印测试页，
说明打印机成功安装。

15.2.2 实战——设置打印选项

　　添加打印机后，用户还需要根据不同的工作对
打印选项进行合理的设置。Photoshop CC 2017提
供了专用的打印选项设置功能，可以根据不同的工
作需求合理地进行设置。

执行打印操作的方法有以下两种。

◆ 命令：单击"文件"|"打印"命令。

◆ 快捷键：按【Ctrl + P】组合键。

使用以上任意一种操作方法，都可以弹出"Photoshop打印设置"对话框，如图15-13所示。

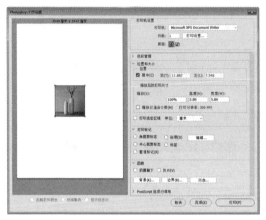

图15-13 "Photoshop 打印设置"对话框

"Photoshop打印设置"对话框中主要选项的含义如下。

◆ 图像预览区域：在该区域可以观察图像在打印纸上的打印位置是否合适。

◆ "顶"数值框：表示图像距离打印纸顶边的距离。

◆ "左"数值框：表示图像距离打印纸左边的距离。

◆ "缩放"数值框：表示图像打印的缩放比例，如果选中"缩放以适合介质"复选框，Photoshop CC 2017会自动将图像缩放至合适的大小，使图像能满幅打印到纸张上。

◆ "高度"数值框：可以设置打印文件的高度。

◆ "宽度"数值框：可以设置打印文件的宽度。

◆ "打印选定区域"复选框：如果图像中有选区，选中该复选框后，只打印选区内的图像。

◆ "背景"按钮：单击该按钮，将弹出"选择背景色"对话框，从中可以设置图像区域外的颜

色，这些颜色不会对图像产生任何影响，只对打印页面之内的、图像内容以外的区域填充颜色。

下面向读者介绍设置打印选项的操作方法。

素材位置	素材 > 第 15 章 > 图像 1.jpg
效果位置	无
视频位置	视频 > 第 15 章 > 实战——设置打印选项 .mp4

Step 01 单击"文件"|"打开"命令，打开一幅素材图像，如图15-14所示。

图15-14 打开素材图像

Step 02 单击"文件"|"打印"命令，弹出"Photoshop打印设置"对话框，选中"居中"复选框，如图15-15所示。

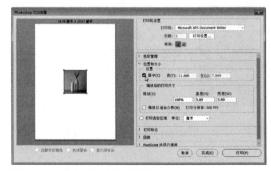

图15-15 选中"居中"复选框

Step 03 选中"缩放以适合介质"复选框，如图15-16所示。在左侧的预览区域可查看打印效果。单击"完成"按钮。

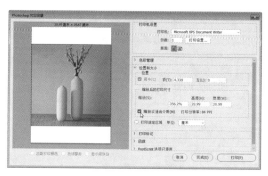

图 15-16　选中"缩放以适合介质"复选框

15.3 了解图像印刷流程

图像的印刷流程包括色彩校正、出片和打样等。

15.3.1 图像印刷前的处理 _{进阶}

对于设计完成的图像作品，印前处理工作流程包括以下5个基本步骤。

◆ 色彩校正：对图像作品进行色彩校正。

◆ 校稿：对打印图像进行校对。

◆ 定稿：再次打印、校稿并修改，最后确定最终稿件。

◆ 打样：送印刷机构进行印前打样。

◆ 制版、印刷：校正打样稿，如果没有问题，则送到印刷机构进行制版、印刷。

> **专家指点**
>
> 分辨率的设置对文本文件没有影响，除非用户使用的是一台激光打印机，并且将 TrueType 字体作为图像来处理。

15.3.2 校正图像的色彩

显示器或打印机在打印图像时颜色有偏差，将导致印刷出的图像色彩与原作品色彩不符，因此色彩校正是印刷前的一个重要步骤。

单击"视图"|"校样颜色"命令，校正图像颜色，效果对比如图15-17所示。

图 15-17　校正图像颜色

15.3.3 图像出片和打样

印刷厂在印刷前，必须将所有交付印刷的作品交给出片中心进行出片。如果设计的作品最终要求不是输出胶片，而是大型彩色喷绘样张，则可以直接用喷绘机输出。

设计稿在计算机中排版完成后，可以进行设计稿打样。在印刷工作过程中，打样的目的有两种，即设计阶段的设计稿打样和印刷前的印刷胶片打样。

15.4 设置输出属性

Photoshop CC 2017提供了专用的打印选项设置功能，用户可以根据不同的工作需求进行合理的设置。

15.4.1 实战——设置输出背景 _{进阶}

通过背景选项，可以设置输出背景效果。

下面向读者介绍设置输出背景的操作方法。

素材位置	素材 > 第 15 章 > 图像 2.jpg
效果位置	无
视频位置	视频 > 第 15 章 > 实战——设置输出背景 .mp4

Step 01 单击"文件"|"打开"命令，打开一幅素材图像，如图15-18所示。

图 15-18 打开素材图像

Step 02 单击"文件"|"打印"命令，弹出"Photoshop打印设置"对话框，在右侧的"函数"选项区中单击"背景"按钮，如图15-19所示。

图 15-19 单击"背景"按钮

Step 03 执行此操作后，弹出"拾色器（打印背景色）"对话框，设置RGB参数值为0、0、0，如图15-20所示。

图 15-20 设置 RGB 参数

Step 04 单击"确定"按钮，即可设置输出背景色，如图15-21所示。单击"完成"按钮，确认操作。

图 15-21 设置输出背景色

15.4.2 实战——设置出血边

"出血"是指印刷后的作品在经过裁切成为成品的过程中，4条边上都会被裁剪约3毫米，这个宽度被称为"出血"。

下面向读者详细介绍设置"出血"的操作方法。

素材位置	素材 > 第 15 章 > 图像 3.jpg
效果位置	无
视频位置	视频 > 第 15 章 > 实战——设置出血 .mp4

Step 01 单击"文件"|"打开"命令，打开一幅素材图像，如图15-22所示。

图 15-22 打开素材图像

Step 02 单击"文件"|"打印"命令，弹出"Photoshop打印设置"对话框，在"函数"选项区中单击"出血"按钮，如图15-23所示。

图 15-23　单击"出血"按钮

Step 03 弹出"出血"对话框，设置"宽度"为3毫米，如图15-24所示。

图 15-24　设置"宽度"参数

Step 04 单击"确定"按钮，即可设置图像"出血"，单击"完成"按钮，确认操作。

15.4.3 实战——设置图像边界

通过设置边界选项，打印出来的成品将添加黑色边框。

下面向读者介绍设置图像边界的操作方法。

素材位置	素材＞第 15 章＞图像 4.jpg
效果位置	无
视频位置	视频＞第 15 章＞实战——设置图像边界 .mp4

Step 01 单击"文件"|"打开"命令，打开一幅素材图像，如图15-25所示。

图 15-25　打开素材图像

Step 02 单击"文件"|"打印"命令，弹出"Photoshop打印设置"对话框，在"函数"选项区中单击"边界"按钮，如图15-26所示。

图 15-26　单击"边界"按钮

Step 03 弹出"边界"对话框，设置"宽度"为3.5毫米，如图15-27所示。

图 15-27　设置"宽度"参数

Step 04 单击"确定"按钮，即可设置图像边界，单击"完成"按钮，确认操作。

15.4.4 实战——设置打印份数

在Photoshop CC 2017中打印图像时，可以设置打印的份数。

下面向读者介绍设置打印份数的操作方法。

素材位置	素材＞第 15 章＞图像 5.jpg
效果位置	无
视频位置	视频＞第 15 章＞实战——设置打印份数 .mp4

Step 01 单击"文件"|"打开"命令，打开一幅素材图像，如图15-28所示。

图 15-28　打开素材图像

Step 02 单击"文件"|"打印"命令，弹出"Photoshop打印设置"对话框。

Step 03 在"Photoshop打印设置"对话框的右侧设置"份数"为2，如图15-29所示，单击"完成"按钮确认操作。

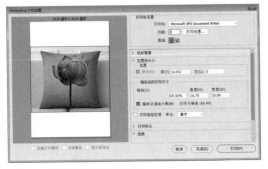

图 15-29 设置"份数"为 2

15.4.5 实战——设置打印版面

在Photoshop CC 2017中，根据打印的需要，可以在"Photoshop打印设置"对话框中设置图像的打印版面。

下面向读者介绍设置打印版面的操作方法。

素材位置	素材 > 第 15 章 > 图像 6.jpg
效果位置	无
视频位置	视频 > 第 15 章 > 实战——设置打印版面 .mp4

Step 01 单击"文件"|"打开"命令，打开一幅素材图像，如图15-30所示。

图 15-30 打开素材图像

Step 02 单击"文件"|"打印"命令，弹出"Photoshop打印设置"对话框，单击"横向打印纸张"按钮 🖼，即可修改图像的打印版面，如图15-31所示。

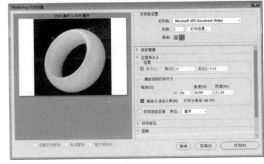

图 15-31 修改图像打印版面

15.5 输出作品

在Photoshop CC 2017中完成作品的设计后，可以将其输出为其他软件兼容的格式，也可以将其导出为适合在网页上浏览的图片格式。

15.5.1 实战——导出为Illustrator 文件

将Photoshop文件导出为Illustrator文件后，可以直接在Illustrator中打开该文件。

下面向读者介绍导出为Illustrator文件的操作方法。

素材位置	素材 > 第 15 章 > 图像 7.jpg
效果位置	效果 > 第 15 章 > 图像 7.ai
视频位置	视频 > 第 15 章 > 实战——导出为 Illustrator 文件 .mp4

Step 01 单击"文件"|"打开"命令，打开一幅素材图像，如图15-32所示。

Step 02 单击"文件"|"导出"|"路径到Illustrator"命令，弹出"导出路径到文件"对话框，如图15-33所示。

图 15-32 打开素材图像

图 15-33 弹出"导出路径到文件"对话框

Step 03 单击"确定"按钮，弹出"选择存储路径的文件名"对话框，设置保存路径，如图15-34所示。

图 15-34 "选择存储路径的文件名"对话框

Step 04 单击"保存"按钮，即可将当前图像文件导出为Illustrator能识别的AI文件，如图15-35所示。

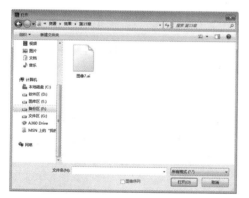

图 15-35 导出的文件

15.5.2 导出为Zoomify

在Photoshop CC 2017中，将图像文件导出为Zoomify后，可以上传到网页进行浏览。

在Photoshop CC 2017中，单击"文件"|"导出"|Zoomify命令，弹出"Zoomify导出"对话框，单击"输出位置"选项区中的"文件夹"按钮，如图15-36所示。

图 15-36 "Zoomify 导出"对话框

弹出"浏览文件夹"对话框，选择文件的保存位置，如图15-37所示。

图 15-37 选择文件的保存位置

单击"确定"按钮，返回"Zoomify导出"对话框，在"浏览器选项"选项区的"宽度"文本框中输入1000，在"高度"文本框中输入800，如图15-38所示。

单击"确定"按钮，系统将自动打开Web浏览器，即可预览导出的Zoomify文件，如图15-39所示。

图 15-38 设置浏览器选项

图 15-39 预览 Zoomify 文件

照片处理

第 **16** 章

随着数码相机技术的不断成熟和数码产品价格的下调，很多计算机用户和摄影爱好者都对处理照片产生了浓厚兴趣。运用Photoshop CC 2017可以修复普通的照片瑕疵，还可以将其处理为具有其他风格的照片效果。本章主要向读者介绍几种数码照片处理的操作方法。

课堂学习目标

● 掌握清新风格照片的制作方法　　　● 掌握魅力佳人照片的制作方法
● 掌握婚纱照片的制作方法　　　　　● 掌握山岳剪影照片的制作方法

16.1 艺术效果——清新风格

想要打造出清新淡雅风格的照片，可以在Photoshop CC 2017中，利用"亮度/对比度""色相/饱和度""色阶"及"曲线"等命令调整图像色调，得到小清新风格的人物照片。

本实例最终效果如图16-1所示。

素材位置	素材 > 第 16 章 > 图像 1.jpg
效果位置	效果 > 第 16 章 > 图像 1.psd、图像 1.jpg
视频位置	视频 > 第 16 章 > 艺术效果——清新风格 .mp4

16.1.1 调整整体画面

运用"亮度/对比度"与"色相/饱和度"命令对人物进行处理，下面向读者介绍具体操作步骤。

Step 01 单击"文件"|"打开"命令，打开"图像1.jpg"素材文件，如图16-2所示。

图 16-2 素材图像

Step 02 按【Ctrl+J】组合键，复制"背景"图层，得到"图层1"，如图16-3所示。

Step 03 新建"亮度/对比度 1"调整图层，设置"亮度"为10，"对比度"为24，如图16-4所示。

图 16-1 打造清新风格效果

图 16-3　复制出"图层 1"

图 16-4　设置各参数

Step 04 新建"色相/饱和度 1"调整图层，设置"色相"为15，"饱和度"为50，如图16-5所示。调整图像整体的亮度与色彩饱和度后，效果如图16-6所示。

图 16-5　设置各参数

图 16-6　图像效果

16.1.2　精修画面细节

运用"色阶""色彩平衡""曲线"等命令和"镜头光晕"滤镜对人物进行精修，下面向读者介绍具体操作步骤。

Step 01 打开上一节的效果文件，新建"色阶 1"调整图层，设置输入色阶参数为12、0.66、239，如图16-7所示。

图 16-7　设置各参数

Step 02 选中"色阶 1"调整图层的图层蒙版，选择画笔工具，使用黑色画笔在人物位置反复涂抹，效果如图16-8所示。

图 16-8　涂抹图像

Step 03 新建"色彩平衡 1"调整图层，设置"中间调"色阶参数为-25、13、18，效果如图16-9所示。

专家指点

在 Photoshop CC 2017 中，"色彩平衡"命令主要用来调整图像偏色，它既可以矫正图像某一区域的偏色，也可以调整整幅图像的偏色。在制作艺术效果、广告背景、照片处理中，运用较广泛，它能够制作出绚丽的色彩效果，与图层混合模式一起运用，效果更佳。

图 16-9 图像效果

专家指点

由于环境或灯光等的影响，很多照片都存在偏色的现象，有时候照片的偏色反而能帮助我们制造气氛，但也有影响客观事物本身颜色的时候，使照片看起来缺少美感，此时则需要对其进行校正。

Step 04 新建"曲线 1"调整图层，设置RGB通道的"输入"为116，"输出"为86，如图16-10所示。

Step 05 按【Shift+Ctrl+Alt+E】组合键，盖印可见图层，得到"图层2"，如图16-11所示。

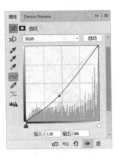

图 16-10 设置各参数　　图 16-11 得到"图层 2"

Step 06 单击"滤镜"|"渲染"|"镜头光晕"命令，在弹出的对话框中设置镜头光晕的角度，并设置"亮度"为100%，如图16-12所示。

图 16-12 设置"镜头光晕"滤镜参数

Step 07 单击"确定"按钮，即可为图像添加"镜头光晕"滤镜，最终效果如图16-13所示。

图 16-13 最终效果

16.2 绚丽妆容——魅力佳人

人物数码照片中往往含有各种各样不尽如人意的瑕疵需要处理，Photoshop CC 2017在人物图像处理上有着强大的修复功能，利用这些功能可以消除这些缺陷。同时，Photoshop CC 2017还可以对照片中的人物进行美容与修饰，留住美丽的容颜，使人物以近乎完美的姿态展现出来。

本实例最终效果如图16-14所示。

图 16-14 打造绚丽妆容效果

素材位置	素材 > 第 16 章 > 图像 2.jpg
效果位置	效果 > 第 16 章 > 图像 2.psd、图像 2.jpg
视频位置	视频 > 第 16 章 > 绚丽妆容——魅力佳人 .mp4

16.2.1 调整图像亮度

生活中总会需要对照片中的人物进行一些必要的美容与修饰，使人物变得更加美丽。下面向读者详细介绍具体操作。

Step 01 单击"文件"|"打开"命令，打开"图像2.jpg"素材文件，如图16-15所示。

图 16-15 素材图像

Step 02 按【Ctrl+J】组合键复制图层，得到"图层1"，如图16-16所示。

图 16-16 复制得到"图层 1"

Step 03 设置"图层1"的混合模式为"叠加"，"不透明度"为30%，效果如图16-17所示。

图 16-17 图像效果

Step 04 新建"色阶 1"调整图层，任打开的"属性"面板中设置输入色阶参数为25、1.52、232，如图16-18所示。

图 16-18 设置各参数

Step 05 新建"亮度/对比度 1"调整图层，设置"亮度"为-7，"对比度"为20，效果如图16-19所示。

图 16-19 图像效果

16.2.2 制作绚丽妆容

利用"色相/饱和度"命令给图像着色，改变图像部分颜色，再运用加深工具、减淡工具适当修饰图像。

下面向读者详细介绍具体的操作方法。

Step 01 新建"色相/饱和度 1"调整图层，在打开的"属性"面板中选中"着色"复选框，如图16-20所示。

图 16-20 选中"着色"复选框

Step 02 设置"色相"为56，"饱和度"为35，"明度"为32，效果如图16-21所示。

图 16-21 图像效果

Step 03 设置"色相/饱和度 1"调整图层的混合模式为"叠加"，为图层蒙版填充灰色（RGB各项参数值均为60），使用白色的画笔工具在人物眼睛区域涂抹，效果如图16-22所示。

图 16-22 图像效果

Step 04 新建"色相/饱和度 2"调整图层，打开"属性"面板，选中"着色"复选框，设置"色相"为49，"饱和度"为29，"明度"为8，如图16-23所示。

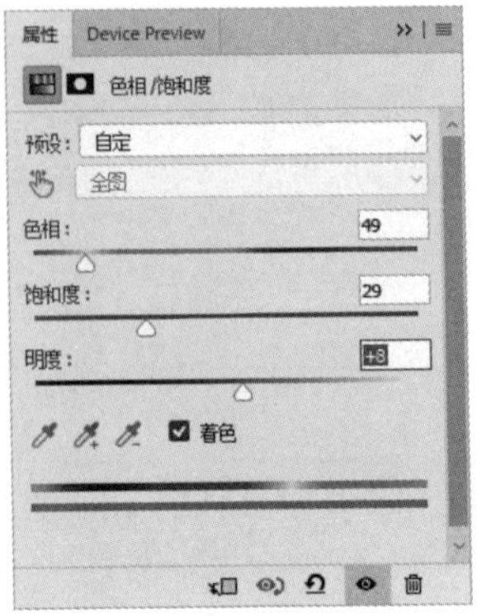

图 16-23 设置各参数

Step 05 设置"色相/饱和度 2"调整图层的混合模式为"色相"，为图层蒙版填充灰色（RGB各项参数值均为60），使用白色的画笔工具在人物眼皮上涂抹，效果如图16-24所示。

图 16-24 图像效果

Step 06 单击"图层"|"新建"|"图层"命令，在弹出的对话框中，设置"模式"为"柔光"，选中"填充柔光中性色"复选框，如图16-25所示。

Step 07 单击"确定"按钮，得到"图层2"，如图16-26所示。

图 16-25 选中"填充柔光中　图 16-26 新建"图层2"
性色"复选框

Step 08 在工具箱中选取减淡工具。在工具属性栏中设置"曝光度"为20%，适当涂抹图像。在工具箱中选取加深工具，在工具属性栏中设置"曝光度"为20%，对人物进行整体的修饰，最终效果如图16-27所示。

图 16-27 最终效果

16.3 影楼效果——婚纱照片处理

随着社会的发展，数码摄影已经进入大众生活，越来越多的人愿意用数码摄影记录自己的生活点滴。本节将向读者介绍数码摄影后期设计的相关知识。

本实例最终效果如图16-28所示。

图 16-28　婚纱相片处理效果

素材位置	素材 > 第 16 章 > 图像 3.jpg、图像 4.jpg、图像 5.psd、图像 6.psd
效果位置	效果 > 第 16 章 > 图像 3.psd、图像 3.jpg
视频位置	视频 > 第 16 章 > 影楼效果——婚纱照片处理 .mp4

16.3.1 制作婚纱照片背景图像

在进行婚纱照片背景处理时，主要运用到画笔工具绘制圆点图像，并添加相应的装饰素材。下面向读者介绍具体操作步骤。

Step 01 打开本书配套资源中的"图像4.jpg"素材，如图16-29所示。

图 16-29　素材图像

Step 02 新建"图层1"，选择画笔工具，在工具属性栏中设置"不透明度"为100%，"流量"为100%，如图16-30所示。

Step 03 单击"窗口"|"画笔"命令，打开"画笔"面板，选择"尖角30"笔尖，设置"大小"为6像素，"硬度"为100%，"间距"为305%，如图16-31所示。

图 16-30　设置各参数　　图 16-31　设置画笔选项

Step 04 选中"形状动态"复选框，设置"大小抖动"为100%，如图16-32所示。

Step 05 选中"散布"复选框，设置"散布"为1000%，如图16-33所示。

图 16-32　设置"大小抖动"　图 16-33　设置"散布"
参数　　　　　　　　　　参数

Step 06 设置前景色为白色，在图像中的草地区域绘制圆点，效果如图16-34所示。

图 16-34 绘制圆点

Step 07 打开随书资源中的"图像5.psd"素材文件，将其拖曳至"图像4"编辑窗口中，适当调整其位置，如图16-35所示。

图 16-35 置入并调整素材

Step 08 将置入的音符素材复制5次，适当调整大小、位置和角度，效果如图16-36所示。

图 16-36 复制并调整素材

Step 09 打开随书资源中的"图像3.jpg"素材文件，将其拖曳至"图像4"编辑窗口中，适当调整位置，如图16-37所示。

图 16-37 置入并调整素材

Step 10 在"图层"面板中选择"图层4"，单击面板底部的"添加图层蒙版"按钮 ◻ 添加图层蒙版，运用黑色画笔工具在图像的适当位置进行涂抹，隐藏背景，效果如图16-38所示。

图 16-38 隐藏部分图像

专家指点

在 Photoshop CC 2017 中只能为未锁定的图层添加蒙版。打开"图层"菜单，就可以看到"添加图层蒙版"选项，如果它呈浅色状态，则说明当前图层是被锁定的，需要先解锁。打开"图层"面板，选中某一图层，然后单击面板底部的"添加图层蒙版"按钮，也可添加图层蒙版。如果图层后带有锁形标记，则需要先解锁。

16.3.2　制作婚纱照整体效果

　　婚纱照的主体是人物，我们可以根据需要，适当调整人物素材。

　　下面向读者介绍具体操作步骤。

Step 01 打开上一节的效果文件，单击"图层"面板底部的"创建新的填充或调整图层"按钮 ◎ ，在弹出的下拉菜单中选择"曲线"选项，新建"曲线"调整图层，如图16-39所示。

Step 02 在"属性"面板底部单击"剪切到图层"按钮，设置"输入"为134，"输出"为173，如图16-40所示。图像效果如图16 41所示。

 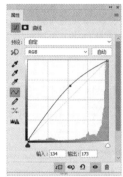

图 16-39 添加"曲线"　　图 16-40 设置各参数
调整图层

图 16-41 图像效果

Step 03 打开随书资源中的"图像6.psd"素材文件，将其拖曳至"图像4"编辑窗口中，适当调整其位置，如图16-42所示。

Step 04 在"图层"面板中新建"色相/饱和度"调整图层，设置"饱和度"为20，如图16-43所示。

图 16-42 置入并调整图像

图 16-43 设置"饱和度"为 20

Step 05 在图像编辑窗口中，适当调整各图像的大小与位置，最终效果如图16-44所示。

图 16-44 最终效果

16.4 数码后期——山岳剪影

　　夕阳西下的山丘画面色彩太暗淡，在 Photoshop CC 2017中，可以利用"色阶""自然饱和度""可选颜色""亮度/对比度"等命令调整图像影调,展现出夕阳下山岳剪影的意境美。

本实例最终效果如图16-45所示。

图 16-45 打造山岳剪影效果

素材位置	素材＞第16章＞图像 7.jpg
效果位置	效果＞第16章＞图像 4.psd、图像 4.jpg
视频位置	视频＞第16章＞数码后期——山岳剪影 .mp4

16.4.1 校正图像偏色现象

运用"色阶"与"自然饱和度"命令图像进行处理,下面向读者介绍具体操作步骤。

Step 01 单击"文件"|"打开"命令,打开一幅素材文件,如图16-46所示。

图 16-46 素材图像

Step 02 按【Ctrl+J】组合键,复制"背景"图层,得到"图层1",如图16-47所示。

图 16-47 复制得到"图层 1"

专家指点

饱和度是指颜色的强度或纯度,它表示色相中颜色本身色素分量所占的比例,使用 0%～100% 的百分比来度量。在标准色轮上,饱和度从中心到边缘逐渐递增,颜色的饱和度越高,其鲜艳程度也就越高,反之,颜色因包含其他颜色而显得陈旧或混浊。

Step 03 新建"色阶 1"调整图层,在"红"通道中设置输入色阶各参数值分别为18、0.82、255,如图16-48所示。

Step 04 新建"自然饱和度 1"调整图层,设置"自然饱和度"为62,"饱和度"为47,如图16-49所示。这样即可校正图像偏色现象并提高色彩的饱和度,效果如图16-50所示。

图 16-48 设置各参数

图 16-49 设置各参数

图 16-50 图像效果

16.4.2 增强画面冷暖对比

运用"可选颜色"命令增强图像冷暖对比，利用"亮度/对比度"命令降低图像亮度，使画面更有意境。

下面向读者介绍具体操作步骤。

Step 01 打开上一节的效果文件，新建"可选颜色1"调整图层，在"属性"面板中设置"颜色"为"红色"，设置各参数值分别为9、20、7、11，如图16-51所示。

Step 02 设置"颜色"为"青色"，设置各参数值分别为58、26、8、3，如图16-52所示。这样即可降低图像亮度，增强冷暖对比，效果如图16-53所示。

图 16-51 设置各参数

图 16-52 设置各参数

图 16-53 图像效果

Step 03 新建"亮度/对比度 1"调整图层，设置"亮度"为-22，"对比度"为26，如图16-54所示。再次降低图像亮度，使画面更有意境，最终效果如图16-55所示。

图 16-54 设置各参数

图 16-55 最终效果

第 **17** 章

淘宝网店设计

淘宝网店的装修设计是店铺运营中的重要一环，店铺设计的好坏，直接影响顾客对于店铺最初印象的好坏，首页、详情页面等设计得美观丰富，顾客才会有兴趣继续了解产品，被详情描述打动了，才会产生购买欲望并下单。

课堂学习目标

- 掌握帆布鞋主图的制作方法
- 掌握数码产品促销方案的制作方法
- 掌握手机网店首页的制作方法
- 掌握潮流发饰网店的制作方法

17.1 主图设计——帆布鞋

本实例是为某品牌的帆布鞋设计的商品主图，在制作的过程中使用充满活力的强对比色背景图片进行修饰，并用简单的广告词来突出产品优势。

本实例最终效果如图17-1所示。

图 17-1 帆布鞋主图设计

素材位置	素材 > 第 17 章 > 图像 1.jpg、图像 2.psd
效果位置	效果 > 第 17 章 > 图像 1.psd、图像 1.jpg
视频位置	视频 > 第 17 章 > 主图设计——帆布鞋 .mp4

17.1.1 制作背景

运用多边形套索工具绘制出图形，并适当填充颜色。下面详细介绍制作背景的方法。

Step 01 单击"文件"|"新建"命令，弹出"新建文档"对话框，设置"宽度"为800像素，"高度"为800像素，"分辨率"为300像素/英寸，如图17-2所示。单击"创建"按钮，即可新建一个空白文档。

图 17-2 设置各参数

Step 02 在工具箱中选取多边形套索工具，如图17-3所示。

图 17-3 选取多边形套索工具

Step 03 在图像编辑窗口中绘制一个三角形选区，如图17-4所示。

图 17-4　绘制三角形选区

Step 04 设置前景色为绿色（RGB参数值为17、115、61），按【Alt+Delete】组合键填充前景色，效果如图17-5所示。

图 17-5　填充前景色

Step 05 按【Shift+Ctrl+I】组合键反选选区，并填充灰色（RGB各项参数值均为233），如图17-6所示。

图 17-6　填充灰色

Step 06 按【Ctrl+D】组合键，取消选区，效果如图17-7所示。

图 17-7　取消选区

17.1.2　抠取商品图像

运用魔棒工具在商品图上创建选区，并删除不需要的区域，拖曳至背景图像编辑窗口中，调整得到最终的效果。下面详细介绍抠取商品图像的方法。

Step 01 单击"文件"|"打开"命令，打开一幅素材图像，如图17-8所示。

图 17-8　素材图像

Step 02 按【Ctrl+J】组合键，复制一个新图层，并隐藏"背景"图层，如图17-9所示。

Step 03 在工具箱中选取魔棒工具，在工具属性栏中设置"容差"为6，如图17-10所示。

图 17-9 隐藏"背景"图层

图 17-10 设置"容差"参数

Step 04 在图像的白色区域单击，即可创建选区，如图17-11所示。

图 17-11 创建选区

Step 05 按【Delete】键，删除选区内的图像，并取消选区，如图17-12所示。

图 17-12 清除背景

Step 06 在工具箱中选取移动工具，将"图像1"拖曳至背景图像编辑窗口中，如图17-13所示。

图 17-13 拖曳图像

Step 07 按【Ctrl+T】组合键，调出变换控制框，将鼠标指针移至变换控制框的右下角，当鼠标指针呈 ↙ 形状时拖曳鼠标，旋转图像至合适角度，并调整大小和位置，如图17-14所示。

图 17-14 旋转并调整图像

Step 08 按【Enter】键确认旋转，如图17-15所示。

图 17-15 确认旋转

17.1.3 制作文案活动

运用横排文字工具给商品添加文字说明，强化视觉效果。下面详细介绍制作文案的方法。

Step 01 在"图层"面板下方单击"创建新图层"按钮，新建"图层2"，如图17-16所示。

Step 02 在工具箱中选取矩形工具，在工具属性栏中设置"形状填充"为黄色（RGB参数值为247、227、53），如图17-17所示。

图 17-16 新建"图层 2" 图 17-17 设置"形状填充"颜色

Step 03 在绿色背景部分的合适位置绘制一个矩形，如图17-18所示。

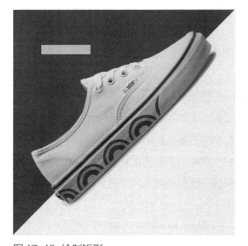

图 17-18 绘制矩形

Step 04 在"图层"面板中双击"矩形1"图层，弹出"图层样式"对话框，选中"投影"复选框，设置"不透明度"为29%，"距离"为3像素，"大小"为3像素，如图17-19所示。单击"确定"按钮，即可为矩形添加投影效果。

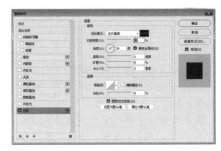

图 17-19 设置各参数

Step 05 在工具箱中选取横排文字工具，设置"字体"为"方正大黑简体"，"字体大小"为6.5点，"颜色"为深绿色（RGB参数值为48、77、73），激活"仿粗体"按钮，如图17-20所示。

Step 06 输入文字，按【Ctrl+Enter】组合键确认输入，切换至移动工具，根据需要适当调整文字的位置，如图17-21所示。

图 17-20 设置各选项 图 17-21 调整文字位置

Step 07 用相同的方法，设置"字体"为"方正大黑简体"，"字体大小"为15点，"颜色"为白色（RGB各项参数值均为255），"字距"为-100，激活"仿粗体"按钮，输入文字，并按【Ctrl+Enter】组合键确认输入，如图17-22所示。

图 17-22 输入文字

Step 08 双击"全国包邮"文字图层，弹出"图层样式"对话框，选中"图案叠加"复选框，选择叠加图案，选中"投影"复选框，设置"不透明度"为37%，"距离"为3像素，"大小"为3像素，如图17-23所示。单击"确定"按钮，即可完成对文字样式的设置。

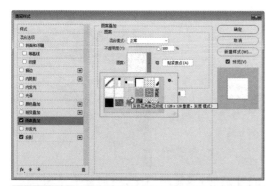

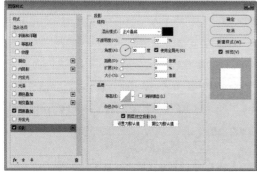

图 17-23 设置各选项

Step 09 按【Ctrl+O】组合键，打开"图像2.psd"素材图像，如图17-24所示。

Step 10 在工具箱中选取移动工具，将"图像2"拖曳至背景图像编辑窗口中，并适当调整图像的位置，效果如图17-25所示。

图 17-24 打开素材图像

图 17-25 最终效果

17.2 首页设计——手机网店

本实例是为手机网店设计的首页欢迎模块，在画面的配色中借鉴商品的色彩，并通过不同大小和外形的文字来表现店铺的主题内容，使用同一色系的颜色来提升画面的品质，让设计的整体效果更加协调、统一。

本实例最终效果如图17-26所示。

图 17-26 手机网店首页设计

素材位置	素材 > 第 17 章 > 图像 3.psd、图像 4.jpg
效果位置	效果 > 第 17 章 > 图像 2.psd、图像 2.jpg
视频位置	视频 > 第 17 章 > 首页设计——手机网店 .mp4

17.2.1 绘制红色矩形

运用矩形工具绘制形状，输入相应文字并设置不同颜色。下面介绍具体方法。

Step 01 单击"文件"|"新建"命令，弹出"新建文档"对话框，设置"宽度"为1435像素，"高度"为1000像素，"分辨率"为300像素/英寸，单击"创建"按钮，新建一幅空白图像。设置前景色为浅灰色（RGB各项参数值均为247），按【Alt+Delete】组合键，为"背景"图层填充前景色，如图17-27所示。

图 17-27 填充前景色

Step 02 运用矩形工具在图像上方绘制一个矩形路径，在"属性"面板中设置W为300像素，H为100像素，X为400像素，Y为20像素，如图17-28所示。

Step 03 在"路径"面板中单击"将路径作为选区载入"按钮，如图17-29所示，将路径转换为选区。

图 17-28 设置各选项

图 17-29 单击"将路径作为选区载入"按钮

Step 04 新建"图层1"，设置前景色为红色（RGB参数值为206、28、28），按【Alt+Delete】组合键，为"图层1"填充前景色，并取消选区，如图17-30所示。

图 17-30 取消选区

17.2.2 制作店招

使用横排文字工具在首页上输入相应文字。下面介绍制作店招的方法。

Step 01 运用横排文字工具在图像上输入相应的文字，设置"字体"为"黑体"，"字体大小"为25点，"字距"为100，激活"仿粗体"按钮，并为文字设置不同的颜色，如图17-31所示。

Step 02 运用横排文字工具在图像上输入相应的文字，设置"字体"为"黑体"，"字体大小"为15点，"字距"为700，"颜色"为红色（RGB参数值为206、28、28），激活"仿粗体"按钮，效果如图17-32所示。执行上述操作后，图像效果如图17-33所示。

图 17-31 设置各选项

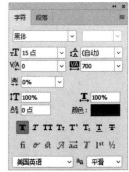

图 17-32 设置各选项

图 17-33 图像效果

Step 03 打开"图像3.psd"素材图像，运用移动工具将其拖曳至背景图像编辑窗口中的合适位置处并调整大小，如图17-34所示。

图 17-34 调整大小和位置

17.2.3 制作手机图像特效

下面主要介绍导入手机素材，以及运用横排文字工具和矩形选框工具创建带边框的文字按钮，完成手机图像特效的制作。

Step 01 打开"图像4.jpg"素材，运用移动工具将素材图像拖曳至背景图像编辑窗口中的合适位置处，如图17-35所示。

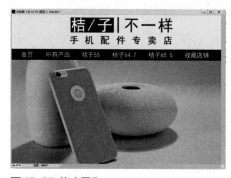

图 17-35 拖曳图像

Step 02 运用横排文字工具在图像上输入相应的文字，设置"字体"为"黑体"，"字体大小"为10点，"颜色"为深黄色（RGB参数值为156、135、73），如图17-36所示。

图 17-36 设置各选项

Step 03 选取工具箱中的矩形选框工具，在文字周围创建一个矩形选区，如图17-37所示。

Step 04 新建"图层4"，单击"编辑"|"描边"命令，弹出"描边"对话框，设置"宽度"为2像素，"颜色"为深黄色（RGB参数值为156、135、73），如图17-38所示。

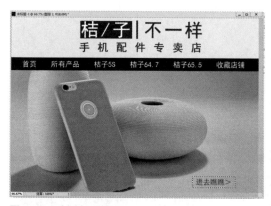

图 17-37 创建矩形选区

图 17-38 设置各选项

Step 05 单击"确定"按钮，即可添加描边效果，并取消选区，为"图层4"添加默认的"外发光"图层样式，最终效果如图17-39所示。

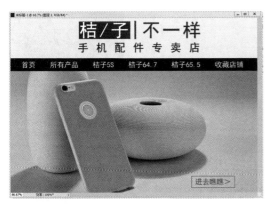

图 17-39 最终效果

17.3 促销设计——数码产品

本实例采用左右分栏的方式进行排版，将画面进行合理的分配，让顾客体会到商家的折扣力度，提高店铺装修的转化率。

本实例最终效果如图17-40所示。

图 17-40 数码产品促销设计

素材位置	素材 > 第 17 章 > 图像 5.jpg、图像 6.psd
效果位置	效果 > 第 17 章 > 图像 3.psd、图像 3.jpg
视频位置	视频 > 第 17 章 > 促销设计——数码产品 .mp4

17.3.1 制作背景画面效果

新建图像，设置前景色并填充"背景"图层，即可得到背景画面效果。

Step 01 按【Ctrl+N】组合键，弹出"新建文档"对话框，设置"宽度"为570像素，"高度"为400像素，"分辨率"为300像素/英寸，"颜色模式"为"RGB颜色"，"背景内容"为"白色"，如图17-41所示。

图 17-41 新建文档

Step 02 单击"创建"按钮，新建一个空白图像，单击工具箱底部的前景色色块，弹出"拾色器（前景色）"对话框，设置RGB参数值为227、245、247，单击"确定"按钮，如图17-42所示。

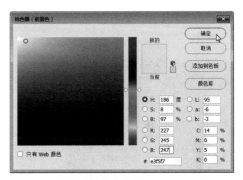

图 17-42 单击"确定"按钮

Step 03 按【Alt+Delete】组合键填充背景，如图17-43所示。

图 17-43 填充背景

17.3.2 制作主体画面效果

添加商品素材，并运用蒙版制作出倒影效果，即可得到主体画面效果。

Step 01 按【Ctrl+O】组合键，打开"图像5.jpg"素材图像，按【Ctrl+J】组合键，复制一个新图层，并隐藏"背景"图层，如图17-44所示。

Step 02 选取魔棒工具，在工具属性栏中设置"容差"为6，在图像的背景区域单击即可创建选区，如图17-45所示。

图 17-44 隐藏"背景"图层　　图 17-45 创建选区

Step 03 按【Delete】键，删除选区内的部分，并取消选区，如图17-46所示。

图 17-46 取消选区

Step 04 运用移动工具将"图像5"拖曳至背景图像编辑窗口中，适当调整图像的大小和位置，如图17-47所示。

Step 05 选择"图层1"，按【Ctrl+J】组合键，复制一个新图层，按【Ctrl+T】组合键调出变换控制框，垂直翻转图像，按【Enter】键确认变换，如图17-48所示。

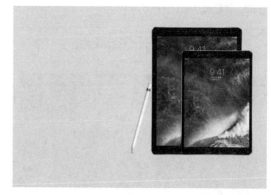

图 17-47 拖曳并调整图像

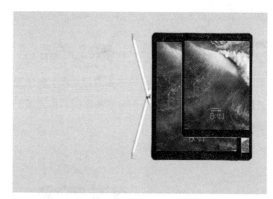

图 17-48 确认变换

Step 06 将图像移动至"图层1"图像下方的合适位置，为"图层1 拷贝"图层添加蒙版，如图17-49所示。

图 17-49 添加图层蒙版

Step 07 运用黑白渐变填充"图层1 拷贝"图层的蒙版，适当隐藏部分图像，效果如图17-50所示。

图 17-50 添加图层蒙版

17.3.3 制作促销文案效果

使用椭圆选框工具和矩形工具绘制出文案的背景，运用横排文字工具输入文字，得到促销活动效果。

Step 01 新建"图层2"，设置前景色为蓝灰色（RGB参数值为61、75、120），单击"确定"按钮，如图17-51所示。

图 17-51 单击"确定"按钮

Step 02 在工具箱中选取椭圆选框工具，在合适位置创建一个圆形选区，按【Alt+Delete】组合键填充圆形选区，并取消选区，效果如图17-52所示。

图 17-52 取消选区

Step 03 新建"图层3"，在工具箱中选取矩形工具，在图像窗口中绘制一个正方形，调整正方形大小并移动至合适位置，效果如图17-53所示。

Step 04 在工具箱中选取横排文字工具，设置"字体"为"Arial"，"字体样式"为"Bold"，"字体大小"为20点，"颜色"为白色，如图17-54所示。

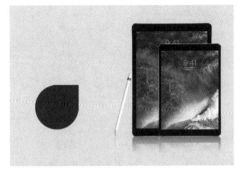

图 17-53 调整正方形

图 17-54 设置各选项

Step 05 输入数字，按【Ctrl+Enter】组合键确认输入，运用移动工具适当调整文字的位置，效果如图17-55所示。

图 17-55 输入并调整文字

Step 06 切换至横排文字工具，在数字右侧的合适位置单击，确定插入点，设置"字体"为"微软雅黑"，"字体大小"为4点，"颜色"为白色，如图17-56所示。

图 17-56 设置各选项

Step 07 输入文字，按【Ctrl+Enter】组合键确认输入，运用移动工具适当调整文字的位置，效果如图17-57所示。

图 17-57 输入并调整文字

Step 08 按【Ctrl+O】组合键，打开"图像6.psd"素材图像，运用移动工具将其拖曳至背景图像编辑窗口中，最终效果如图17-58所示。

图 17-58 最终效果

17.4 网店设计——潮流发饰

本实例是为潮流发饰网店设计的页面，主要使用了不同明度的肤色和桃红色等暖色调。此外，观察画面中商品的配色，可以发现其色彩也大部分为暖色，与设计元素的配色基本一致。暖色调能够给人热情、温暖的印象，大面积高明度的暖色调可以让画面表现得更加明亮，与饰品店铺中商品的形象和饰品的功能一致。

本实例最终效果如图17-59所示。

图 17-59 潮流发饰网店设计

素材位置	素材 > 第 17 章 > 图像 7.psd、图像 8.jpg、图像 9.jpg、图像 10.psd、图像 11.jpg、图像 12.psd、图像 13.psd、图像 14.jpg、图像 15.psd
效果位置	效果 > 第 17 章 > 图像 4.psd、图像 4.jpg
视频位置	视频 > 第 17 章 > 网店设计——潮流发饰 .mp4

17.4.1 制作首页画面效果

添加人物素材，再输入相应的文字，即可得到首页画面效果。

Step 01 按【Ctrl+O】组合键，打开一幅素材图像，如图17-60所示。

图 17-60　素材图像

Step 02 按【Ctrl+O】组合键，打开"图像8.jpg"素材图像，运用移动工具将素材图像拖曳至背景图像编辑窗口中，适当调整图像的位置，如图17-61所示。

图 17-61　拖曳图像

Step 03 按【Ctrl+O】组合键，打开"图像9.jpg"素材图像，运用移动工具将素材图像拖曳至背景图像编辑窗口中，适当调整图像的位置，如图17-62所示。

图 17-62　拖曳图像

Step 04 为人物图层添加图层蒙版，并运用黑色的画笔工具适当涂抹图像，隐藏部分图像，如图17-63所示。

图 17-63　隐藏部分图像

Step 05 运用圆角矩形工具绘制一个半径为5像素的圆角矩形，设置填充颜色为洋红色（RGB参数值为253、58、126），并设置该图层的"不透明度"为65%，效果如图17-64所示。

图 17-64　绘制圆角矩形并调整

Step 06 选取横排文字工具,设置"字体"为"方正粗宋简体","字体大小"为10点,"颜色"为洋红色(RGB参数值为253、58、126),激活"仿粗体"按钮,输入相应文字,如图17-65所示。

图 17-65 输入文字

Step 07 双击文字图层,弹出"图层样式"对话框,选中"描边"复选框,设置"大小"为5像素,"颜色"为白色,单击"确定"按钮,如图17-66所示。

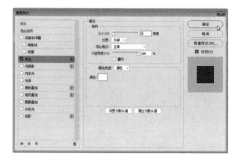

图 17-66 单击"确定"按钮

Step 08 打开"图像10.psd"素材图像,运用移动工具将素材图像拖曳至背景图像编辑窗口中的合适位置处,效果如图17-67所示。

图 17-67 拖曳图像

17.4.2 制作促销活动模块

适当添加素材图像,并输入主题文字,运用扩展选区功能制作出底纹,再为文字添加描边,得到最终效果。

Step 01 打开"图像11.jpg"素材图像,运用移动工具将素材图像拖曳至背景图像编辑窗口中的合适位置处,如图17-68所示。

图 17-68 拖曳图像

Step 02 选取横排文字工具,设置"字体"为"华康娃娃体","字体大小"为12点,"颜色"为深红色(RGB参数值为207、6、14),激活"仿粗体"按钮,输入相应文字,如图17-69所示。

图 17-69 输入文字

Step 03 复制文字图层,按住【Ctrl】键的同时单击文字图层的缩览图,将其载入选区,如图17-70所示。

图 17-70 载入选区

Step 04 在文字图层中间新建"图层7",单击"选择"|"修改"|"扩展"命令,弹出"扩展选区"对话框,设置"扩展量"为10像素,单击"确定"按钮,如图17-71所示。

图 17-71 "扩展选区"对话框

Step 05 设置前景色为深红色(RGB参数值为207、6、14),为"图层7"填充前景色,并取消选区,如图17-72所示。

图 17-72 取消选区

Step 06 为所复制的文字图层添加"描边"图层样式,设置"大小"为5像素,"颜色"为白色,效果如图17-73所示。

图 17-73 添加"描边"图层样式

Step 07 打开"图像12.psd"素材图像,运用移动工具将素材图像拖曳至背景图像编辑窗口中的合适位置,效果如图17-74所示。

图 17-74 添加素材

17.4.3 制作商品展示区域

使用矩形选框工具制作展示区的白色背景,运用横排文字工具输入文字,为不同的文字设置不同的属性,建立图层组,并多次复制图层组,适当调整其位置,制作商品展示区域。

Step 01 打开"图像13.psd"素材图像,运用移动工具将素材图像拖曳至背景图像编辑窗口中的合适位置,如图17-75所示。

图 17-75 添加素材

Step 02 新建图层,运用矩形选框工具创建一个矩形选区,设置前景色为白色,为选区填充前景色,并取消选区,如图17-76所示。

图 17-76 取消选区

Step 03 打开"图像14.jpg"素材图像，运用移动工具将素材图像拖曳至背景图像编辑窗口中的合适位置处，如图17-77所示。

图 17-77 添加素材

Step 04 选取横排文字工具，设置"字体"为"黑体"，"字体大小"为5点，"颜色"为黑色，"行距"为9点，输入相应文字，如图17-78所示。

图 17-78 输入文字

Step 05 选中价格文字，在"字符"面板中设置"字体"为"Myriad Pro"，"字体大小"为8点，"颜色"为棕色（RGB参数值为152、116、102），并激活"仿粗体"按钮，效果如图17-79所示。

图 17-79 设置文字属性

Step 06 选中原价文字，添加"删除线"字符样式，如图17-80所示。

图 17-80 设置文字样式

Step 07 新建"商品01"图层组，将人物素材图片与价格文字图层添加到图层组中，如图17-81所示。

图 17-81 管理图层组

Step 08 复制图层组，并适当调整其位置，如图17-82所示。

图 17-82 调整位置

Step 09 继续复制多个图层组，适当调整其位置，效果如图17-83所示。

图 17-83 调整位置

Step 10 打开"图像15.psd"素材图像，运用移动工具将素材图像拖曳至背景图像编辑窗口中的合适位置处，完成展示区域的制作，如图17-84所示。

图 17-84 拖曳图像

Step 11 适当调整各图像的位置，最终效果如图17-85所示。

图 17-85 最终效果

包装设计

第18章

商品包装具有和广告一样的效果，是企业与消费者进行第一次接触的桥梁，它也是一个极为重要的宣传媒介。包装设计以商品的保护、使用和促销为目的，在传递商品信息的同时也可以给人以美的感觉，提高商品的附加值和竞争力。

课堂学习目标

- 掌握图书包装的制作方法
- 掌握护肤品包装的制作方法
- 掌握手提袋的制作方法
- 掌握饮料包装的制作方法

18.1 图书包装——散文集封面

本实例设计的是《云淡风轻》散文集的封面。本例使用淡蓝色作为主色调，白色为辅助色调，以书名作为视觉要点，图片、文字为设计元素，突出了图书的主体特性。

本实例最终效果如图18-1所示。

图 18-1 图书封面效果

素材位置	素材＞第18章＞图像1.jpg、图像2.jpg、图像3.psd、图像4.jpg
效果位置	效果＞第18章＞图像1.psd、图像1.jpg
视频位置	视频＞第18章＞图书包装——散文集封面.mp4

18.1.1 制作图书封面主体效果

下面运用参考线、矩形工具、图层蒙版、直排文字工具等，并添加相应的素材图像，制作图书封面主体效果。具体操作方法如下。

Step 01 单击"文件"｜"新建"命令，弹出"新建文档"对话框，在其中设置各选项，如图18-2所示。单击"创建"按钮，即可新建空白文档。

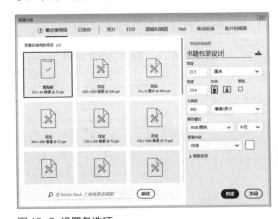

图 18-2 设置各选项

Step 02 单击"视图"｜"新建参考线"命令，弹出"新建参考线"对话框，选中"垂直"单选按钮，依次设置"位置"为0厘米、0.3厘米、2.5厘米、21厘米、21.3厘米，新建5条垂直参考线，如图18-3所示。

图 18-3 新建垂直参考线

Step 03 单击"视图"｜"新建参考线"命令，弹出"新建参考线"对话框，选中"水平"单选按钮，依次设置"位置"为0厘米、0.3厘米、23.3厘米、23.6厘米，新建4条水平参考线，效果如图18-4所示。

图 18-4 新建水平参考线

Step 04 设置前景色为淡蓝色（RGB参数值为158、209、231），新建"图层1"，使用矩形工具，依据参考线绘制一个填充矩形，效果如图18-5所示。

图 18-5 绘制填充矩形

Step 05 打开"图像1.jpg"素材图像，使用移动工具将其拖曳至背景图像编辑窗口中，并适当调整其大小，在"图层"面板中设置图层混合模式为"滤色"，"不透明度"为81%，效果如图18-6所示。

图 18-6 调整素材属性

Step 06 打开"图像2.jpg"素材图像，使用移动工具将其拖曳至背景图像编辑窗口中，效果如图18-7所示。

图 18-7 添加素材图像

Step 07 选中"图像2"所在图层，单击"图层"面板底部的"添加图层蒙版"按钮，添加图层蒙版，运用黑色的画笔工具，调整画笔大小和不透明度，在图像编辑窗口中进行涂抹，隐藏部分图像，效果如图18-8所示。

Step 08 打开"图像3.psd"素材图像，使用移动工具将素材图像拖曳至背景图像编辑窗口中，效果如图18-9所示。

图 18-8 隐藏部分图像

图 18-9 添加文字素材

18.1.2 制作图书包装立体效果

本节制作图书包装立体效果，涉及拼合图像、复制图层、变换图像、添加图层蒙版、羽化、填充颜色、添加图层样式等操作，具体操作方法如下。

Step 01 单击"图层"｜"拼合图像"命令，将所有图层合并为"背景"图层，使用矩形选框工具，依据参考线创建一个矩形选区，如图18-10所示。按【Ctrl+C】组合键，复制选区内的图像。

图 18-10 创建选区

Step 02 打开"图像4.jpg"文件，按【Ctrl+V】组合键粘贴图像，按【Ctrl+T】组合键，调出变换控制框，适当调整图像的大小和位置，在变换控制框中单击鼠标右键，在弹出的快捷菜单中选择"扭曲"选项，按住【Shift】键的同时，依次向下或向上拖曳相应的控制柄，扭曲图像，按【Enter】键确认变换操作，如图18-11所示。

图 18-11 调整图像形状

Step 03 在"图层"面板中，选中"图层1"并复制，得到"图层1拷贝"图层，单击"编辑"｜"变换"｜"垂直翻转"命令，垂直翻转图像，并将其移至合适位置，效果如图18-12所示。

图 18-12 垂直翻转并移动图像

Step 04 单击"编辑"｜"变换"｜"斜切"命令，调出变换控制框，向上拖曳右侧的控制柄至合适位置，按【Enter】键，确认变换操作，效果如图18-13所示。

图 18-13 斜切调整图像

Step 05 在"图层"面板中设置"不透明度"为40%，单击面板底部的"添加图层蒙版"按钮，添加图层蒙版，使用渐变工具，在图像编辑窗口中从下到上拖曳，填充黑色到白色的线性渐变，隐藏部分图像，效果如图18-14所示。

图 18-14 隐藏部分图像

Step 06 用同样的方法，制作图书书脊的立体效果，如图18-15所示。

图 18-15 制作书脊立体效果

Step 07 在"图层"面板中选择"背景"图层，设置前景色为深灰色（RGB各项参数值均为74），新建"图层3"，使用多边形套索工具，在工具属性栏中设置"羽化"为8像素，创建一个多边形羽化选区，效果如图18-16所示。

图 18-16 创建选区

Step 08 使用油漆桶工具在选区内单击，填充前景色，并取消选区，如图18-17所示。

图 18-17 填充前景色

Step 09 在"图层"面板中选择"图层1",双击图层,弹出"图层样式"对话框,选中"投影"复选框,设置"不透明度"为10%,"角度"为1度,单击"确定"按钮,添加"投影"图层样式,将"图层1"拖曳至顶层,效果如图18-18所示。

图 18-18 添加图层样式

Step 10 单击"视图"|"显示"|"参考线"命令,隐藏参考线,效果如图18-19所示。

图 18-19 最终效果

18.2 手提袋——爱恋国际

本实例设计的是爱恋国际数码婚纱摄影的手提袋。使用白色作为主色调,以多张图像作为视觉主体,以文字为设计元素,突出了手提袋的主体特性。

本实例最终效果如图18-20所示。

图 18-20 手提袋

素材位置	素材 > 第 18 章 > 图像 5.jpg、图像 6.jpg、图像 7.jpg、图像 8.jpg、图像 9.psd、图像 10.jpg、图像 11.psd、图像 12.psd
效果位置	效果 > 第 18 章 > 图像 2.psd、图像 2.jpg
视频位置	视频 > 第 18 章 > 手提袋——爱恋国际 .mp4

18.2.1 制作手提袋平面效果

下面通过添加素材图像,删除多余的区域,并输入相应文字制作手提袋平面效果,具体操作方法如下。

Step 01 单击"文件"|"新建"命令,弹出"新建文档"对话框,设置"宽度"为945像素,"高度"为710像素,"分辨率"为300像素/英寸,单击"创建"按钮,如图18-21所示。

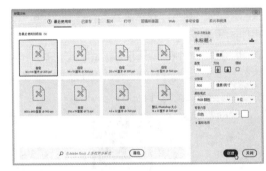

图 18-21 单击"创建"按钮

Step 02 按【Ctrl+O】组合键,打开"图像5.jpg"素材图像,运用移动工具将素材图像拖曳至背景图像编辑窗口中,适当调整图像的大小,效果如图18-22所示。

图 18-22 拖曳图像

Step 03 选取矩形选框工具，在人物图像上创建一个矩形选区，如图18-23所示。

图 18-23 创建矩形选区

Step 04 按【Ctrl+Shift+I】组合键反选选区，按【Delete】键删除选区内的图像，并取消选区，效果如图18-24所示。

图 18-24 取消选区

Step 05 用同样的方法，拖入其他素材图像，并调整图像的大小及位置，删除多余的区域，效果如图18-25所示。

图 18-25 图像效果

Step 06 按【Ctrl+O】组合键，打开"图像9.psd"素材图像，运用移动工具将素材图像拖曳至背景图像编辑窗口中，适当调整图像的位置及大小，效果如图18-26所示。

图 18-26 拖曳图像

Step 07 选取横排文字工具，在"字符"面板中设置"字体"为"华文中宋"，"字体大小"为12点，"字距"为320，"颜色"为黑色，输入相应文字，如图18-27所示。

图 18-27 输入相应文字

Step 08 在"字符"面板中设置"字体"为"华文中宋","字号"为8点,"颜色"为黑色,输入相应文字,如图18-28所示。

图 18-28 输入相应文字

Step 09 在"字符"面板中设置"字体"为"黑体","字号"为4点,"行距"为6,"颜色"为黑色,输入相应文字,如图18-29所示。

图 18-29 输入相应文字

Step 10 按【Ctrl+Shift+Alt+E】组合键,盖印图层,得到新图层,如图18-30所示。

图 18-30 得到新图层

18.2.2 制作手提袋立体效果

下面运用缩放、透视、添加图层蒙版等方法制作手提袋立体效果,具体操作方法如下。

Step 01 按【Ctrl+O】组合键,打开"图像10.jpg"素材图像,如图18-31所示。

图 18-31 素材图像

Step 02 将盖印图层所得的图像拖曳至"图像10"图像编辑窗口中,并适当调整图像的位置,如图18-32所示。

图 18-32 拖曳图像

Step 03 按【Ctrl+T】组合键,调出变换控制框,适当缩放图像,如图18-33所示。

图 18-33 缩放图像

Step 04 在变换控制框中单击鼠标右键，在弹出的快捷菜单中的选择"透视"选项，调整各控制柄变换图像，按【Enter】键确认变换，效果如图18-34所示。

图 18-34 透视图像

Step 05 新建"图层2"，选取多边形套索工具，在图像编辑窗口中创建一个多边形选区，如图18-35所示。

图 18-35 创建多边形选区

Step 06 设置前景色为淡灰色（RGB各项参数值均为200），按【Alt+Delete】组合键，填充前景色，并取消选区，如图18-36所示。

图 18-36 取消选区

Step 07 用同样的方法，运用多边形套索工具创建选区并填充灰色（RGB各项参数值均为183），取消选区，如图18-37所示。

图 18-37 取消选区

Step 08 用同样的方法，运用多边形套索工具创建选区并填充灰色（RGB各项参数值均为162），并取消选区，如图18-38所示。

图 18-38 取消选区

Step 09 选择"图层1"，按【Ctrl+J】组合键，对其进行复制，如图18-39所示。

图 18-39 复制图层

285

Step 10 按【Ctrl+T】组合键，调出变换控制框，在变换控制框中单击鼠标右键，在弹出快捷菜单中选择"垂直翻转"选项，将其进行垂直翻转，按住【Shift】键的同时，向下拖曳鼠标至合适位置，如图18-40所示。

图18-40 拖曳图像

Step 11 在变换控制框中单击鼠标右键，在弹出的快捷菜单中选择"斜切"选项，用鼠标向上拖曳右侧中间的控制柄至合适位置，按【Enter】键确认变换操作，如图18-41所示。

图18-41 确认变换

Step 12 为"图层1 拷贝"图层添加图层蒙版，选取渐变工具，在图像编辑窗口的下方单击并向上拖曳鼠标，填充黑色到白色的渐变，如图18-42所示。

图18-42 填充渐变

Step 13 按【Ctrl+O】组合键，打开"图像12.psd"素材图像，运用移动工具将素材图像拖曳至背景图像编辑窗口中，适当调整图像的位置，并在"图层"面板中将"图层5 拷贝"图层调至背景图层上方，最终效果如图18-43所示。

图18-43 调整图像

专家指点

在包装设计的过程中，色彩的面积大小是指各种色彩在画面中所占的比例。这种对比与色彩本身的属性并无多大关系，但从色彩感觉的心理因素上来看，两种或两种以上的色彩之间应该有一定的比例才能使人觉得舒服，这是在配色时需要考虑的。若画面中所有的色彩都占有同样的面积，画面会显得平淡。在配色时应注意辅色、点缀色的比例关系，使画面有主有次。

18.3 护肤品包装——姿采洁面乳

本实例设计的是一款护肤品包装，在包装色彩上采用红色和灰色作为主色调，这两种颜色能够给包装带来清新、尊贵和时尚的感觉，并通过优美柔和的曲线让整体效果更具美感。本实例最终效果如图18-44所示。

图 18-44 姿采护肤品包装

素材位置	素材＞第18章＞图像13.psd、图像14.jpg、图像15.psd、图像16.psd
效果位置	效果＞第18章＞图像3.psd、图像3.jpg
视频位置	视频＞第18章＞护肤品包装——姿采洁面乳.mp4

18.3.1 制作护肤品包装平面效果

下面主要通过将路径转换为选区，然后填充颜色，再添加素材图像，制作护肤品包装平面效果，具体操作方法如下。

Step 01 单击"文件"|"打开"命令，打开一幅素材图像，如图18-45所示。

Step 02 打开"路径"面板，在其中选择"路径1"，新建"图层1"，按【Ctrl+Enter】组合键，将路径转换为选区，如图18-46所示。

图 18-45 素材图像　　图 18-46 将路径转换为选区

Step 03 为选区填充红色（RGB参数值为210、22、22），按【Ctrl+D】组合键取消选区，如图18-47所示。

图 18-47 取消选区

Step 04 按【Ctrl+O】组合键，打开"图像14.jpg"素材图像，如图18-48所示。

图 18-48 素材图像

Step 05 选取工具箱中的魔棒工具，在图像中的白色区域单击，建立选区，按【Ctrl+Shift＋I】组合键反选选区，如图18-49所示。

图 18-49 反选选区

Step 06 选取工具箱中的移动工具，将选区内的图像拖曳至"图像13"编辑窗口中，调整图像至合适位置，效果如图18-50所示。

图 18-50 拖曳图像并调整位置

18.3.2 制作护肤品包装立体效果

下面主要通过加深工具、减淡工具涂抹图像，将路径转换为选区，羽化并填充选区，输入相应文字，制作投影效果，制作护肤品包装立体效果，具体操作方法如下。

Step 01 在"图层"面板中选择"图层1"，在工具箱中选取加深工具，在工具属性栏中设置"大小"为70像素，"硬度"为0%，画笔为"柔边圆"，并设置"范围"为"高光"，"曝光度"为80%，如图18-51所示。

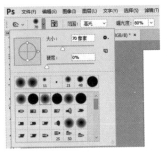

图 18-51 设置各选项

Step 02 在图像中的合适位置进行涂抹，加深其色调，如图18-52所示。

图 18-52 加深色调

Step 03 在"图层"面板中，复制"图层1"，得到"图层1拷贝"图层，如图18-53所示。

Step 04 单击"锁定透明像素"按钮，锁定其透明像素，如图18-54所示。

图 18-53 复制得到"图层　图 18-54 锁定透明像素
1拷贝"图层

Step 05 使用加深工具，在图像中的合适位置进行涂抹，加深其色调。选取工具箱中的减淡工具，在工具属性栏中设置相应选项，然后在图像编辑窗口中进行涂抹，减淡其色调，效果如图18-55所示。

图 18-55 减淡色调

Step 06 设置前景色为白色（RGB各项参数值均为255），打开"路径"面板，在其中选择"路径2"，新建"图层3"，按【Ctrl+Enter】组合键，将路径转换为选区，如图18-56所示。

Step 07 单击"选择"|"修改"|"羽化"命令，在弹出的"羽化选区"对话框中设置"羽化半径"为10像素，单击"确定"按钮，按【Alt+Delete】组合键填充前景色，然后在"图层"面板中设置"不

透明度"为30%，按【Ctrl+D】组合键取消选区，如图18-57所示。

图 18-56 将路径转换为选区　图 18-57 取消选区

Step 08 为"图层3"添加图层蒙版，运用黑色的画笔工具在图像中的合适位置进行涂抹，隐藏部分图像，效果如图18-58所示。

Step 09 复制"图层3"，得到"图层3拷贝"和"图层3拷贝2"图层，在"图层"面板中设置"不透明度"均为60%，分别单击图层蒙版缩览图，选择画笔工具并设置不同参数的不透明度，在图像中的合适位置进行涂抹，编辑图层蒙版，效果如图18-59所示。

图 18-58 隐藏部分图像　　图 18-59 图像效果

Step 10 按【Ctrl+O】组合键，打开"图像15.psd"素材图像，运用移动工具将素材图像拖曳至背景图

像编辑窗口中，适当调整图像的位置，并在"图层"面板中调整各图层的顺序，效果如图18-60所示。

图 18-60 拖曳图像

Step 11 选取工具箱中的横排文字工具，在"字符"面板中设置"字体"为"华文中宋"，"字体大小"为30点，"字距"为200，"颜色"为黑色（RGB各项参数值均为0），如图18-61所示。

Step 12 在图像编辑窗口中输入文字，如图18-62所示。

图 18-61 设置各选项　　图 18-62 输入文字

Step 13 按【Ctrl+O】组合键，打开"图像16.psd"素材图像，运用移动工具将素材图像拖曳至背景图像编辑窗口中，适当调整图像的位置，效果如图18-63所示。

图 18-63 拖曳图像

Step 14 在"背景"图层上方新建"图层6",打开"路径"面板,在其中选择"路径3",按【Ctrl+Enter】组合键将路径转换为选区,按【Shift+F6】组合键,在弹出的"羽化选区"对话框中设置"羽化半径"为15像素,单击"确定"按钮羽化选区,如图18-64所示。

图 18-64 羽化选区

Step 15 选取工具箱中的渐变工具,从选区的左侧开始向右拖曳鼠标,填充选区为淡灰色(RGB各项参数值均为221)到灰色(RGB各项参数值均为194)的线性渐变,然后按【Ctrl+D】组合键取消选区,最终效果如图18-65所示。

图 18-65 最终效果

18.4 饮料包装——牛奶饮品

本实例设计的是一款牛奶饮品包装,采用鲜艳、对比强烈的红白对比,亮丽夺目,整体设计在统一中求变化,在和谐中产生对比,视觉冲击力较强。

本实例最终效果如图18-66所示。

图 18-66 牛奶饮品包装

素材位置	素材 > 第18章 > 图像17.psd、图像18.psd、图像19.psd、图像20.psd、图像21.jpg
效果位置	效果 > 第18章 > 图像4.psd、图像4.jpg
视频位置	视频 > 第18章 > 饮料包装——牛奶饮品.mp4

18.4.1 制作饮料包装平面效果

下面主要通过矩形选框工具绘制出矩形选框并填充颜色，添加素材图像并进行翻转复制，将路径转换为选区再填充颜色，并运用横排文字工具输入相应文字，制作饮料包装平面效果，具体操作方法如下。

Step 01 单击"文件"|"打开"命令，打开一幅素材图像，如图18-67所示。

图 18-67 素材图像

Step 02 运用矩形选框工具，在图像的左侧绘制一个矩形选区，如图18-68所示。

图 18-68 绘制矩形选区

Step 03 新建"图层1"，设置前景色为淡红色（RGB参数值为251、206、203），按【Alt+Delete】组合键填充前景色，取消选区，效果如图18-69所示。

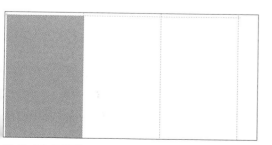

图 18-69 取消选区

Step 04 按【Ctrl+O】组合键，打开"图像18.psd"素材图像，运用移动工具将素材图像拖曳至背景图像编辑窗口中，适当调整图像的大小，效果如图18-70所示。

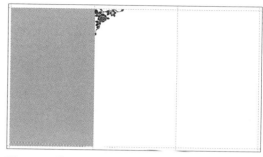

图 18-70 拖曳图像

Step 05 按【Ctrl+J】组合键，复制"图层2"，得到"图层2拷贝"图层，按【Ctrl+T】组合键调出变换控制框，适当放大图像，并设置"不透明度"为30%，效果如图18-71所示。

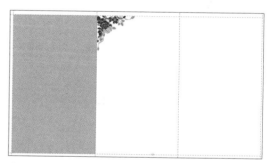

图 18-71 设置"不透明度"参数

Step 06 调整图层顺序，复制"图层2"和"图层2拷贝"图层，按【Ctrl+T】组合键调出变换控制框，水平翻转图像，将复制后的图像拖曳至合适的位置，效果如图18-72所示。

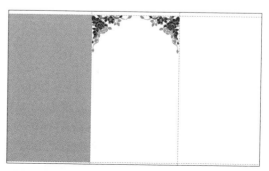

图 18-72 拖曳图像

Step 07 用同样方法，复制多个图层，并适当变换，调整其位置。将相应图层编组，得到"组1"，效果如图18-73所示。

图 18-73 图像效果

Step 08 打开"路径"面板，在其中选择"路径1"，按【Ctrl+Enter】组合键，将路径转换为选区，如图18-74所示。

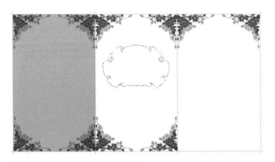

图 18-74 将路径转换为选区

Step 09 新建"图层3"，在选区内填充红色（RGB参数值为225、16、13），取消选区，如图18-75所示。

图 18-75 取消选区

Step 10 按【Ctrl+O】组合键，打开"图像19.psd"素材图像，运用移动工具将素材图像拖曳至背景图像编辑窗口中，适当调整图像的位置，效果如图18-76所示。

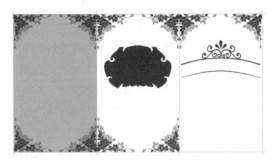

图 18-76 拖曳图像

Step 11 选取工具箱中的横排文字工具，在"字符"面板中设置"字体"为"方正大黑简体"，"字体大小"为17点，"颜色"为红色（RGB参数值为225、16、13），在图像编辑窗口中输入文字，如图18-77所示。

图 18-77 输入文字

Step 12 单击工具属性栏中的"创建文字变形"按钮，弹出"变形文字"对话框，设置"样式"为"扇形"，"弯曲"为20%，单击"确定"按钮，效果如图18-78所示。

图 18-78 图像效果

Step 13 双击文字图层，弹出"图层样式"对话框，选中"投影"复选框，单击"确定"按钮添加默认的投影样式，效果如图18-79所示。

图 18-79 图像效果

Step 14 按【Ctrl+O】组合键，打开"图像20.psd"素材图像，运用移动工具将素材图像拖曳至背景图像编辑窗口中，适当调整图像的位置，如图18-80所示。

图 18-80 拖曳图像

Step 15 按【Ctrl+Shift+Alt+E】组合键盖印图层，得到新图层，如图18-81所示。

图 18-81 盖印得到新图层

18.4.2 制作饮料包装立体效果

下面运用缩放、扭曲、添加图层蒙版等方法来制作饮料包装立体效果，具体操作方法如下。

Step 01 按【Ctrl+O】组合键，打开"图像21.jpg"素材图像，如图18-82所示。

图 18-82 素材图像

Step 02 在"图像17"编辑窗口中，选取工具箱中的矩形选框工具，在适当位置绘制一个矩形选区，运用移动工具，将选区内的图像拖曳至"图像21"编辑窗口中，如图18-83所示。

图 18-83 拖曳图像

Step 03 按【Ctrl+T】组合键，调出变换控制框，在变换控制框中单击鼠标右键，在弹出的快捷菜单中选择"扭曲"选项，分别拖曳各个控制点扭曲图像，按【Enter】键确认变换，效果如图18-84所示。

图 18-84 图像效果

Step 04 用同样的方法,将制作好的平面效果拖曳至"图像21"编辑窗口中,然后进行缩放和扭曲的操作,如图18-85所示。

Step 05 运用多边形套索工具,在图像中绘制一个选区,设置前景色为灰色(RGB各项参数值均为241),新建"图层5",在选区内填充灰色,取消选区。选取工具箱中的加深工具,在工具属性栏中设置适当大小的画笔,"硬度"为0,"范围"为"中间调","曝光度"为60%,在图像中的合适位置涂抹,加深其色调,效果如图18-86所示。

图 18-85 调整图像　　　　图 18-86 加深色调

Step 06 用同样的方法绘制另一个三角形,效果如图18-87所示。

Step 07 复制相应图层,按【Ctrl+T】组合键调出变换控制框,垂直翻转图像,将翻转后的图像拖曳至合适的位置,按【Enter】键确认变换,如图18-88所示。

图 18-87 图像效果　　　　图 18-88 确认变换

Step 08 选择"图层1拷贝"图层,按【Ctrl+T】组合键调出变换控制框,在控制框中单击鼠标右键,在弹出的快捷菜单中选择"斜切"选项,斜切图像,并按【Enter】键确认,效果如图18-89所示。

Step 09 用同样的方法,斜切"图层2拷贝"图层,效果如图18-90所示。

图 18-89 斜切图像　　　　图 18-90 图像效果

Step 10 合并斜切后的图像,并重命名为"图层7",为该图层添加图层蒙版,在图像编辑窗口中由下到上填充黑色到白色的线性渐变,设置"图层7"图层的"不透明度"为50%,最终效果如图18-91所示。

图 18-91 最终效果

专家指点

在制作包装的整体效果时,为其添加倒影可以使立体效果更加强烈。制作倒影效果时,主要是运用变换控制框斜切或扭曲图像,再为其添加图层蒙版,运用黑白渐变适当隐藏部分图像,还可以适当设置其"不透明度"参数,使倒影效果更加逼真。

第 **19** 章

平面设计

海报是一种古老的广告形式，它具有传播信息及时、成本低、制作简便的优点。海报的表现形式多样，可以具体表现，也可以抽象表现（写实或写意），一般视觉冲击力较强。本章主要向读者介绍名片与海报等制作方法。

课堂学习目标

● 掌握创意视觉名片设计的制作方法
● 掌握金丽珠宝首饰广告的制作方法

● 掌握雅静天地房产广告的制作方法
● 掌握伊瑟兰斯化妆品海报的制作方法

19.1 名片设计——创意视觉

本实例是创意视觉的名片设计，首先新建图像，运用圆角矩形工具绘制一个圆角矩形，然后添加素材图像，最后输入相应的名片信息，完成名片的设计。

本实例最终效果如图19-1所示。

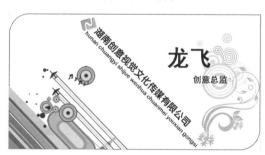

图 19-1 创意视觉名片设计

素材位置	素材 > 第 19 章 > 图像 1.psd、图像 2.psd、图像 3.psd、图像 4.psd
效果位置	效果 > 第 19 章 > 图像 1.psd、图像 1.jpg
视频位置	视频 > 第 19 章 > 名片设计——创意视觉 .mp4

19.1.1 制作名片背景效果

运用圆角矩形工具绘制一个圆角矩形，设置相应属性，并添加素材图像，完成创意视觉名片背景效果的制作。下面向读者详细介绍具体的操作方法。

Step 01 按【Ctrl+N】组合键，弹出"新建文档"对话框，设置"宽度"为85毫米，"高度"为45毫米，"分辨率"为300像素/英寸，"颜色模式"为"RGB颜色"，"背景内容"为"白色"，单击"创建"按钮，如图19-2所示。

图 19-2 单击"创建"按钮

Step 02 在工具箱中选取圆角矩形工具，在工具属性栏中设置"形状填充"为无，"形状描边"为黑色，"描边宽度"为1.5像素，"半径"为80像素，在图像编辑窗口中绘制一个圆角矩形，如图19-3所示。

图 19-3 绘制圆角矩形

Step 03 打开"属性"面板，单击"将角半径值链接到一起"按钮，取消链接，设置右上角和左下角的半径为0，如图19-4所示。此时图像效果也随之改变了，如图19-5所示。

图 19-4 设置各参数

图 19-5 图像效果

Step 04 按【Ctrl+O】组合键，打开"图像1.psd"素材图像，运用移动工具将素材图像拖曳至背景图像编辑窗口中，适当调整图像的位置，效果如图19-6所示。

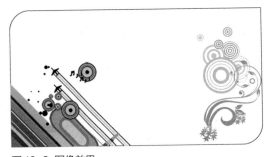

图 19-6 图像效果

19.1.2 制作名片文字效果

下面运用横排文字工具输入相应文字，进行适当的变换，旋转角度，再添加名片信息制作创意视觉名片文字效果，具体的操作方法如下。

Step 01 选取横排文字工具，在"字符"面板中设置"字体"为"方正粗圆简体"，"字体大小"为9点，"颜色"为黑色，输入相应文字，如图19-7所示。

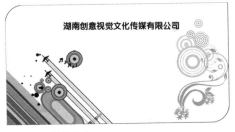

图 19-7 输入文字

Step 02 在"字符"面板中设置"字体"为"Arial Rounded MT Bold"，"字体大小"为5.5点，"颜色"为黑色，运用横排文字工具输入相应文字，如图19-8所示。

图 19-8 输入文字

Step 03 按【Ctrl+O】组合键，打开"图像2.psd"素材图像，运用移动工具将素材图像拖曳至背景图像编辑窗口中，适当调整图像的位置，如图19-9所示。

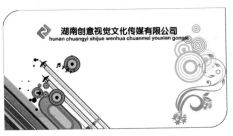

图 19-9 添加素材

Step 04 选中文字图层与标志，单击"图层"面板下方的"链接图层"按钮，链接图层，如图19-10所示。

图 19-10 链接图层

Step 05 按【Ctrl+T】组合键调出变换控制框，将相应图像旋转45°，并适当调整其位置，如图19-11所示。

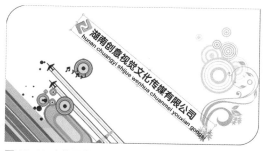

图 19-11 变换图像

Step 06 按【Enter】键确认变换，效果如图19-12所示。

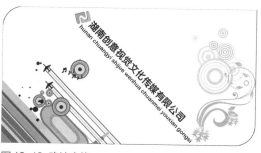

图 19-12 确认变换

Step 07 在"字符"面板中设置"字体"为"黑体"、"字体大小"为21点，"颜色"为黑色，激活"仿粗体"图标，运用横排文字工具输入相应文字，如图19-13所示。

图 19-13 输入文字

Step 08 在"字符"面板中设置"字体"为"黑体"，"字体大小"为8点，"颜色"为黑色，激活"仿粗体"图标，运用横排文字工具输入相应文字，最终效果如图19-14所示。

图 19-14 最终效果

专家指点

平面设计的目的就是通过调动图像、图形、文字、色彩和版式等诸多元素，并经过一定的排列组合，在给人以美的享受的同时，兼顾视觉信息的传递。

19.2 房产广告——雅静天地

本实例设计的是房地产广告，整体色调为蓝色，设计紧凑，重点布局画面，以引发消费者对美好的憧憬。

本实例最终效果如图19-15所示。

图 19-15 雅静天地房产广告

素材位置	素材 > 第 19 章 > 图像 3.jpg、图像 4.psd、图像 5.psd、图像 6.psd
效果位置	效果 > 第 19 章 > 图像 2.psd、图像 2.jpg
视频位置	视频 > 第 19 章 > 房产广告——雅静天地 .mp4

19.2.1 制作房产广告背景效果

下面运用"色相/饱和度""曲线"和"色阶"等命令制作出广告的主体效果，具体的操作方法如下。

Step 01 按【Ctrl+N】组合键，弹出"新建文档"对话框，设置"宽度"为14厘米，"高度"为10厘米，"分辨率"为300像素/英寸，"颜色模式"为"RGB颜色"，"背景内容"为"白色"，单击"创建"按钮，如图19-16所示。

图 19-16 单击"创建"按钮

Step 02 按【Ctrl+O】组合键，打开"图像3.jpg"素材图像，运用移动工具将素材图像拖曳至背景图像编辑窗口中，适当调整图像的位置，如图19-17所示。

图 19-17 拖曳图像

Step 03 单击"图像"|"调整"|"色相/饱和度"命

令，弹出"色相/饱和度"对话框，选中"着色"复选框，设置"色相"为191，"饱和度"为96，"明度"为0，单击"确定"按钮，效果如图19-18所示。

图 19-18 "色相 / 饱和度"对话框

Step 04 单击"图像"|"调整"|"曲线"命令，弹出"曲线"对话框，在曲线上单击新建一个节点，在下方设置"输入"为52，"输出"为47，单击"确定"按钮，如图19-19所示。

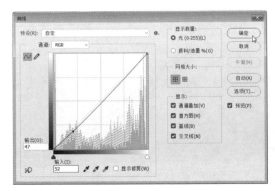

图 19-19 调整曲线

Step 05 按【Ctrl+L】组合键，弹出"色阶"对话框，设置输入色阶分别为30、1.00、245，单击"确定"按钮，效果如图19-20所示。

图 19-20 图像效果

Step 06 按【Ctrl+O】组合键，打开一幅素材图像，运用移动工具将素材图像拖曳至背景图像编辑窗口中，适当调整图像的位置，如图19-21所示。

图 19-21 拖曳图像

Step 07 按【Ctrl+U】组合键，弹出"色相/饱和度"对话框，选中"着色"复选框，并设置"色相"为189，"饱和度"为96，"明度"为-33，单击"确定"按钮，效果如图19-22所示。

图 19-22 图像效果

19.2.2 制作房产广告文案效果

下面运用横排文字工具、段落文本等制作广告的文字效果。

具体的操作方法如下。

Step 01 按【Ctrl+O】组合键，打开"图像5.psd"素材图像，运用移动工具将素材图像拖曳至背景图像编辑窗口中，适当调整图像的位置，如图19-23所示。

图 19-23 拖曳图像

Step 02 选取横排文字工具，在工具属性栏中设置"字体"为"方正大标宋简体"，"字体大小"为20点，"颜色"为"白色"，然后在图像中输入文字，效果如图19-24所示。

图 19-24 输入文字

Step 03 双击文字图层，弹出"图层样式"对话框，选中"外发光"复选框，设置"扩展"为0%，"大小"为24像素，"颜色"为"绿色"（RGB参数值为98、182、47），单击"确定"按钮，效果如图19-25所示。

图 19-25 图像效果

Step 04 选取工具箱中的横排文字工具，拖曳鼠标绘制一个文本框，如图19-26所示。

图 19-26 绘制文本框

Step 05 在"字符"面板中设置"字体"为"方正细黑一简体"，"字体大小"为5点，"行距"为8，"颜色"为"黑色"，在文本框中输入文字，按【Ctrl+Enter】组合键确认，效果如图19-27所示。

图 19-27 输入文字

Step 06 在"字符"面板中设置"字体"为"方正细黑一简体"，"字体大小"为9点，"颜色"为蓝色（RGB参数值为0、172、255），输入文字，按【Ctrl+Enter】组合键确认输入，效果如图19-28所示。

图 19-28 输入文字

Step 07 按【Ctrl+O】组合键，打开"图像5.psd"素材图像，运用移动工具将素材图像拖曳至背景图像编辑窗口中，适当调整图像的位置，最终效果如图19-29所示。

图 19-29 最终效果

> **专家指点**
>
> 在广告文案中，广告语起着重要的作用，它是广告设计的灵魂，准确、鲜明、富有感召力的广告语是广告成功的关键。

19.3 首饰广告——金丽珠宝

本实例设计的是金丽珠宝的广告，首饰广告属于商业性广告。商业性广告是指传达各类商品、品牌或交易会等相关信息的广告，其特点是以促进商品流通或扩大劳务、服务范围为目的，以用户和消费者为主要对象。

本实例最终效果如图19-30所示。

图 19-30 金丽珠宝首饰广告

素材位置	素材 > 第 19 章 > 图像 7.jpg、图像 8.psd、图像 9.psd、图像 10.psd、图像 11.psd、图像 12.psd
效果位置	效果 > 第 19 章 > 图像 3.psd、图像 3.jpg
视频位置	视频 > 第 19 章 > 首饰广告——金丽珠宝 .mp4

19.3.1　制作广告背景效果

下面通过添加素材图像，设置各图层的混合模式与不透明度制作金丽珠宝广告背景效果，具体的操作方法如下。

Step 01 按【Ctrl+O】组合键，打开"图像7.jpg"素材图像，如图19-31所示。

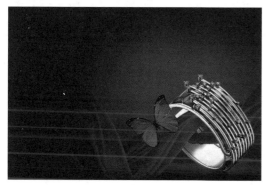

图 19-31　素材图像

Step 02 按【Ctrl+O】组合键，打开"图像8.psd"素材图像，运用移动工具将素材图像拖曳至背景图像编辑窗口中，适当调整图像的位置，如图19-32所示。

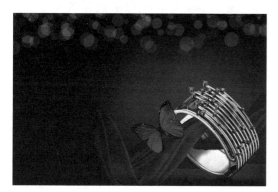

图 19-32　拖曳图像

Step 03 设置"图层1"的混合模式为"划分"，"不透明度"为50%，图像效果如图19-33所示。

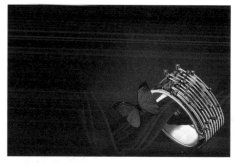

图 19-33　图像效果

Step 04 按【Ctrl+J】组合键复制"图层1"4次，加强图像的显示效果，如图19-34所示。

图 19-34　加强图像显示效果

专家指点

降低图层的不透明度可以使当前图层中的图像具有一定的透明效果，从而可以看到下方图层中的图像，这是用户接触最早、也是最简单的一种图像之间的混合方式。与图层不透明度对比，图层混合模式是更为复杂的一种混合图像的手段。

Step 05 按【Ctrl+O】组合键，打开"图像9.psd"素材图像，运用移动工具将素材图像拖曳至背景图像编辑窗口中，适当调整图像的位置，如图19-35所示。

图 19-35　拖曳图像

Step 06 在"图层"面板中,设置"图层2"的混合模式为"叠加","不透明度"为50%,效果如图19-36所示。

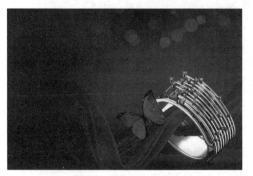

图 19-36 图像效果

19.3.2 制作广告文案效果

下面运用"亮度/对比度"命令调整图像的亮度,适当添加素材图像并进行变形旋转,再输入相应的文字,制作金丽珠宝广告文案效果,具体操作方法如下。

Step 01 按【Ctrl+O】组合键,打开"图像10.psd"素材图像,运用移动工具将素材图像拖曳至背景图像编辑窗口中,适当调整图像的位置,如图19-37所示。

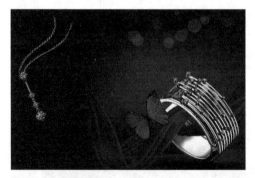

图 19-37 拖曳图像

Step 02 按住【Ctrl】键的同时,单击"图层3"的缩览图,载入选区,如图19-38所示。

Step 03 在"调整"面板中单击"亮度/对比度"按钮,新建"亮度/对比度 1"调整图层,在"属性"面板中设置"亮度"为65,"对比度"为20,效果如图19-39所示。

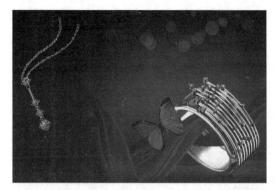

图 19-38 载入选区

图 19-39 图像效果

Step 04 按【Ctrl+O】组合键,打开"图像11.psd"素材图像,运用移动工具将素材图像拖曳至背景图像编辑窗口中,适当调整图像的位置,如图19-40所示。

图 19-40 拖曳图像

Step 05 按【Ctrl+J】组合键复制"图层4",并适当调整图像位置,如图19-41所示。

图19-41 调整图像位置

Step 06 在工具箱中选取横排文字工具，在"字符"面板中设置"字体"为"方正大标宋简体"，"字体大小"为80点，"颜色"为白色，在图像窗口中的适当位置输入文字，按【Ctrl+Enter】组合键确认输入，如图19-42所示。

图 19-42 输入文字

Step 07 按【Ctrl+O】组合键，打开"图像12.psd"素材图像，运用移动工具将素材图像拖曳至背景图像编辑窗口中，适当调整图像的位置，最终效果如图19-43所示。

图 19-43 最终效果

19.4 化妆品海报——伊瑟兰斯

本实例设计的是一幅化妆品网店的广告海报。制作化妆产品宣传广告时，一定要表达出化妆品的功能，元素不用过多，合理运用元素，同时通过色彩搭配来强调主题即可。

本实例最终效果如图19-44所示。

图 19-44 伊瑟兰斯化妆品海报

素材位置	素材 > 第 19 章 > 图像 13.psd、图像 14.psd、
效果位置	效果 > 第 19 章 > 图像 4.psd、图像 4.jpg
视频位置	视频 > 第 19 章 > 化妆品海报——伊瑟兰斯 .mp4

19.4.1 制作海报背景效果

下面通过建立参考线，为图像填充渐变色，并制作出动感模糊效果，来制作伊瑟兰斯海报背景效果。具体操作方法如下。

Step 01 按【Ctrl+N】组合键，弹出"新建文档"对话框，设置"宽度"为16厘米，"高度"为9.6厘米，"分辨率"为300像素/英寸，"颜色模式"为"RGB颜色"，"背景内容"为"白色"，如图19-45所示，单击"创建"按钮，新建空白图像。

图 19-45 "新建文档"对话框

Step 02 单击"视图"|"新建参考线"命令，弹出"新建参考线"对话框，设置"取向"为"垂直"，"位置"为0.1厘米，单击"确定"按钮，如图19-46所示，即可新建一条垂直参考线。

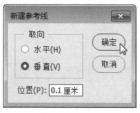

图 19-46 单击"确定"按钮

Step 03 使用同样的方法，分别设置"位置"为8厘米和15.88厘米，创建两条垂直参考线，如图19-47所示。

图 19-47 创建垂直参考线

Step 04 单击"视图"|"新建参考线"命令，弹出"新建参考线"对话框，设置"取向"为"水平"，"位置"分别为0.1厘米和9.5厘米，创建两条水平参考线，如图19-48所示。

图 19-48 创建水平参考线

Step 05 选取工具箱中的渐变工具，调出"渐变编辑器"对话框，设置从白色到深灰色（RGB各项参数值均为65）渐变色，并设置第一个色标的"位置"为10%，单击"确定"按钮，如图19-49所示。

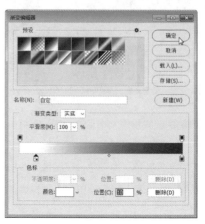

图 19-49 单击"确定"按钮

Step 06 新建"图层1"，在工具属性栏中单击"径向渐变"按钮，将鼠标指针移至图像右侧的合适位置，向左下角拖曳鼠标，填充渐变色，如图19-50所示。

图 19-50 填充渐变色

Step 07 单击"滤镜"|"杂色"|"添加杂色"命令，弹出"添加杂色"对话框，设置"数量"为20%，选中"高斯模糊"单选按钮和"单色"复选框，单击"确定"按钮为图像添加杂色效果，如图19-51所示。

Step 08 单击"滤镜"|"模糊"|"动感模糊"命令，弹出"动感模糊"对话框，设置"角度"为0度，"距离"为200像素，单击"确定"按钮，为图像制作出动感模糊效果，如图19-52所示。

图 19-51 添加杂色效果

图 19-52 制作动感模糊效果

专家指点

参考线主要用于协助对象的对齐和定位操作,它是浮在整个图像上而不能打印的直线。

参考线与网格都可以用于对齐对象,但它比网格更方便,可以将参考线创建在图像的任意位置上。

拖曳参考线时,按住【Alt】键可在垂直和水平参考线之间进行切换。

19.4.2 制作海报宣传效果

下面通过添加化妆品素材,运用蒙版制作出倒影效果,输入相应的文字,制作伊瑟兰斯海报宣传效果,具体操作方法如下。

Step 01 按【Ctrl+O】组合键,打开"图像13.psd"素材图像,运用移动工具将素材图像拖曳至背景图像编辑窗口中,适当调整图像的位置,如图19-53所示。

图 19-53 拖曳图像

Step 02 按【Ctrl+J】组合键复制图层,按【Ctrl+T】组合键调出变换控制框,单击鼠标右键,在弹出的快捷菜单中选择"垂直翻转"选项,如图19-54所示。

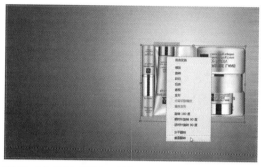

图 19-54 选择"垂直翻转"选项

Step 03 对图像的位置进行适当调整,按【Enter】键确认,效果如图19-55所示。

图 19-55 图像效果

Step 04 单击"图层"面板底部的"添加图层蒙版"按钮,为"化妆品套装组 拷贝"图层添加图层蒙版,如图19-56所示。

图 19-56 添加图层蒙版

Step 05 运用黑白渐变填充"化妆品套装组 拷贝"图层的蒙版,隐藏部分图像,效果如图19-57所示。

Step 06 选取工具箱中的横排文字工具，打开"字符"面板，设置"字体"为"方正黑体简体"，"字体大小"为25点，"字距"为100，"颜色"为白色，如图19-58所示。

图 19-57 隐藏部分图像

图 19-58 设置各选项

Step 07 在图像编辑窗口中输入相应文字，按【Ctrl+Enter】组合键确认，效果如图19-59所示。

图 19-59 输入文字

Step 08 在"字符"面板中设置"字体"为"方正黑体简体"，"字体大小"为24点，"字距"为100，"颜色"为白色，如图19-60所示。

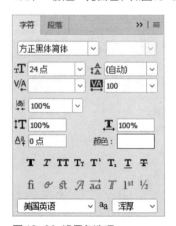

图 19-60 设置各选项

Step 09 在图像编辑窗口中输入相应文字，按【Ctrl+Enter】组合键确认输入，并设置该文字图层的"不透明度"为80%，效果如图19-61所示。

图 19-61 文字效果

Step 10 按【Ctrl+O】组合键，打开"图像14.psd"素材图像，运用移动工具将素材图像拖曳至背景图像编辑窗口中，适当调整图像的位置，效果如图19-62所示。

图 19-62 拖曳图像

Step 11 单击"视图"|"显示"|"参考线"命令，隐藏参考线，最终效果如图19-63所示。

图 19-63 最终效果

App UI设计

第20章

虽然智能手机发展迅速，但App UI的设计尚处于刚开始的阶段，智能手机UI设计人员的需求很大，但熟悉设计方法的人却相对较少。本章主要介绍手机移动UI的设计方法。

课堂学习目标
- 掌握照片美化界面设计的制作方法
- 掌握苹果系统天气界面的制作方法
- 掌握个性锁屏界面的制作方法
- 掌握苹果手机日历界面的制作方法

20.1 界面设计——照片美化

本实例介绍的是一款照片美化App主界面的设计。在五花八门的App中，照片美化类App通常备受人们青睐，毕竟"爱美之心，人皆有之"，如美颜相机、美图秀秀、POCO相机、美咖相机及天天P图等。

本实例最终效果如图20-1所示。

图 20-1 照片美化界面设计

素材位置	素材 > 第 20 章 > 图像 1.jpg、图像 2.psd、图像 3.psd、图像 4.psd、图像 5.psd
效果位置	效果 > 第 20 章 > 图像 1.psd、图像 1.jpg
视频位置	视频 > 第 20 章 > 界面设计——照片美化 .mp4

20.1.1 制作照片美化界面主体效果

在制作照片美化界面主体效果时，首先要绘制一个圆角矩形路径，转换为选区再填充渐变色，然后适当添加素材。下面介绍照片美化界面主体效果的制作方法。

Step 01 单击"文件"|"打开"命令，打开一幅素材图像，如图20-2所示。

Step 02 按【Ctrl+O】组合键，打开"图像2.psd"素材图像，运用移动工具将素材图像拖曳至背景图像编辑窗口中，适当调整图像的位置，效果如图20-3所示。

图 20-2 素材图像

图 20-3 拖曳图像

Step 03 新建"图层1"，选取圆角矩形工具，在工具属性栏中设置工具模式为"路径"，"半径"为35像素，绘制一个圆角矩形路径，如图20-4所示。

Step 04 按【Ctrl+Enter】组合键将路径转换为选区，选取工具箱中的渐变工具，为选区填充浅红色（RGB参数值为255、63、146）到红色（RGB参数值为255、48、108）的线性渐变，并取消选区，如图20-5所示。

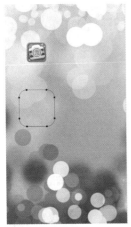 

图 20-4 绘制圆角矩形路径　　图 20-5 取消选区

Step 05 双击"图层1"，在弹出的"图层样式"对话框中选中"内阴影"复选框，取消选中"使用全局光"复选框，设置"角度"为120度，"距离"为0像素，"阻塞"为22%，"大小"为10像素，如图20-6所示。

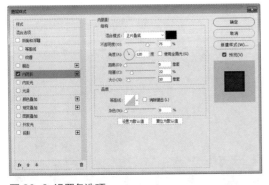

图 20-6 设置各选项

Step 06 选中"外发光"复选框，设置"扩展"为0%，"大小"为7像素，单击"确定"按钮，即可设置图层样式，效果如图20-7所示。

Step 07 复制"图层1"，得到"图层1 拷贝"图层，运用移动工具调整图像至合适位置，如图20-8所示。

图 20-7 设置图层样式　　图 20-8 调整图像位置

Step 08 双击"图层1 拷贝"图层，弹出"图层样式"对话框，选中"渐变叠加"复选框，设置混合模式为"正常"，"渐变"颜色为深黄色（RGB参数值为255、146、71）到浅黄色（RGB参数值为253、175、100），如图20-9所示。

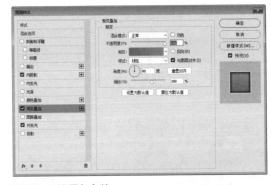

图 20-9 设置各参数

Step 09 单击"确定"按钮，应用"渐变叠加"图层样式，效果如图20-10所示。

Step 10 按【Ctrl+O】组合键，打开"图像3.psd"素材图像，运用移动工具将素材图像拖曳至背景图像编辑窗口中，适当调整图像的位置，效果如图20-11所示。

图 20-10 图像效果　　图 20-11 图像效果

20.1.2 制作照片美化界面文字效果

在制作照片美化界面文字效果时，主要运用横排文字工具输入文字，并为文字设置不同属性。下面介绍照片美化界面文字效果的制作方法。

Step 01 按【Ctrl+O】组合键，打开"图像4.psd"素材图像，运用移动工具将素材图像拖曳至背景图像编辑窗口中，适当调整图像的位置，效果如图20-12所示。

图 20-12 拖曳图像

Step 02 选取工具箱中的横排文字工具，在"字符"面板中设置"字体"为"幼圆"，"字体大小"为

/2点，"字距"为100，"颜色"为白色（RGB各项参数值均为255），并激活"仿粗体"按钮，如图20-13所示。

Step 03 在图像中输入相应文本。双击文本图层，在弹出的"图层样式"对话框中选中"投影"复选框，设置"距离"为1像素，"大小"为5像素，单击"确定"按钮，为文本添加投影样式，如图20-14所示。

图 20-13 设置各选项　　图 20-14 添加投影样式

Step 04 选取工具箱中的横排文字工具，在"字符"面板中设置"字体"为"微软雅黑"，"字体大小"为30点，"字距"为100，"颜色"为白色，如图20-15所示。

Step 05 在图像中输入相应文本，并按【Ctrl+Enter】组合键确认，如图20-16所示。

图 20-15 设置各选项　　图 20-16 输入文字

Step 06 按【Ctrl+O】组合键，打开"图像5.psd"素材图像，运用移动工具将素材图像拖曳至背景图像编辑窗口中，适当调整图像的位置，最终效果如图20-17所示。

图20-17 最终效果

20.2 安卓系统——个性锁屏

锁屏不仅可以避免一些不必要的错误操作，还能方便用户的桌面操作，美化桌面环境。不同的锁屏画面可以给用户带来不一样的心情。

本实例最终效果如图20-18所示。

图20-18 个性锁屏设计

素材位置	素材 > 第 20 章 > 图像 6.jpg、图像 7.psd、图像 8.psd、图像 9.psd
效果位置	效果 > 第 20 章 > 图像 2.psd、图像 2.jpg
视频位置	视频 > 第 20 章 > 安卓系统——个性锁屏 .mp4

20.2.1 制作个性锁屏背景效果

下面主要介绍运用裁剪工具、"亮度/对比度"调整图层、"自然饱和度"调整图层及图层混合模式等，设计安卓系统个性锁屏界面的背景效果。

Step 01 单击"文件"|"打开"命令，打开"图像 6.jpg"素材图像，如图20-19所示。

图 20-19 打开素材图像

Step 02 选取工具箱中的裁剪工具，调出裁剪控制框，在工具属性栏中设置裁剪控制框的长宽比为 1000：750，将鼠标指针移至裁剪控制框内，拖曳图像至合适位置，如图20-20所示。

图 20-20 拖曳图像

Step 03 执行上述操作后，按【Enter】键确认裁剪操作，即可按固定的长宽比来裁剪图像，如图 20-21所示。

图 20-21 裁剪图像

Step 04 单击"图层"|"新建调整图层"|"亮度/对比度"命令，新建"亮度/对比度1"调整图层，在"属性"面板中，设置"亮度"为25，"对比度"为10，如图20-22所示。执行操作后，即可调整图像的亮度和对比度，如图20-23所示。

图 20-22 设置各选项　图 20-23 调整图像的亮度和对比度

Step 05 新建"自然饱和度1"调整图层，打开"属性"面板，设置"自然饱和度"为50，"饱和度"为5，如图20-24所示。执行操作后，即可调整图像的色彩饱和度，效果如图20-25所示。

图 20-24 设置各选项　图 20-25 图像效果

20.2.2 制作个性锁屏圆环效果

下面主要介绍运用椭圆选框工具、"描边"命令、"外发光"图层样式等，设计安卓系统锁屏界面中的圆环效果。

Step 01 在"图层"面板中新建"图层1"，选取工具箱中的椭圆选框工具，创建一个圆形选区，如图20-26所示。

图 20-26 创建圆形选区

Step 02 单击"编辑"|"描边"命令，弹出"描边"对话框，设置"宽度"为9像素，"颜色"为白色，如图20-27所示。

图 20-27 设置各选项

Step 03 单击"确定"按钮即可描边选区，按【Ctrl+D】组合键取消选区，效果如图20-28所示。

图 20-28 取消选区

Step 04 双击"图层1",弹出"图层样式"对话框,选中"外发光"复选框,设置"发光颜色"为白色,"大小"为30像素,如图20-29所示。

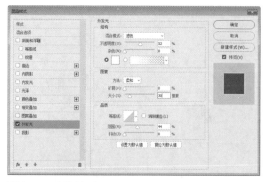

图 20-29 设置各选项

Step 05 单击"确定"按钮,应用"外发光"图层样式效果,打开"图像7.psd"素材,将其拖曳至当前图像编辑窗口中的合适位置并调整大小,为安卓系统锁屏界面添加状态栏插件效果,如图20-30所示。

图 20-30 最终效果

20.2.3 完成个性锁屏主体效果

下面主要介绍运用"外发光"图层样式、添加素材等操作,完善安卓系统锁屏界面的一些细节效果。

Step 01 打开"图像8.psd"素材,将其拖曳至当前图像编辑窗口中的合适位置并调整大小,如图20-31所示。

图 20-31 拖曳图像并调整大小

Step 02 双击"锁图标"图层,弹出"图层样式"对话框,选中"外发光"复选框,设置"大小"为50像素,如图20-32所示。

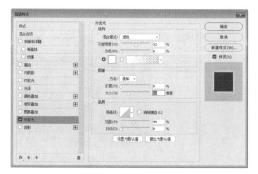

图 20-32 设置参数

Step 03 单击"确定"按钮,应用"外发光"图层样式。打开"图像9.psd"素材,将其拖曳至当前图像编辑窗口中的合适位置处并调整大小,为安卓系统锁屏界面添加时间插件,效果如图20-33所示。

图 20-33 最终效果

20.3 苹果系统——天气界面

在移动设备上，经常可以看到各式各样的天气软件，这些天气软件的功能全面，除了可以随时随地查看本地甚至其他地方连续几天的天气，还有其他资讯服务，是移动用户居家旅行的贴心工具。

本实例最终效果如图20-34所示。

图 20-34 苹果系统天气界面

素材位置	素材 > 第 20 章 > 图像 10.jpg、图像 11.psd、图像 12.psd
效果位置	效果 > 第 20 章 > 图像 3.psd、图像 3.jpg
视频位置	视频 > 第 20 章 > 苹果系统——天气界面 .mp4

20.3.1 制作天气界面背景效果

下面主要运用"亮度/对比度"命令、"曲线"命令、"USM锐化"命令及设置图层混合模式等，制作苹果系统天气界面背景效果。

Step 01 单击"文件"|"打开"命令，打开一幅素材图像，如图20-35所示。

图 20-35 素材图像

Step 02 单击"图像"|"调整"|"亮度/对比度"命令，弹出"亮度/对比度"对话框，设置"亮度"为18，"对比度"为31，如图20-36所示。

图 20-36 设置各参数

Step 03 单击"确定"按钮，即可调整背景图像的亮度与对比度，效果如图20-37所示。

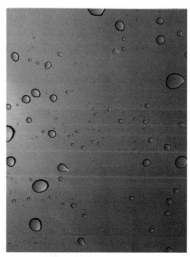

图 20-37 图像效果

Step 04 单击"图像"|"调整"|"曲线"命令，弹出"曲线"对话框，在曲线上添加一个节点，设置"输出"和"输入"参数值分别为70、77，如图20-38所示。

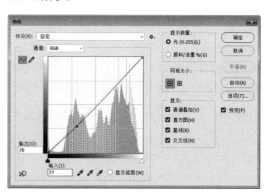

图 20-38 设置各参数

Step 05 在曲线上再添加一个节点，设置"输出"和
"输入"参数值分别为187、175，如图20-39
所示。

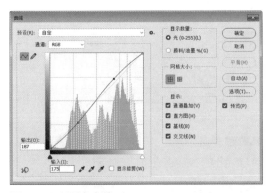

图 20-39 设置各参数

Step 06 单击"确定"按钮，即可调整背景图像的色
调，效果如图20-40所示。

Step 07 单击"滤镜"|"锐化"|"USM锐化"命
令，弹出"USM锐化"对话框，设置"数量"为
30%，"半径"为3.6像素，"阈值"为19色阶，如
图20-41所示。

图 20-40 图像效果　　　图 20-41 设置各参数

Step 08 单击"确定"按钮，即可锐化背景图像，效
果如图20-42所示。

Step 09 打开"图层"面板，按【Ctrl+J】组合键复
制"背景"图层，得到"图层1"，设置"图层1"
的混合模式为"叠加"，"不透明度"为60%，如图
20-43所示。图像效果如图20-44所示。

图 20-42 图像效果　　　图 20-43 设置各选项

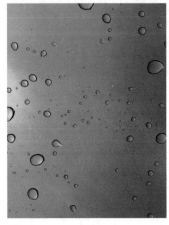

图 20-44 图像效果

Step 10 按【Ctrl+O】组合键，打开"图像11.psd"
素材图像，运用移动工具将素材图像拖曳至背景图
像编辑窗口中，适当调整图像的位置，效果如图
20-45所示。

图 20-45 图像效果

20.3.2 制作天气界面主体效果

下面主要运用矩形工具、"投影"图层样式、渐变工具、横排文字工具等，制作苹果系统天气界面主体效果。

Step 01 在"图层"面板中新建"图层2"，设置前景色为浅蓝色（RGB参数值为121、140、239），如图20-46所示。

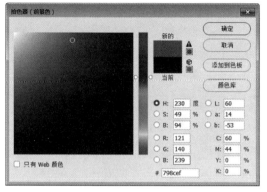

图 20-46 设置前景色

Step 02 选取工具箱中的矩形工具，在工具属性栏上设置工具模式为"像素"，在图像中绘制一个矩形，如图20-47所示。

图 20-47 绘制长条矩形

Step 03 双击"图层2"，弹出"图层样式"对话框，选中"投影"复选框，保持默认设置即可，如图20-48所示。

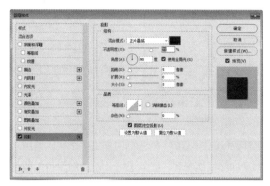

图 20-48 保持默认设置

Step 04 单击"确定"按钮，应用"投影"图层样式，效果如图20-49所示。

Step 05 为"图层2"添加蒙版，运用渐变工具，在蒙版中从右至左填充黑色到白色的线性渐变，并设置"图层2"的"不透明度"为60%，效果如图20-50所示。

图 20-49 应用"投影"
图层样式

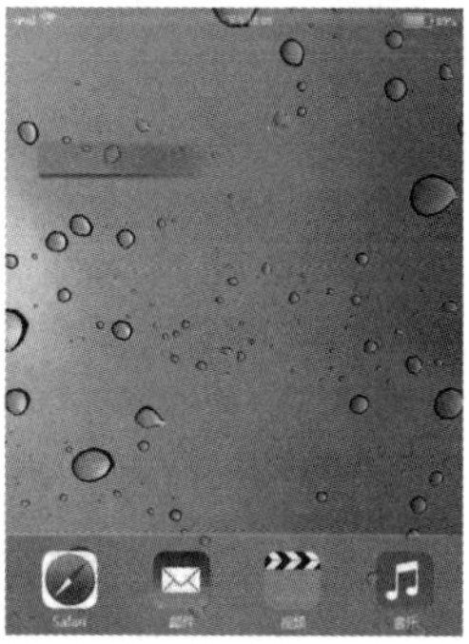

图 20-50 设置不透明度

Step 06 复制"图层2"，得到"图层2 拷贝"图层，将"图层2 拷贝"图层对应的图像拖曳至相应位置处，效果如图20-51所示。

Step 07 按【Ctrl+T】组合键，调出变换控制框，适当调整图像的大小，按【Enter】键确认，如图20-52所示。

图 20-51 拖曳图像　　　　图 20-52 调整图像的大小

Step 08 按住【Ctrl】键的同时单击"图层2 拷贝"图层的图层缩览图，载入选区，设置前景色为蓝色（RGB参数值为78、111、231），如图20-53所示。

图 20-53 设置前景色为蓝色

Step 09 按【Alt+Delete】组合键为选区填充前景色，按【Ctrl+D】组合键取消选区，效果如图20-54所示。

Step 10 复制"图层2"，得到"图层2 拷贝2"图层，适当调整"图层2 拷贝2"图层中图像的大小和位置，效果如图20-55所示。

图 20-54 取消选区　　　　图 20-55 调整图像的大小和位置

Step 11 按住【Ctrl】键的同时单击"图层2 拷贝2"图层的图层缩览图，载入选区，设置前景色为白色，按【Alt+Delete】组合键，为选区填充前景色，如图20-56所示。

Step 12 按【Ctrl+D】组合键取消选区，设置"图层2 拷贝2"图层的"不透明度"为80%，效果如图20-57所示。

图 20-56 填充前景色　　　　图 20-57 图像效果

Step 13 复制"图层2 拷贝2"图层两次，并适当调整各图像的位置，效果如图20-58所示。

Step 14 按【Ctrl+O】组合键，打开"图像12.psd"素材图像，运用移动工具将素材图像拖曳至背景图像编辑窗口中，适当调整图像的位置，效果如图20-59所示。

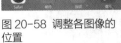

图 20-58 调整各图像的　　　图 20-59 拖曳图像
位置

Step 15 选取工具箱中的横排文字工具，在"字符"面板中设置"字体"为"微软雅黑"，"字体大小"为60点，"颜色"为白色，如图20-60所示。

Step 16 在图像中输入相应文本，并按【Ctrl+Enter】组合键确认，如图20-61所示。

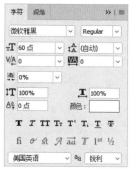

图 20-60 设置各选项　　图 20-61 输入文字

Step 17 选取横排文字工具，在"字符"面板中设置"字体"为"微软雅黑"，"字体大小"为12点，"颜色"为白色（RGB各项参数值均为255），如图20-62所示。

图 20-62 设置各选项

Step 18 在图像中输入文本，按【Ctrl+Enter】组合键确认，最终效果如图20-63所示。

图 20-63 最终效果

20.4 苹果系统——日历界面

日历是智能手机必装的生活类App，是用户生活的好帮手，用来记录生活、设置提醒，打理生活的方方面面。

本实例最终效果如图20-64所示。

图 20-64 苹果手机日历界面

素材位置	素材 > 第 20 章 > 图像 13.psd、图像 14.psd、图像 15.psd
效果位置	效果 > 第 20 章 > 图像 4.psd、图像 4.jpg
视频位置	视频 > 第 20 章 > 苹果系统——日历界面 .mp4

20.4.1 制作日历界面背景效果

下面主要在图像的顶部和底部分别绘制矩形，并确定界面基准颜色为蓝色和深蓝色，添加适当图像素材，制作日历界面背景效果。

Step 01 单击"文件"|"新建"命令，弹出"新建文档"对话框，设置"宽度"为720像素，"高度"为1280像素，"分辨率"为72像素/英寸，如图20-65所示，单击"创建"按钮。

图 20-65 设置各参数

Step 02 打开"图层"面板，新建"图层1"，设置"前景色"为深蓝色（RGB参数值为70、98、132），选取工具箱中的矩形工具，绘制一个矩形，如图20-66所示。

Step 03 新建"图层2"，选取工具箱中的矩形选框工具，绘制一个矩形选区，如图20-67所示。

图 20-66 绘制矩形　　图 20-67 绘制矩形选区

Step 04 选取工具箱中的渐变工具，为选区填充淡蓝色（RGB参数值为184、199、217）到深蓝色（RGB参数值为104、129、162）的线性渐变，并取消选区，如图20-68所示。

图 20-68 填充渐变

Step 05 双击"图层2"，弹出"图层样式"对话框，选中"描边"复选框，在其中设置"大小"为1像素，"颜色"为深蓝色（RGB参数值为70、98、132），如图20-69所示。

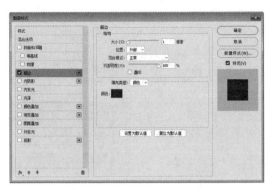

图 20-69 设置各选项

Step 06 选中"投影"复选框，设置"距离"为1像素，"扩展"为20%，"大小"为10像素，单击"确定"按钮，应用图层样式，效果如图20-70所示。

Step 07 按【Ctrl+O】组合键，打开"图像13.psd"素材图像，运用移动工具将素材图像拖曳至背景图像编辑窗口中，适当调整图像的位置，效果如图20-71所示。

图 20-70 应用图层样式　　图 20-71 拖曳图像

20.4.2 制作日历界面整体效果

下面主要运用矩形选区、渐变填充、图层样式等工具或选项，制作日历界面整体效果。为图像添加图层样式，可以使界面中的元素呈现立体感。

Step 01 选取工具箱中的圆角矩形工具，绘制一个半径为10像素的圆角矩形路径，按【Ctrl+Enter】组合键，将路径转换为选区，如图20-72所示。

Step 02 新建"图层4"，选取工具箱中的渐变工具，为选区填充淡蓝色（RGB参数值为147、166、191）到蓝色（RGB参数值为76、107、148）的线性渐变，并取消选区，效果如图20-73所示。

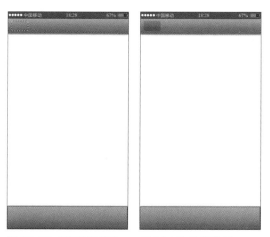

图 20-72　将路径转换为　　图 20-73　取消选区
选区

Step 03 双击"图层4"，在弹出的"图层样式"对话框中选中"描边"复选框，设置"大小"为1像素，"颜色"为深蓝色（RGB参数值为24、42、67）；选中"内阴影"复选框，设置"阴影颜色"为蓝色（RGB参数值为74、105、143），"距离"为0像素，"阻塞"为1%，"大小"为4像素，如图20-74所示。

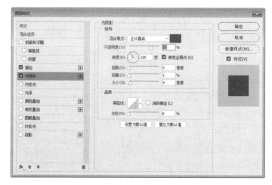

图 20-74　设置各选项

Step 04 单击"确定"按钮，即可设置图层样式，效果如图20-75所示。

Step 05 按【Ctrl+O】组合键，打开"图像14.psd"素材图像，运用移动工具将素材图像拖曳至背景图像编辑窗口中，适当调整图像的位置，效果如图20-76所示。

图 20-75　应用图层样式　　图 20-76　拖曳图像

Step 06 选取工具箱中的横排文字工具，在"字符"面板中，设置"字体"为"Adobe黑体Std"，"字体大小"为"32点"，"字距"为-20，"颜色"为白色，如图20-77所示。

Step 07 在图像中输入相应文本，并按【Ctrl+Enter】组合键确认，如图20-78所示。

图 20-77　设置各选项　　图 20-78　输入文本

Step 08 双击文本图层，在弹出的"图层样式"对话框中选中"投影"复选框，设置"距离"为1像素，"扩展"为0%，"大小"为1像素，如图20-79所示。

Step 09 单击"确定"按钮，为文本添加投影样式，效果如图20-80所示。

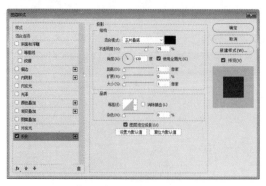

图 20-79 设置各参数

图 20-80 添加投影样式

Step 10 按【Ctrl+O】组合键，打开"图像15.psd"素材图像，运用移动工具将素材图像拖曳至背景图像编辑窗口中，适当调整图像的位置，最终效果如图20-81所示。

图 20-81 最终效果